U0294616

从红钢城迈向创新城

武汉市青山区转型高质量发展规划实践探索

Planning Practice of High-Quality Transforming Development of Qingshan District in Wuhan

武汉市规划研究院（武汉市交通发展战略研究院） 编著

中国建筑工业出版社

图书在版编目（CIP）数据

从红钢城迈向创新城：武汉市青山区转型高质量发展规划实践探索 = Planning Practice of High-Quality Transforming Development of Qingshan District in Wuhan / 武汉市规划研究院（武汉市交通发展战略研究院）编著. -- 北京：中国建筑工业出版社，2024. 12.

ISBN 978-7-112-30511-7

Ⅰ. F127.634

中国国家版本馆 CIP 数据核字第 2024FA7206 号

责任编辑：刘　丹
责任校对：张　颖

从红钢城迈向创新城
武汉市青山区转型高质量发展规划实践探索
Planning Practice of High-Quality Transforming Development of Qingshan District in Wuhan
武汉市规划研究院（武汉市交通发展战略研究院）　编著

*

中国建筑工业出版社出版、发行（北京海淀三里河路 9 号）
各地新华书店、建筑书店经销
北京锋尚制版有限公司制版
北京富诚彩色印刷有限公司印刷

*

开本：850 毫米×1168 毫米　1/16　印张：13½　字数：309 千字
2024 年 12 月第一版　　2024 年 12 月第一次印刷
定价：**188.00** 元

ISBN 978-7-112-30511-7
（43898）

《从红钢城迈向创新城
武汉市青山区转型高质量发展规划实践探索》

编写委员会

主　任

赵中元　黄　焕

编写人员

戴　时　周星宇　严慧慧　莫琳玉　杜瑞宏

史　媛　曾贝妮　刘　悦　王自峰

前言
PREFACE

工业区的发展始终与国家、区域和城市的产业变化调整息息相关，伴随着城市产业结构的发展和变化，工业区会相应经历兴起、衰退和转型的过程。许多城市在工业化早期，往往会选择矿业采掘和制造业等重工业作为其经济的主导力量，这类产业促进城市经济发展和城镇化进程的同时，也影响了城市的空间结构，许多大型工业区由此建立。随着城市步入工业化中后期阶段，在科技革命、环境问题等多重外部因素影响下，这些工业区都出现不同程度的结构性衰落，如何转型发展成为首要议题。

回到本书的研究对象，1955年新中国第一个大型钢铁联合企业——武汉钢铁集团公司（简称“武钢”）在武汉市东北郊的青山镇开始动工兴建。为了武钢建设，青山镇连同周边的乡镇组建成为青山区。青山区因钢铁产业而兴盛，在这里曾经诞生了新中国第一炉铁水，是新中国打造钢铁脊梁的前沿阵地。同时“一花引来百花开”，武钢的兴建带动中国第一冶金公司、武汉石油化工厂、青山热电厂、青山造船厂等相关企业和相应配套产业纷纷落户，使得青山区成为闻名遐迩的“十里钢城”。但在21世纪头十年，随着钢铁产能的逐步过剩，钢铁产业开始进入整合聚焦资源、淘汰落后产能的阵痛期。早在2008年，钢铁产业就曾遭遇“冰火两重天”式的大起大落。2012年，随着国内经济发展进入新常态，国内对钢铁产能需求增速开始放缓。2015年，武钢为了应对市场挑战曾进行较大规模裁员，2016年武钢和上海宝钢集团公司（简称“宝钢”）重新组成宝武钢铁集团，开展更深层次的产能结构调整。

这一些系列变动也对整个青山区的经济和社会造成了巨大影响，一方面青山钢铁产业中的粗钢等落后产能逐渐被淘汰，生产更多附加值更高的产品同时实现节能减排、减少污染，为青山区的产业转型和环境治理提供良好基础；另一方面产业调整也使数万人不再从事钢铁行业，对当地社会经济产生较大冲击。青山区自此开启了艰苦卓绝的城市更新和转型高质量发展历程。

武钢半个多世纪的发展变迁，及其对青山区带来的深刻影响，昭示了一个百年未解的核心命题：工业化和城镇化如何协调与平衡？当工业化兴起时，我们同步造城发展；但有一天当工业化过剩或产品结构发生改变，这些逐渐衰落的区域又该如何调整才能重新焕发生机呢？

武汉市规划工作者在伴随青山区转型发展的过程中，相关的规划设计工作从无到有、从有到优、从始至终、从探索到实施从未停止。今天我们回顾那些历史过程和不同阶段的规划设计探索，将相关理论和经验与大家分享，尝试从规划视角对青山区转型高质量发展实践进行更为全面系统的总结。

全书共六个章节。第一章将从国内外环境变化的时代影响、新型城镇化建设的时代要求和国土空间规划改革的时代使命等三个层次出发，对传统工业地区转型高质量发展提出时代命题；第二章将对国内外工业区转型发展模式进行综述，从战略定位调整、产业转型升级、空间布局优化、生态环境改善和遗产保护利用等五个方面总结相关经验；第三章将对青山区现状基础和发展历程进行介绍，并通过总结困境与挑战、机遇与要求，提出青山区未来高质量转型发展的主要思路应当从“基于区域协同视角，重审转型发展之路”“利用功能区为载体，统领转型发展之核”“围绕‘三新’理念，践行转型发展之策”等方面展开；第四章从宏观视角讲述青山区在生态育新、产业复兴、城市更新等方面的规划实践，以顶层设计谋划老工业区转型升级的方向路径，重塑红钢城，打造创新城，构建城绿共荣、产业多元的老工业区振兴发展的全新格局；第五章探讨在中观层面引入武汉市规划体系中特有的“功能区”理念，作为承上启下的媒介，落实顶层设计理念，引导具体项目实施；第六章聚焦重点项目行动与实践，通过选取六个典型案例分别展示青山老工业区在生态、产业、社区空间强化规划引领、行动协同的实践经验，为老工业区转型提供可借鉴的介入式治理样本。

青山区的转型高质量发展涉及空间、产业、生态、民生一系列问题，需要规划设计工作创新突破传统技术范畴，从更广阔的视野、更多元的视角，总结相关理论、历史经验和优秀案例，客观系统分析青山区现状特征，科学把握新时代工业区转型高质量发展的历史机遇和要求，基于新理念和技术，进行持续性的全流程探索。青山区的规划设计探索历程是个长期性的历程，也是一个在实践中不断改进的过程。面向青山区未来的转型高质量发展工作要求，回顾我们的工作会发现还有许多不足，希望读者在阅读过程中给予包涵和更多建议。

目 录

CONTENTS

2.3 工业区转型升级的路径选择

本章参考文献

第三章　青山区高质量绿色转型发展的背景基础

3.1 青山区是武汉工业区建设发展的重要代表

3.2 青山区发展历程

3.3 青山区城市转型的内涵与挑战

3.4 青山区城市转型发展主要思路

第四章　谋划与构建
——以顶层设计构建工业区转型振兴新格局

4.1 生态育新——修复全域生态，重塑绿水青山

CHAPTER 1

The Requirements of the Times and Changes in Planning

第一章

时代要求与空间治理转型

1.1 内外环境变化的时代影响

古希腊哲学家赫拉克利特说过经典名言“唯一的不变就是变化”，而本书所讨论的“转型”“发展”“变革”等内容其实就是“变化”的一种形式。工业区以及城市作为人类社会经济发展的一种代表性空间形态，与所处的内外环境变化紧密相关。

1.1.1 外部环境变化影响

从世界整体形势变化来看，当前世界百年未有之大变局正在加速演进，世界之变、时代之变、历史之变的特征更加明显，这对深入分析时代总体形势，进而科学把握青山区发展面临的战略机遇和风险挑战，谋划和推进各项转型发展工作，具有重大意义。首先是在国际政治和经济层面，当前的国际政治与经济秩序进入了深度调整期，集中表现为全球化和逆全球化两种相反的力量交替并行。一方面全球化推动全球性市场持续扩大，促进巨量的信息、资源不断高效流动，不同国家利用比较优势开展专业化生产，形成全球价值链、产业链和供应链相互协同的国际分工体系，以中国为代表的发展中国家主导的全球化正在世界经济体系中扮演越来越重要的角色。另一方面全球化也遇到不少阻碍，地缘冲突、贸易摩擦等增多，国际上质疑甚至反对全球化的声音和行为也逐渐增多。除了人类经济社会关系正经历重大变革，人与自然的关系也面临严峻挑战。随着经济发展，特别是化石类能源（煤炭、石油等）消耗的不断增长和森林植被的大量破坏，产生大量的二氧化碳等多种温室气体，对全球气候已经产生巨大影响，正导致全球降水量重新分配、冰川和冻土消融、海平面上升、极端气候频发等现象，既危害自然生态系统的平衡，更威胁人类的食物供应和居住环境。愈演愈烈的生态环境问题归根到底是发展方式和生活方式问题。而有效解决生态环境问题的重要方向之一便是通过科技创新开辟发展新领域新赛道，实现发展动力变革和动能转换。当前我国生态文明建设仍处于压力叠加、负重前行的关键期，以科技创新促进经济社会发展全面绿色转型依然任重道远。

1.1.2 内部产业变革影响

在内部环境方面，产业变革是促进工业区以及城市空间形态发展的最直接力量。从石器时代、蒸汽机时代、电气时代到当今的互联网及信息化时代，每一次重大的产业变革都极大地推动了人类社会的生产力飞跃并重塑了空间形态。在石器时代，随着石器制作技术改进，人类可以使用更加精细高效的工具创作出更多剩余产品，促进手工业诞生，为工厂的前身——手工作坊和用于交换越来越多剩余产品的集市，乃至城市的诞生提供了物质基础。在第一次工业革命时代，以蒸汽机的发明和应用为核心，推动纺织、冶金、煤炭等传统产业的规模机械化生产，促进了工业区发展和城镇化进程。在第二次工业革命时代，在电力和内燃机广泛使用的基础上，引发照明、能源、交通、通信等设施工具革新，促进更大规模和更远距离的工厂与城市出现。而进入以信息技术、互联网技术和再生性能源技术的重大创新与融合为代表的第三次工业革命时代，个性消费、远程办公、智能生活等新的生产和生活方式的诞生，智慧城市、绿色城市等新型城市理念的出现，为工业区和城市的未来发展和转型提出新的方向。

1.1.3 内外环境变化的应对策略

（1）应对全球经济变化的“双循环”战略

为了应对国际政治和经济局面深度调整，党中央提出构建国内大循环为主体、国内国际双循环相互促进的新发展格局，即以国内国际双循环引领新型全球化。该战略的提出不仅仅是指导当前社会经济工作的重要指引，更是应对国内国际变局主动作为、主动调整、主动谋划的中长期战略布局。在该战略指导下，武汉市提出进一步提升枢纽功能，打造“三港五区”枢纽经济发展载体，推动交通区位优势转化为国内国际双循环枢纽链接优势。对于青山区而言，如果能够高效依托借力其中的青山港、白浒山港、阳逻港等区域交通枢纽，以及阳逻枢纽、光谷—车谷枢纽等经济示范区，率先融入“双循环”的战略机遇，就可以在新一轮的发展中实现突围，为武汉市建设国内国际双循环核心节点贡献重要力量。

（2）应对全球气候变化的“双碳”目标

为了有效推进全球气候治理，实现绿色转型发展，2020年9月中国明确提出2030年“碳达峰”与2060年“碳中和”的“双碳”目标。“双碳”目标是党中央立足新发展阶段、贯彻新发展理念、构建新发展格局、推动高质量发展的重大战略决策。从内涵要求来看，实现“双碳”目标和推动工业区绿色低碳转型发展具有内在一致性，“双碳”目标是青山区实现绿色转型发展中不可或缺的重要内容。从外在表现来看，武汉市近年来遭受多次干旱、内涝、冻雨等极端气候考验，建设韧性城市的需求十分迫切。而青山区作为我国首批海绵城市武汉市试点示范区之一，需要积极应对暴雨、高温等极端天气，探索韧性城市基层治理经验。

（3）应对产业发展要求的新质生产力战略

科技发展进步必须坚持科技创新引领。我国始终把科技创新摆在国家发展全局的核心位置，从自主创新到自立自强、从跟跑参与到领跑开拓、从重点领域突破到系统能力提升。2023年9月，习近平总书记提出“新质生产力”概念，新质生产力是以新产业为主导的生产力，特点是创新，关键在质优，本质是先进生产力。由此可以看出，科技创新已经成为一个国家、地区和城市实力最关键的体现，其能为城市带来更高效的生产力和创造力，促使城市资源驱动向创新驱动转型，带动高质量发展。武汉市提出发挥大型科研院所和人才资源云集的优势，聚焦以“光芯屏端网”为代表的战略性新兴产业和未来产业，加快促进新质生产力发展。青山区则需要从自身实际出发，至少以下三个方面入手，深度融入第三次工业革命浪潮。一是将传统产业向智能化升级，通过引入工业互联网技术实现设备联网、生产过程智能化监控和管理。以钢铁产业为例，可以发展智能配矿、精准烧结等技术提高产业生产效率和品质。二是积极培育新兴技术，通过规划科技园区吸引信息软件、新材料、生物技术、高端装备制造等新兴行业企业入驻，并与高校、科研机构开展合作，为高新产业发展提供技术支持。此外还需要不断延伸产业链条，形成从零部件制造到产品组装、销售及售后服务一站式产业体系，降低企业间的交易成本，提高产业附加值。三是大力发展生态化、低碳化的绿色产业技术，包括在产业发展中推广绿色制造技术，减少能源消耗和污染物排放；探索构建循环经济产业，推动工业区内企业之间形成废物交换和再利用的合作关系，实现资源的高效循环利用；发展可再生能源产业，其中氢能具有高效、干净、丰富等优点，适合作为发展重点之一，具体可在氢气存储、氢能燃料、氢能汽车和船舶制造等领域进行突破。

1.2 新型城镇化建设的时代目标

工业区转型发展不仅要着眼于时代风云背景，更要立足中国城镇化这一伟大的历史进程。正像诺贝尔经济学奖得主斯提格利茨所言，21世纪世界上发生了两件最伟大的事件，其中之一便是中国的城镇化。中国的城镇化历程，与欧美的城镇化迥然不同，无论是城镇化的规模，还是广度和深度，中国的城镇化都将是“前无古人，后无来者”的。中国的城镇化发展过程大致分为两个时期：旧的城镇化和新型城镇化。前者主要是以土地城镇化和人口城镇化为主要特征，表现在城镇空间和要素的扩张上，这是一种数量型的增长。由于这种城镇化存在种种弊端，后来又提出新型城镇化理念，从而使中国的城镇化进入新的发展阶段。新型城镇化有四条重要原则：以人为本、优化布局、生态文明和传承文化，也成为指导青山区转型发展具体实施推进的主要原则和核心目标。

1.2.1 以人为本

深入推进以人为本的新型城镇化，是推进中国式现代化的必由之路。解决好人的问题是推进新型城镇化的关键，推进城镇化需要回归到推动更多人口融入城镇这一本源工作。而确保新融入人口能够“留得住、过得好”，关键是要给予他们充裕适配的就业、提供均等化的优质公共服务。

（1）促进就业适配

党中央高度重视就业问题，坚持把就业摆在经济社会发展的优先位置。在《2019年新型城镇化建设重点任务》的通知中，进一步提出要重点关注三类就业群体——农业转移人口、城市间转移就业人口、高校和职业院校毕业生。上述三类群体的教育程度、职业期望、工作耐受力均存在较大差异，若没有一定的经济增长不足以支撑各类人群就业。因此青山区要促进就业，根本要靠城市转型创新，不断把经济做强、做优和做大，才能创造更多适配不同人群的就业岗位，实现更高质量就业的目标。

（2）改善公共服务

在新型城镇化发展中，除了推动就业、促进新融入人口“留得住”以外，还需要构建完善的城市公共服务与社会保障体系，让新融入人口“过得好”。通过推进基本公共服务均等化、可及性，可以有效满足人民多层次、多样化的公共服务需求，推进国家治理体系和治理能力现代化，对于促进社会公平正义、增进人民福祉、增强全体人民在共建共享发展中的获得感，全面建成小康社会，都具有十分重要的意义。青山区城市建设较早，配套设施相对陈旧，加之随着人口结构的变化，难以充分满足社区居民群众日益增长的生活需求，因此更需要在公共服务设施建设方面下功夫、补短板，借助城市更新的契机，围绕市民实际诉求，着力化解民生服务的痛点、难点。

1.2.2 优化布局

（1）推动区域一体

我国城镇化已经进入“下半场”，处于城镇化快速发展中后期向成熟期过渡的关键阶段。在这一时期，城市群将成为新型城镇化的主体形态。培育共同发展的现代化都市圈，是转变城市发展方式、实现高质量发展的有效途径。培育现代化都市圈是一项系统工程，也是一项长期任务。当前，青山区所在的武汉市都市圈发展还处在建设阶段，青山区需要结合都市圈发展实际情况，顺应规律，把握好方向、重点、时序，避免超越发展阶段盲目建设；应当通过政府规划和市场机制，系统集成产业、交通、生态、公共服务等多类公共政策，促进与武昌、东湖高新、鄂州等周边地区之间的各类要素合理流动和高效集聚，促使形成相对有效的空间结构，充分发挥自身在交通、产业（特别是传统产业）的比较优势，深度参与区域经济分工，形成“1+1＞2”的聚合效应，实现高质量发展目标要求。

（2）促进城乡协调

我国即使基本实现城镇化，仍将有4亿左右的人口生活在农村。因此要坚持新型城镇化和乡村振兴两手抓，加快健全城乡融合发展体制机制和政策体系，促进城乡要素自由流动和公共资源合理配置，推进城镇基础设施向乡村延伸、公共服务和社会事业向乡村覆盖，逐步缩小城乡发展差距和居民生活水平差距，形成工农互促、城乡互补、协调发展、共同繁荣的新型工农城乡关系。青山区作为武汉市中心城区中保留农业人口最多、蔬菜种植面积最广、农田排灌水渠最长的城区，更应当结合自身优势资源，结合临近中心城区的区位优势，深入挖掘乡村发展动能，全面提升农村生态环境水平、基础设施水平和公共服务水平，践行城乡统筹发展。

1.2.3 生态文明

就近二三百年的发展历程来看，城镇化和生态文明建设在主要方面呈现出相异相离的趋向。城镇化更多地造成了生态环境的破坏，而生态保护则对城镇化具有限制作用。而新型城镇化正是要改变原来的以牺牲资源环境来获取高增长率的发展模式，走人与自然协调发展的道路，二者相辅相成、相互促进。这也要求城市转型发展中突出清洁生产方式、倡导绿色生活方式。

（1）推进绿色生产

优化城乡产业结构的重要方向之一是清洁生产。包括在产品设计和原料选择上，优先选择无毒、低毒、污染少的材料；在生产工艺中不断研发创新，采用和更新生产设备，增加原材料转化率、能源利用率，减少生产过程中废物产生和污染物排放，并尽量采用物料循环利用系统，实现废弃物资源化、减量化和无害化。从而使产业发展与环境保护相互融合促进，形成良性循环，从根本上改善自然环境，保障人类生存。青山区作为老工业基地、重化工业城区，工业能耗和污染负荷一直居武汉市之首，更应当“补旧账”，优化能源消费结构，全面开展工业废气、废水、固体废物和土壤污染治理，擦去蒙在青山区的“旧烟尘”。

（2）倡导绿色生活

除了在生产领域提倡绿色理念以外，在生活领域树立低碳环保的生活理念，推动形成绿色生活方式同样是贯彻生态文明理念的重要方式。青山区应当主动作为，通过修护城市生态空间，因地制宜建设多类型公园系统，保护特色湿地生态和水环境，构造蓝绿交织的生态网络；积极倡导绿色出行创建行动，结合当地优质林荫道基础，加大慢行网络建设，合理布局城市公交系统，强化衔接城市轨道交通，构建“轨道 + 公交 + 慢行”三网融合的绿色交通出行体系。从而增加生态产品的供给、减少对非可再生资源的依赖，促进长期可持续性发展。

1.2.4 传承文化

物质富足、精神富有是社会主义现代化的根本要求，新型城镇化在促进物质财富不断集聚的同时，也需要重视精神财富的创造。包括积极保护和弘扬优秀传统文化，延续城市历史文脉，以及为符合社会主义的新时代文化产业发展提供载体，构建完整文化产业体系。

（1）保护传统文化

新型城镇化注重文明传承、文化延续，注重保护和传承中华优秀传统文化，延续城市历史文脉，保护有历史记忆、地域特色、民族特点的历史文化遗产。青山区经过数十年的工业发展，留下了以“红房子”[①]为代表、特色鲜明的历史遗产。对其保护应秉持真实性和整体性原则，在城市更新中对于此类历史遗存必须尽可能地予以保护，并在历史文化遗产的维护和修缮中，应尽可能做到修旧如旧，通过维护与修缮使其得以延年益寿，并应尽可能地保留其周边的原有环境。探索对历史建筑保护的同时进行适度改造与再利用，使其更好地满足当代生活品质的需要同时，注入更深的文化内涵。当然，对历史文化遗产再利用的同时，也需要避免“过度利用”，不得本末倒置，为了开发旅游，竭泽而渔地“兑现”历史文化的经济价值。

（2）培育先进文化

新型城镇化强调文化赋能，充分发挥文化在激活发展动能、提升发展品质、优化升级经济结构中的作用，促进城乡公共文化空间与科技、旅游相融合，与文化事业、产业相融合，为优质文化产品供给提供空间。青山区应当通过积极融入文化产业战略，规范发展各类文化产业园区，推进区域文化产业带发展，形成有影响力、代表性的文化品牌建设。坚持文旅融合发展，按照以文塑旅、以旅彰文的思路，打造独具魅力的文化旅游体验，加强区域旅游品牌和服务整合，建设具有钢城文化特色的度假区、旅游休闲街区等新型文旅融合发展衍生产品。

① “红房子”指的是武汉市青山区内具有历史意义和价值的红色砖墙建筑群。是20世纪50年代苏联援建时期的产物，见证了武汉市工业发展和工人居住文化的历史。

1.3 空间规划改革的时代使命

新型城镇化最终需要以国土空间为载体，协调产业、生态和基础设施等相关要素来实现。国土空间规划作为国家空间发展的指南、可持续发展的空间蓝图，是新型城镇化建设的关键。

1.3.1 空间规划编制内容的变革

党的十八大以来，我国深入践行生态文明体制改革，其中“多规合一”是改革重要任务之一。2019年，中共中央、国务院印发《关于建立国土空间规划体系并监督实施的若干意见》，对国土空间规划体系建设作出了明确部署，开启了空间规划系统性、整体性和重构性改革。与先前的城乡规划或土地利用规划相比，新时期的国土空间规划存在以下新的特点。

（1）突出底线约束、集约高效

“三区三线”的划定与管控是国土空间规划的重大创新特点与核心要点，是国家统筹发展与安全、实施底线约束的重要抓手。其中通过严守耕地保护红线、分解传导耕地保有量和永久基本农田保护的目标任务，将有效全面落实永久基本农田特殊保护要求，全方位夯实粮食安全根基，确保中国人的饭碗牢牢端在自己手中。通过实施生态保护红线分级管控，将有效保障和维护国家生态安全的底线和生命线，提升生态环境管理水平，促进美丽中国目标实现。通过强化城镇开发边界，将有效刚性约束开发建设行为，树立践行“精明增长”“紧凑城市”理念，推动城镇空间内涵式集约化绿色高质量发展。

（2）强调全域协调、城乡一体

新时期的国土空间规划将从城乡融合、陆海统筹和山水林田湖草生命共同体的全域全要素整体视角出发，进一步发挥其全局战略性、引领性作用。通过立足中国不同区域之间、城乡之间资源条件和发展水平不均的基本现实，科学研究各地区的经济和人口承载能力、客观评价不同地区比较优势，按照因地制宜、优势互补的发展思路，强化中心城市、城市群和城市中心区的经济优势，增强其他地区在粮食安全、生态安全等方面的兜底保障功能，促进各类要素高效集聚和合理配置，形成优势互补的全域和城乡发展格局。

1.3.2 空间规划改革下工业城市转型发展的思路

（1）区域协调，以集群一体化促进城市转型

城市群是当今世界城镇化的主流和大趋势，是我国城镇化的主体形态，在引导人口和要素布局、提高产业分工和效率水平、促进大中小城市协调发展等方面发挥着重要作用。国土空间规划改革的重要方向之一，便是将“完善区域协调格局”作为优化空间总体格局的首要内容，明确提出城镇密集地区的城市要提出跨行政区域的都市圈、城镇圈协调发展规划内容，突出区域协调在构建全域开放式、网络化、集约型、生态化的国土空间总体格局中的重要作用。青山区所在的武汉市正联合周边的鄂州、黄石、黄冈三市，建设武鄂黄黄都市圈，青山区应当以更长远的时间坐标、更广阔的空间视野出发，着力谋划区域一体化高质量发展的新蓝图、新路径与新抓手。

（2）守住底线，以“生态＋”“文化＋”“创新＋”促进空间转型

粮食安全、生态安全等是基于国家发展大局全局做出的深远谋划，国土空间规划必须要坚持底线思维，结合城市实际科学划定全域“三区三线”，并通过流域治理来破解生态系统破碎化问题，为转型发展奠定新优势。在此基础上，通过“生态＋”“文化＋”“创新＋”等一系列“功能＋”组合拳，破解工业区城市更新难题，为激活城市空间提供新发展动能。青山区需要在严格落实生态保护红线、永久基本农田、耕地保护目标，严格保护各类自然资源的基础上，结合当地山水林田湖的自然资源特色，重塑该区域的景观形象，推动其从城市发展背面走向城市花园客厅。

（3）优化布局，以空间供给侧改革促进产业转型

对于城市而言，土地是最为稀缺的资源。寸土尺金，惜其贵就要尽其用。而产业作为城市发展核心动能，需要优先进行保障。国土空间规划要求统一谋划城市重大生产力布局，构建多元化现代产业体系；利用“增存挂钩”“限定用途管制”等手段，实现土地资源增量聚焦、存量盘活，高效节约集约利用土地。青山区应当结合当地三旧改造、城市更新等工作，合理确定“留改拆”空间，并将腾出的宝贵土地资源用于重点支持重大科技创新、战略性新兴产业、现代服务业等功能的空间用地，确保有限空间用地指标用在“刀刃上”；并积极创新“留白”政策，结合指标弹性管理，为城市远期产业发展提前预留空间。

（4）补齐短板，以均等化公共服务设施促进社会转型

享有基本公共服务是公民的基本权利，保障人人享有基本公共服务是政府的重要职责。国土空间规划应当在谋划城市发展的同时，构建与经济社会发展水平相适应的公共服务，促进基本公共服务设施布局均等化，即让全部市民都尽可能公平地获得大致均等的基本公共服务。青山区应当以社区作为基本治理单元，构建“15分钟社区生活圈”，提升医疗、教育、文体等市民重点关心的公共服务设施网络体建设；以“共同缔造”为核心，创新完善社区治理机制，激发市民参与动力，塑造多元主体共建共治共享的城市精神，让城市更加有魅力的同时也更加有温度。

1.4 小结

总而言之，当今世界百年未有之大变局正加速演进，青山区转型面临着更为深刻复杂的挑战与机遇。如何以新型城镇化为牵引和载体，结合国土空间规划改革要求，因地制宜地在区域协调、产业发展、空间优化、生态治理、公共服务建设等领域进行科学谋划，通过高水平的规划设计，不断提高现代化的城市治理水平，让青山区实现蝶变焕新，将是青山区向广大规划师出具的一道历史性“时代命题”（图1-1、图1-2）。

图1-1 蝶变焕新中的青山区（2002年/2021年的青山红钢城）

图1-2 蝶变焕新中的青山区（2003年/2021年的青山滨江区）

CHAPTER 2

Theoretical and Related Research on the Transformation and Development of Industrial Zones

第二章

工业区转型发展的理论及相关研究

2.1 理论基础和研究内容

2.1.1 理论基础

工业区的转型发展以经济增长为基础，以产业发展、区域协调、文化遗产保护与利用和生态环境保护为支撑。本小节重点选取相关的经济增长理论、产业结构演进和转型升级理论、区域发展理论等基本内容进行阐述，作为指导工业区转型发展研究的理论基础。

（1）经济增长：内生与外生经济增长理论

工业区转型发展的核心目标就是促进经济增长。20世纪以来，学者们致力于建立各种经济模型，研究各种内生或外生影响因素对经济增长的重要性。亚当·斯密作为古典经济增长理论创始人，认为经济增长是一个循环前进的过程，劳动分工水平的提升引起人均收入和消费水平提升，资本积累率的提高又会促进分工进一步深化[1]。李嘉图则认为增加劳动力不会一直促进经济增长，提出边际生产力递减规律[2]。马尔萨斯认为每当生活水平高于温饱线就会导致生活水平重返原有的“均衡”，这是因为人口增长是按照几何级数增长的，而生存资源是按照算术级数增长的[3]。以上理论解释了工业区由兴起到没落的发展历程，扩大工业生产规模并不能持续地促进区域经济增长，亟待寻找新的动力机制。

许多学者因此开始关注技术进步的作用。索洛（R. Solow）第一次较科学地验证了技术进步对经济发展的贡献，利用1909～1949年美国制造业相关数据，发现经济增长88%归功于技术进步，而只有12%左右来自生产要素投入的增加。罗伯特索洛、斯旺、缪尔森等人将技术进步视为外生因素，从而无法解释技术进步迅速发展的事实[4]。随后，库兹涅茨、罗默、卢卡斯、格鲁斯曼等经济学家将技术创新视为经济系统的内生变量，认为技术创新是经济增长的源泉，分工程度和专业人力资本积累水平是确定技术创新水平的主要因素[5]，阿林·杨格对劳动分工理论进一步延伸，认为最重要的分工形式是新行业的出现。后来针对技术创新，熊彼特（J. Schumpeter）形成了以创新理论为基础的独特理论体系，英国教授Cooke（1992）则提出区域创新体系[6]，这些理论都为工业区转型发展指出了最根本、最有效的动力机制，新技术引入经济组织将形成新的生产能力，产业进入新的生命周期，工业区也随之进入新的发展阶段。

（2）产业发展：产业结构演进、转型升级和产业集群理论

工业区转型发展的关键是产业的转型升级，产业发展理论主要包括生命周期理论、产业结构演进理论、产业转型升级和产业集群理论。产业集群理论解释了工业区的产业发展路径。产业集群是指在地理上集中，有交互关联性的企业、专业化供应商、服务供应商、金融机构、相关产业的厂商及其他相关机构等组成的群体。产业集群是某种产品的加工深度和产业链的延伸，有利于降低企业的制度成本（包括生产成本、交换成本），提高规模经济效益和范围经济效益，提高产业和企业的市场竞争力。

生命周期理论对研究工业区经济发展阶段的演化成因和确定产业结构转型

升级的时机起到关键性的启示作用。生命周期理论由哈佛大学教授雷蒙德·弗农在1966年首次提出，他在《产品周期中的国际投资与国际贸易》一文中指出，任何产品都有发展过程，经历起始阶段、成长阶段、成熟阶段到衰退阶段四个不同阶段[7]。后来，产品的概念延伸到企业、产业、城市发展等多个场景。以工业产业为例，其发展可分为四个阶段，起始阶段产业刚刚形成，市场需求尚未明确；成长阶段产业快速发展，市场需求旺盛；成熟阶段产业进入成熟期，市场竞争激烈；衰退阶段产业逐渐衰退，市场需求萎缩；当技术创新为产业带来新的活力之后也将诞生一个复苏阶段，即产业经历衰退后，市场需求有所回升。对于工业区来说，当传统工业开始衰退，发展高新技术产业就是技术创新带来活力的表现。

产业结构演进理论能很好地解释工业区转型，也是主导产业从第二产业向第三产业转移的过程。产业结构演进理论由英国经济学家和统计学家科林·克拉克（1941）提出，他把全国经济的各种产业划分为第一产业、第二产业和第三产业三个类别[8]；配第（1676）在对产业结构变化趋势的描述中表示，相对于农业来说，工业的收益更多；而相对于工业来说，商业的收益又更多[9]。克拉克发现了产业结构变化与经济总量增长之间的相关性：经济的迅猛发展导致劳动力会从第一产业向第二、三产业转移；劳动收入的不断增加，表现出劳动力由第二向第三产业转移的现象。因此，随着城市的发展，许多工业区的主导产业也逐渐从传统制造业转化为文化、创意、服务产业。

产业转型升级理论则为工业区的产业发展提出了目标和路径。产业转型升级是指产业向更有利于经济、社会发展方向发展，包含产业结构合理化和产业的高级化。产业结构合理化的标志是：①产业结构与社会需要相适应；②能使现有资源得到合理利用；③能使产业间协调发展；④有利于科技成果转化；⑤能充分利用国际分工与协作；⑥能保证经济效益不断提高[10, 11]。产业高级化的标志是：①产业部门技术水平不断提高，产品和工作的技术知识含量很大；②产业内部加工深度不断演进，工业加工程度不断深化；③技术生产要素促进产业结构升级，向附加值高的部门发展；④通过创造性知识集约化的发展来促进产业结构的进一步高级化，对高技术人才的依赖性大大增强[12, 13]。

（3）区域协调：增长极、“核心—边缘”理论

区域发展理论解释了区域发展不均衡的现象，强调了区域的中心和其他地区的经济联系，为找准工业区在城市中的定位提供了理论基础。区域发展理论主要包括增长极理论、“核心—边缘”理论等。20世纪40年代，弗朗索瓦·佩鲁（Francois Perroux）提出经济增长极理论，认为增长不是同时发生在每个地区，而是率先发生在某些经济增长点上，这些增长中心就是增长极，逐渐向其他地区传导。随后，美国经济学家弗里德曼（John Friedman）、瑞典经济学家缪尔达尔（Gunnar Myrdal）、美国经济学家赫希曼（A. O. Hirschman）分别在不同程度上进一步丰富和发展了这一理论。弗里德曼（1966）提出了“核心—外围”理论，核心区是具有较高创新变革能力的地域社会组织子系统，外围区则是与核心区有经济联系的腹地，两者共同组成完整的空间系统，其中核心区在空间系统中处于支配地位[14]。缪尔达尔和赫希曼（1981）提出极化效应和扩散效应，极化效应指发达地区的发展抑制了落后地区的发展，生产要素不断从落后地区向发达地区流动；扩散效应则表示经济进步不会同时出现在所有区域，都是从一个或几个发达地区先发展起来，从而带动相关产业与周边区域的发展[15]。经济学家威廉森（Williamson，1965）进一步提出倒U形曲线理论，认为经济发展初期阶段，极化效应将起主导作用，地区差距趋于扩大；经济发展到成熟阶段，扩散作用将发挥主导作用，使地区差距转向缩小，整体变化轨迹呈现一条倒U形曲线[16]。

可以看出，工业区在兴起的时期是城市中的“增长极”，也是核心区域，带动周边地区发展，但随着城市的不断发展，工业区逐渐衰落，成为外围区域。因此，在其转型发展的过程中，需要考虑城市的总体战略，找到与城市功能相匹配的发展方向。

（4）文化遗产保护与利用：城市文化资本理论

工业区拥有丰富的工业文化遗产，而城市文化资本理论探讨了如何利用这些工业遗产来塑造城市形象与品牌，实现城市文化资本再生产，促进城市可持续发展。

“文化资本”的概念最早出现在1986年布尔迪厄（Pierre Bourdieu）的《资本的形式》一文中，他认为在现代社会里存在三种资本类型，即经济资本、文化资本和社会资本。其中，文化资本是通过教育资质的形式制度化的，在某些条件下可以转化成经济资本[17]。文化资本本质是人类劳动成果的一种积累，是以人的能力、行为方式、语言风格、教育素质、品位与生活方式等形式表现出来的，包括文化能力、文化习性、文化产品、文化制度在内的文化资源总和。后来，许多学者将文化资本拓展聚焦到城市领域，提出了“城市文化资本”的概念。金相郁（2009）、张鸿雁（2010）认为“城市文化资本”是城市发展的永续动力、城市再生产的场域空间，实现城市的自我创造和自我更新，能够解决城市化进程中的环境危机、交通问题等。[18，19]在传统的社会关系中，城市的历史文化资源、自然资源和传统产业资源作为生存与延续的基础，而现在，城市作为一个巨大的经济、社会和文化的综合体，城市的核心性资源已经不仅是自然资源，还包括城市社会结构关系、城市政策、人才成长环境、人文环境和城市形象等。通过塑造城市形象与城市品牌，可以实现城市文化资本的再生产，创造城市财富、促进城市的可持续发展、提高城市的就业率，并让城市有更好的软实力与竞争力。

对于历史悠久的工业区，需要构建人们对于这些地区独特的“城市文化资本”，包括集体记忆、具象的物与人的记忆、城市整体印象的记忆等，构建人类记忆的过程，也就是传承城市价值、延续城市生命的过程[20]。因此，工业区的转型升级也可借助“城市文化资本论”的理论、方法与策略，通过科学、理性、智慧去创造工业区独特的文化资本。

（5）生态环境保护：可持续发展和绿色增长理论

现代可持续发展思想产生于工业革命之后，虽然大量工业区带来了经济效益，但当环境污染、资源过度开采和生态破坏造成一系列问题，人们需要探索出一条有效途径来确保经济增长与生态环境实现平衡发展。1972年6月16日在斯德哥尔摩召开的联合国人类环境会议通过了《联合国环境宣言》和《人类环境宣言》，正式提出了“可持续发展”的概念；1992年5月，全球《21世纪议程》通过；1994年，中国政府在全世界率先公布的《中国21世纪议程》成为中国实施可持续发展战略的国家级行动纲领，确立了中国21世纪可持续发展的总体框架和各个领域的主要目标；1996年，第八届全国人民代表大会第四次会议批准的《国民经济和社会发展“九五”计划和2010年远景目标纲要》将可持续发展作为一条重要的指导方针和战略目标上升为国家意志。可持续发展的核心是正确处理人与人、人与自然之间的关系，将环境与发展视为一个有机整体，其核心问题为怎样在保持经济增长的同时，实现经济与生态环境的协调发展[21]。直到现在，我国依然把可持续发展确立为国家战略，把节约资源和保护环境确立为基本国策。

绿色增长是在可持续发展的框架下提出的，比较权威的理解是经济合作与发展组织（OECD）的定义，它认为绿色增长系指在确保自然资产能够继续为人类幸福提供各种资源和环境服务的同时，促进经济增长和发展[22]。我国也对绿色发展作出解释，2023年1月，国务院新闻办公室发布了《新时代的中国绿色发展》白皮书，对产业结构持续调整优化、促进传统产业绿色转型、推进资源节约集约利用等方面提出要求，也为工业区的转型发展指明了方向。

2.1.2 研究内容

国内外学者也对工业区的转型发展进行了大量研究，研究内容主要分为三个方面，即转型发展的问题分析、转型发展的目标评价和转型发展的路径制定（图2-1）。

图2-1 工业区转型发展的研究内容

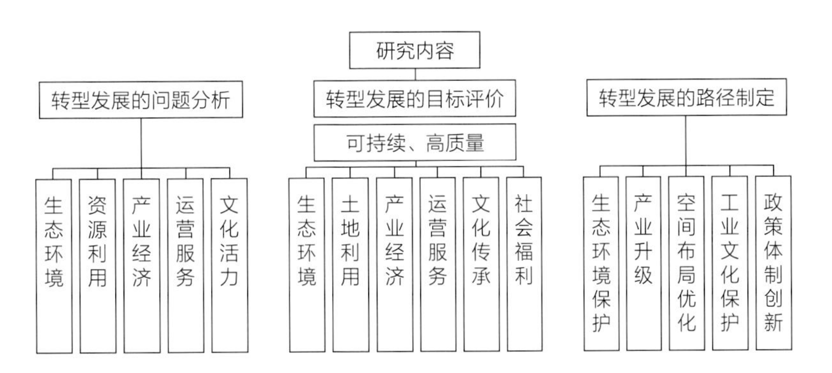

（1）转型发展的问题分析

快速城镇化的发展过程中，大量的工业生产造成了严重的环境污染。同时，国家也进行了产业结构调整，城市规划为了重新调整区域功能，对这些原本处于城市中心地带的工业厂房所在土地的用途进行调整，一部分工业企业逐渐向郊区转移，另一部分工业企业则面临停业、合并、转让甚至倒闭，但这些工厂旧址、附属设施和机械设备等留存下来。至此，老工业企业完成了它们的历史使命，但老工业区旧址的存在与城市建设的功能已经不相符，对地方经济的发展也造成影响，亟须转型升级。具体来说，老工业区的转型改造面临五个方面的问题：一是生态环境问题，由于长期生产过程中对自然环境造成污染累积，对厂区生态环境的负面影响极易威胁到周边的城市环境，尤其是土壤、空气、水质、植被等；二是资源利用问题，现有工业区占地面积较大但土地资源利用率较低；三是产业经济问题，传统产业在当前的市场经济中面临巨大挑战，既有工业区的部分业态、功能势必发生转变，其产业类型、结构关系也将随之变化；四是运营服务问题，老工业区大多数位于城市核心区，但由于长期的生产环境相对封闭，与城市的交通关联较弱，公共设施分布有限，难以服务于新的城市需求；五是文化活力问题，老工业区在长年建设的过程中拥有一定的历史文化积淀，但由于对其价值的认知不足，导致不少具有科普、景观价值与商业价值的建、构筑物，因缺乏维护而出现损坏，甚至面临拆除。

（2）转型发展的目标评价

工业区转型发展的目标是可持续、高质量的发展，学者们具体从社会、经济、环境等不同方面展开了研究。董锁成（2007）提出资源型工业城市成功转型需要战略创新，提出三大效益目标，即社会福利均等化、经济持续发展、生态环境整治与社会经济协调发展[23]。刘佳佳（2018）认为应该从经济系统转型、社会系统转型、环境系统转型、资源系统转型四个方面对工业区进行评价和实证研究[24]。钱艳（2019）基于工业区利益相关者的分析，建立了社会—经济—生态三个维度的工业遗址再利用可持续性评价指标体系，认为工业区改造中应该考虑更多的是社会、环境的可持续发展，权重高于经济效益[25]。谢涵笑（2022）构建了生态环境、资源利用、产业经济、运营服务、文化活力和技术性能六个一级指标，以及自然环境、土地利用等18项二级指标来评价工业区的可持续发展水平[26]。潘红艳（2022）具体针对城市工业区转型居住区的典型案例，提出一套涵盖了宏观发展、生态更新、活力感知、文化传承以及运营管理的多维发展的更新改造评估指标体系[27]。

针对工业增长引发的环境问题，学者们致力于研究经济增长与资源环境的内在关系，逐步提出“脱钩理论”[28]，“脱钩”是指环境压力与经济绩效相脱离的状况，“脱钩指数”用于评价资源环境脱离于经济增长的程度[29]，可以评价工业城市或地区转型发展的成效。目前，“脱钩理论”广泛应用于资源环境领域，部分学者利用脱钩指数探究能耗与经济增长的关系[30-32]，研究发现我国能源消耗与经济增长逐步处于脱钩状态，其中部分城市已经处于绝对脱钩状态。

（3）转型发展的路径制定

工业区转型发展的路径基本对应了前述的几个现状问题，提出了一些解决方法，包括生态环境保护、产业升级、空间布局优化、工业文化保护、政策体制创新等方面。

生态环境保护方面，学者们集中对生态补偿机制展开研究。卢艳丽、丁四保等（2011）对城市生态补偿机制进行研究，从财政、法律、生态保护、补偿标准、体制机制等方面分析生态补偿的障碍因素，提出构建生态补偿机制可以缩小区际间的差距，促进环境建设[33]。李惠娟、龙如银等（2013）对环境污染与经济增长的关系进行了实证研究，提出资源型工业城市应积极进行环境治理、实施绿色转型、大力发展循环经济、扩大实施总量控制的污染物范围，以促进这些城市的可持续发展[34，35]。沈镭等（2013）提出推行绿色发展、加强资源管控、健全法制体系、建立生态补偿机制、加强区域融合、减少资源开发的负外部性等促进工业地区可持续发展的建议[36]。

产业升级方面，王昆（2023）指出工业区的功能演化可分为再生型、调整型、锁定型三种类型。再生型以文化活力为核心，给工业空间赋予文化内涵，促使工业区转向高活力城区；调整型以科技创新为核心，传统工业向高新技术产业升级，促使工业区转向高科技集聚区；锁定型以制造升级作为核心，促使工业区走向更高质量的工业区。① 张文忠（2020）指出应充分依托城市创新环境或产业结构转型现有优势，分类指导转型升级，实现创新环境与产业结构转型的协同并进[37]。刘雨心（2023）以谢菲尔德为例，分析了高等工程教育推动区域产业转型发展的可行路径，解释了大学与社会互动中如何在具体产业领域建构自身的身份[38]。邓啸骢（2023）通过对北京17个老旧工业区的改造成创意园进行分析，发现均衡发展型园区的外部功能由文化传媒（博物馆、风景区、广告文化传媒及广播电视类设施）、休闲娱乐（休闲广场及文物古迹类设施等）和教育科研（高等院校、培训机构等）三类功能组成[39]。

空间布局优化方面，老工业区的工业功能已逐渐衰退，取而代之的是商业服务业、教育科研、居住等功能，功能布局的改变引发了新的需求，学者们具体对交通、基础设施、公共空间等提出优化策略，包括重组园区的外部交通体系，将原本闭塞的老工业区与周边相连接；重塑园区内部交通，采用人车分流的路线设计，方便人流涌入；完善休息设施、服务设施等基础服务设施；规划引导营造丰富多样的公共空间，提高街区的活力等。

工业文化保护方面，刘洁（2014）从旧空间再利用的融合方式、工业文化景观的形象塑造、可持续的文化创意产业的转型方向和多层次的政府管理政策四个方面展开探讨，为国内工业遗产保护、开发利用提供一定的借鉴和参考[40]。冯婧（2023）应用全息论理论，从全息相似、全息对应、全息控制的维度，提出全息元更新重构于其他元素改造中、从时间维度推理演绎工业文化、利用文化信息的传递过程来更新改造传递媒介等改造策略[41]。

政策体制创新方面，龙如银（2010）基于场视角构建区域的引力场和斥力场，分析资源型工业城市通过融入区域带动城市转型的对策，提出开放发展环境、发展中小型企业等转型思路[42]。徐国斌（2021）通过对武钢现代产业园的分析，认为其转型发展应当采取企业主导的政企合作模式，由重点项目引导，助推产城产业的双升级[43]。张重进（2022）研究广州南沙西部工业区，发现在现行制度下，税收、搬迁成本等是企业更新改造考虑的主要因素，研究表明，合理安排土地整备制度可以提升企业改造意愿，提高旧工业区土地的利用效率，可以促进土地资源优化配置[44]。

---

① 王昆，王秋杨．锁定、调整与再生——国外都市区工业空间功能演化路径比较[J]．国际城市规划，2024，39（1）：100-107.

2.2 国内外比较研究

2.2.1 匹兹堡工业地带（美国）

（1）基本概况

匹兹堡位于美国东海岸的宾夕法尼亚州，坐落在阿勒格尼河、莫农加希拉河与俄亥俄河的交汇处，是美国最大的内河港口之一。便利的交通条件和丰富的煤炭资源让匹兹堡成为美国最大的钢铁生产基地，是美国历史上有名的“钢铁之都”，现在已逐步转型为金融、医疗、IT中心。

19世纪后半期，钢铁、电力技术革命高潮在美国出现，促进美国铁路网、资金及劳动力不断向西流动扩展，这些都为匹兹堡的发展奠定了基础。1865年，安德·卡内基建造了他的第一座钢厂——埃德加·汤姆森钢厂，开启了匹兹堡的钢铁时代。到了1899年，卡内基将他的工厂合并组成卡内基钢铁公司，成为当时世界上最大的钢铁公司，巅峰钢铁产值占美国钢铁产值近2/3。钢铁和焦炭产业成为匹兹堡的支柱产业，同时还拥有铝冶炼与加工业、玻璃生产与加工业等多个制造业部门。1910年，匹兹堡已发展成为美国第八大城市，人口达50余万人。

然而，随着20世纪80年代起美国制造业萧条，经济增长开始出现停滞，匹兹堡地区许多工厂关闭，制造业整体就业机会失去50%，大量工人失业，匹兹堡陷入深度衰退之中。同时，由于匹兹堡地处河谷地带，容易产生逆温现象，逆温时的城市上空烟雾弥漫，也成为令人无奈的“烟雾之城”。越来越突出的资源耗竭与严重环境污染等问题，造成城市居民的生活环境和质量严重下降，中心城区出现严重的人口流失现象。

之后，匹兹堡一共经历了两次复兴和转型，第一次是1946～1973年，主要是制定总体战略、控制烟雾污染和城市面貌更新；第二次复兴是1977年之后，主要是产业转型和工业遗产保护利用，为城市发展注入了新的活力。

（2）战略调整：围绕城市经济复兴制定系列计划

“二战”一结束，匹兹堡就已经开始了所谓的“战后复兴”。1943年，市民组织阿勒根尼社区发展会议成立，目标是致力于匹兹堡的全面的社区改良，主要关注匹兹堡中心商业区的复兴和地区经济的复兴，当时的市长戴维·劳伦斯也支持和阿勒根尼社区发展会议合作。该组织为匹兹堡城市复兴提供了全面的战略支撑，包括清除烟雾污染、改善环境、振兴市中心商业区、实施城市更新计划等方面。

（3）环境改善：优先控制烟雾污染

复兴的第一步是控制烟雾污染。1943年，市民组织烟雾控制联合理事会创立，1945年并入了阿勒根尼社区发展会议，两个市民组织的合并使得政府、企业领袖、专业技术人员、社会公众的力量得以结合，得到了良好的反馈。烟雾控制法的实施也让匹兹堡摆脱了“烟雾之都”的称号，随着能源向天然气的转换，匹兹堡的天空恢复了澄净和明朗。

（4）城市更新：改善城市面貌，兴建办公楼宇

烟雾控制成功之后，匹兹堡市政府和阿勒根尼社区发展会议实行了一系列针对城市面貌改善的更新，主要针对中心城区办公楼群、豪华公寓、运动场馆、会议中心等进行维护建设，对破旧住房进行拆除，对基础设施进行完善。改造期间，城市新建了大量写字楼、城市公园和大型公共设施，著名大型建筑物有美国钢铁大厦、美国铝业大厦、西屋电气总部大楼、三河体育中心（图2-2）等。城市景观实现了摩天大楼鳞次栉比的景象。

图2-2 PNC公园（原址为三河体育中心）
图片来源："Aerial views of Pittsburgh captured from a helicopter in the fall of 2014", Dave DiCello Photography

进入20世纪70年代，虽然经过"一次复兴"的发展，城市环境和烟雾污染得到改善，但是多年的快速城市化和传统工业发展带来的现实问题仍然突出，旧城衰败、房屋空置率提高、停车空间紧张、工商业不景气等诸多现实问题依旧存在。1977年，新市长理查德·卡利朱里实行政府引导与民间力量相结合，大力推动了匹兹堡的"二次复兴"，这次的重点主要是产业转型以及工业遗产的保护方面。

（5）产业转型：产业多元化发展

经济和产业转型才是城市复兴的关键所在。1985年，由州政界、商界和学界共同参加的会议制定了《匹兹堡/阿勒根尼21世纪发展战略》成为经济转型的纲领性文件，指出经济的多元化是匹兹堡复兴的关键，未来应该着重于发展服务业和高科技产业，策略的主要内容分为三个部分。一是进一步发展服务业，尤其是服务于各种商贸往来、金融保险、工程设计、科研开发等活动的生产服务业和服务于教育、医疗卫生及政府政策部门的社会服务业。二是打造规模小、高技术的制造业。作为老工业城市，制造业仍是经济发展中一个重要的组成部分，因此，该文件建议适当保留第二产业并进行转型提升，在技术更先进的同时让企业规模变小。同时当地还积极发展计算机应用、生物技术、先进材料、机器人智识系统和环境技术等新领域产业，并探索校企合作发展模式，例如匹兹堡大学健康医疗中心成为医学研究及临床治疗的国际性中心，卡内基—梅隆大学成为计算机科学及机器人研究的国际性中心。目前，谷歌、苹果、微软等多家公司也已入驻匹兹堡，新兴产业和服务业逐步填补了传统制造业减少的就业机会。三是大力发展文化产业，包括表演艺术、视听艺术、文化娱乐等。卡内基基金会、匹兹堡文化信托基金会等社会组织在中心区建起科学、教育、艺术、娱乐多项并重的文化区，新建、扩建、改建了许多表演艺术中心，例如老斯坦利剧院改造成贝那达姆表演艺术中心，海恩兹厅改造为交响乐演出的场地，兴建了施卡菲展览馆、CNG艺术大楼等。丰富的城市文化生活和舒适的居住环境促进了经济发展，为中心区的经济复兴作出贡献。

（6）文化保护：工业遗产的保护和利用

匹兹堡强化工业遗产的文化属性，把工业化时期的工厂、仓库、码头、员工住宅等作为一份珍贵的历史遗产加以保护和修复，成为展示城市独特历史的博物馆。匹兹堡成立了历史与纪念物基金会，致力于城市文物特别是历史性建筑物的保护。匹兹堡市政府对城市所有现存建筑物进行了考察和评估，确定哪些建筑物需要修复和拆除，哪些状态尚好可以保留，1971年出台了第一部关于保护历史文物的法令。1996年，美国通过法案建立了“钢铁之河”国家遗产区，该国家遗产区以匹兹堡为中心，人们可以在这里探访钢铁工厂城镇、了解煤层结构、体验钢铁运输等，从不同角度感受曾经辉煌的钢铁制造故事。

2.2.2 谢菲尔德“锈带区”（英国）

（1）基本概况

谢菲尔德位于英格兰南约克郡，距离伦敦170英里（约合274千米）。与匹兹堡类似，依托良好的交通区位和附近的煤炭资源，从18世纪初，谢菲尔德便开始快速崛起。当时其主要经济支柱是煤炭工业，到20世纪逐渐发展成为钢铁等重工业聚集区，并被誉为“钢铁之城”。而如今，谢菲尔德是一座绿色城市，从“锈带区”转变为以高新技术产业为主体、以文化产业为发展动力的产业区。

14～17世纪，谢菲尔德是英国餐具的制造中心，诞生了坩埚钢与镀银技术，随着工业革命的爆发，不锈钢技术在这里诞生，谢菲尔德成为英国重要的钢铁中心。从18世纪开始，谢菲尔德人口增加了数十倍，从一个镇升级为一座城。

1970～1980年，英国钢铁行业进行升级，却导致了成千上万的熟练工人失业，之后随着英国基建、军工需求的下滑，谢菲尔德钢铁业整体进入下坡期。受困于经济萧条，谢菲尔德城市发展开始陷入长期停滞，曾经依靠煤炭、钢铁等工业发展起来的城区迅速衰落，城市面貌锈迹斑斑，被称为“锈带区”。当地居民失业率攀升，城市内出现了大量的贫民窟。

（2）战略调整：从“产人城”到“城人产”

面对工业产业的急剧衰落，当地政府意识到由产业吸引人的“产人城”发展逻辑对谢菲尔德来说已经失效，需要进入“城人产”的新发展阶段，即塑造城市形象，城市围绕人才的需求而建，产业因人才的聚集而聚集。这个战略又分为两个阶段，第一阶段是“以城引人”，通过打造体育之都、重塑绿化和开敞空间、对老旧工业厂房进行改造等方式改善城市面貌，树立新形象吸引人才，第二阶段是“以人促产”，引入高新技术产业和文化产业，城市产业全面转型升级。

1986年，谢菲尔德成立经济再生委员会(SERC)，定期组织各级政府官员、工商业、教育界代表和社区组织交换意见，规划和讨论重振城市经济的主要战略。通过研究，他们将体育视作谢菲尔德复兴的转型方向，一方面，是因为这类“软件”建设相较于硬件来说花费较少，当地也有一定的体育产业发展基础，比如谢菲尔德拥有世界上第一家职业足球俱乐部，也曾举办过斯诺克世锦赛等体育赛事。另一方面，当时国际上已有通过体育塑造城市形象的成功案例可以借鉴。

确定发展方向后，经济再生委员会通过三大策略推动“体育之都”的新形象。一是申办体育赛事。据统计，1991～2000年，谢菲尔德共举办重大赛事359项，平均每年约40项。尤其是谢菲尔德成功获得1991世界大学生运动会的主办权，通过建设场馆并筹划场馆赛后的运营、管理，保障了体育经济的可持续发展。世界大学生运动会后的短短4年里，吸引的赛事为该市带来的额外经济效益总值约为3100万英镑，带来的媒体宣传广告价值在8500万英镑左右。1995年，谢菲尔德被评为英国首个国家体育城市。二是打造斯诺克的特色体育标签。经济再生委员会与欧洲体育频道合作，在60多个国家直播和转播斯诺克世锦赛，如今斯诺克世锦赛平均每年吸引全球89个国家和地区的3.5亿观众观看。之后，谢菲尔德还延伸了斯诺克的产业链，2003年谢菲尔德世界斯诺克学院成立，为来自全球的斯诺克选手提供特训，许多知名球员都常驻谢菲尔德。三是全面发展体育及相关产业。一方面，谢菲尔德继续扩大体育产业的广度，新建了足球、自行车、网球、游泳以及残疾人运动的各类体育设施，还经常举办半程马拉松、家庭自行车等体育活动，面向尽可能多的大众群体。另一方面，谢菲尔德还不断挖掘体育产业的深度，国家运动与运动医学中心、谢菲尔德第二大学技术学院纷纷成立，为运动员和大众提供损伤治疗、提高运动水平、心理素质等方面服务，也提供运动营销、数据分析的技术服务。

（3）空间优化：重塑绿化与开敞空间

2000年后，谢菲尔德城市更新公司Sheffield one成立，针对不同区域特点采取了差异化的更新策略，提升了谢菲尔德的整体品质和形象。在城市集中发展的区域，聚焦现有建筑和存量空间的优化利用，重点研究保护绿化空间及重塑城市开敞空间（图2-3、图2-4）。

谢菲尔德秉承精细化管理的理念，2004～2016年成功实施了17个更新项目，注重公共活动空间的营造，其中，“黄金路线”（Gold Route）的规划与实施是谢菲尔德城市更新的一大亮点。这条线路连接了哈勒姆大学、市中心、市政

图2-3 谢菲尔德中心区发展愿景
图片来源：https://www.sheffield.gov.uk/

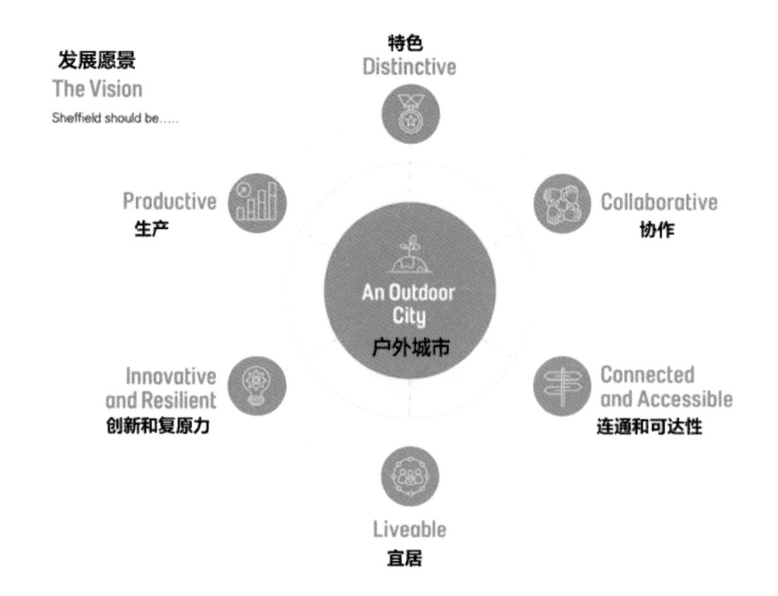

图2-4 谢菲尔德中心区规划图
图片来源：https://www.sheffield.gov.uk/

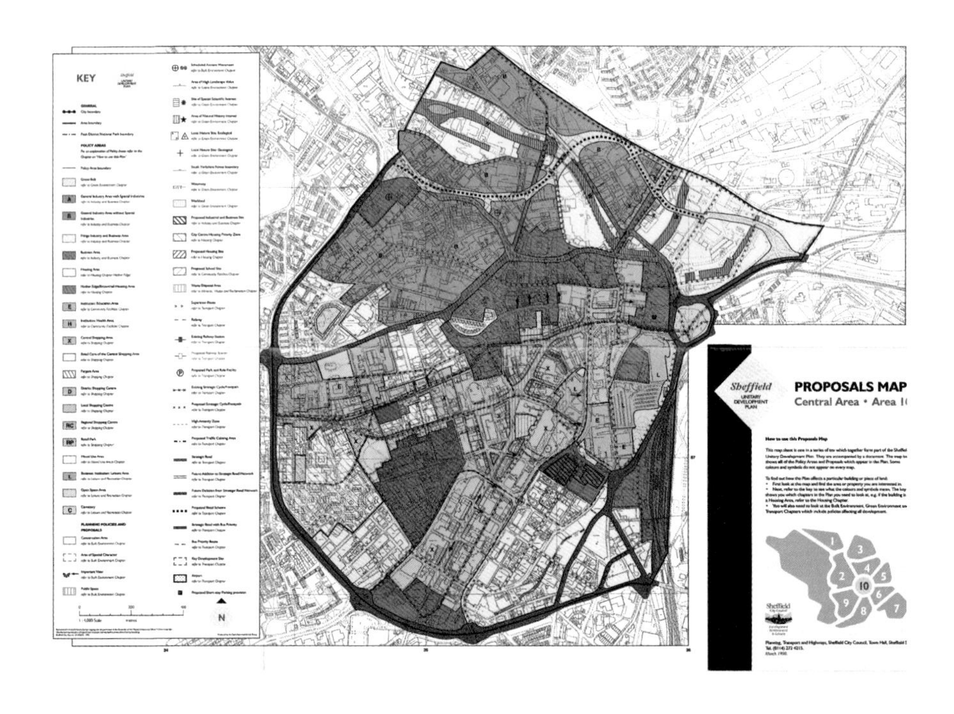

厅、德文郡绿地以及谢菲尔德大学等关键节点，形成了一个完整的步行网络。通过提升步行通道品质、优化节点塑造，使之成为一个环境宜人、融合多种功能和文化的综合空间（图2-5）。

概括来说，这些路线规划有几个特点，一是确保步行空间的连续性和通畅性，在绿色互联城市战略的指导下，形成了临水或临街建筑构成的连续界面，这

图2-5 谢菲尔德公共空间改进策略

图片来源：https://www.sheffield.gov.uk/

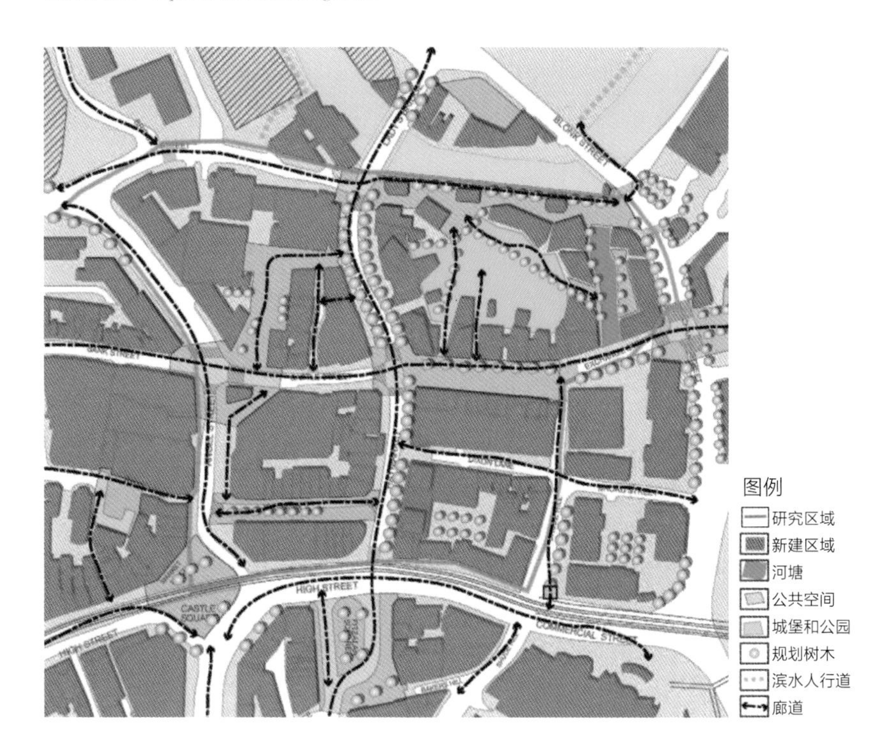

种连续性体现在轮廓、尺度、色彩等形态要素上，确保了步行者空间体验的连贯性和舒适性。二是注重街道品质的提升，减少车行道，增加人行道和自行车道，不仅改善了慢行的体验感，而且为街道两侧的店铺带来更多的人流量，提升了街道的整体价值。三是打造趣味性景观，根据该地区的历史和文化特色，设计不同主题的作品，例如滨水空间以水为核心，设置了喷泉、溪流、水池、雕塑等多样化的水景观，不仅增加了步行空间的趣味性，还提供了与自然互动的机会。

（4）文化保护：老旧厂房外观更新、功能强化

谢菲尔德的老旧厂房改造主要以更新外观、改善功能为主，如转化成为博物馆、工作室、酒吧等，吸引大众、促进消费。例如麦克纳科学冒险中心的旧址曾经是世界上最大的冶炼厂，改造后成为科学博物馆，馆内包括地球、空气、火、水四个展厅以及儿童户外空间，并保留了大量工业装置用作工业技术演示载体，向游客生动传递谢菲尔德的工业历史。另一个例子是曾被称为“不锈钢餐具制造的发源地”的波特兰工厂，后被改造为手工艺、小型制造聚集区，有30多个工作室入驻，领域包括刀具制造、木工雕刻、家具制造、珠宝设计、镀银制造、酿酒等。波特兰工厂还定期举办交流、集市活动，吸引居民参与，促进品牌传播。

（5）产业转型：以高新技术产业为主体，以文化产业为发展动力

随着科技革命兴起，产业发展与高等教育之间的联系日益紧密。一方面，高等教育为产业发展提供人才和信息；另一方面，产业不断更新的需求又成为高等教育发展的动力。2001年，谢菲尔德大学与波音公司得到了政府的资金支持，联合形成先进制造研究中心（图2-6、图2-7），该中心是独立于院系组织的非学术

图2-6 菲尔大学先进制造研究中心运行机制
图片来源：刘雨心. 高等工程教育如何推动区域产业转型——谢菲尔德大学先进制造研究中心的探索与实践[J]. 高等工程教育研究，2023（1）：157-163.

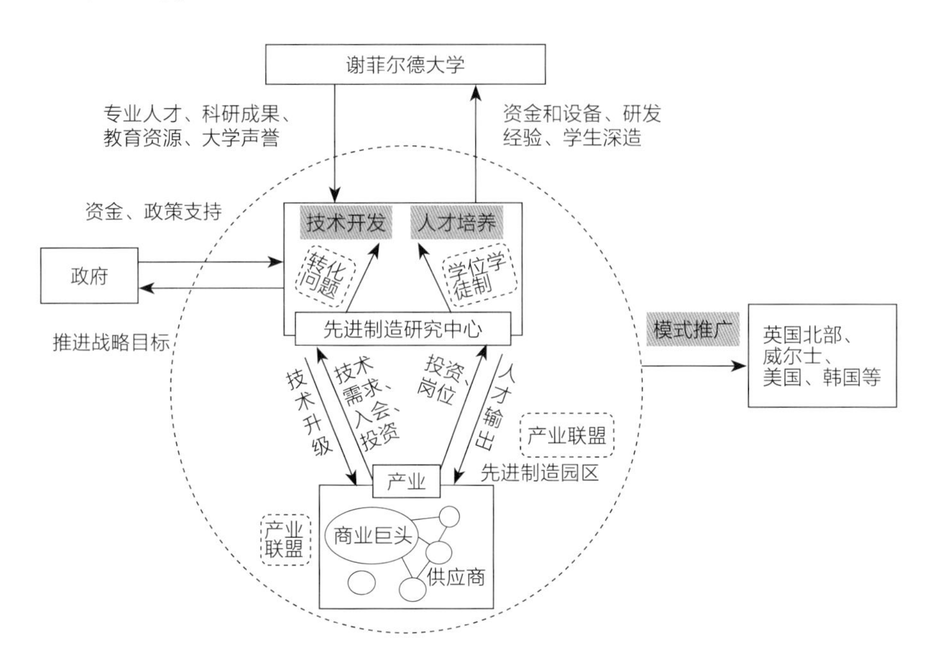

图2-7 先进制造研究中心鸟瞰
图片来源：AMCR官网

部门。中心的成立推动了谢菲尔德地区的传统制造业向高端制造业转型升级，其技术研发和人才培养的模式已经成为一种范式，推广至英国北部、美国、韩国等国家和区域。

在技术研发方面，先进制造中心采取了三个策略。一是建立产业联盟，通过会员制的方式吸收合作伙伴，会员从全球巨头跨国公司到本地中小企业，覆盖了产业链各个环节，形成“双赢”局面。对会员企业而言，可以共享中心平台与技术相关的知识产权、研发成果和先进设备；而对中心而言，充分整合各个会员的企业资源可以降低研发成本。二是将产业问题进行转化拆分。由于工程师同时具备学术和生产的知识储备，中心要求工程师团队将其拆分为可行工程问题和基础研究问题，工程问题留在中心解决，基础科研问题则交由谢菲尔德大学攻破，分工明确，提高研发效率。三是提供全流程服务，中心设置了11个核心部门，包括机械加工、集成制造、设计、测试等，为项目研发提供技术支持、测试和认证全流程服务。同时研发和生产活动在空间上距离较近，有利于企业间隐性知识流动，促进了产业化落地和持续创新。

在人才培养方面，中心实行学位学徒制的培养模式，打破了传统教育和工程技术的隔阂，展现了一种高度定制化、产学研深度融合的教育培训体系，对于促进地方经济发展、产业升级以及人才储备具有重要意义。这种模式具有三个特点：一是精准对接企业需求，针对周边产业园区企业的需求，精准设计培训课程和学习计划，确保培养出的工程师能迅速满足企业的要求；二是建立多层次培训体系，中心与谢菲尔德大学等高等教育机构联合培养，学员在完成一定阶段的职业技能培训后获得对应文凭，可以选择继续深造；三是人才覆盖产业全流程，一方面高校的高端人才能够参与到企业的技术研发中，另一方面企业高校联合培养的学徒可以将最新的科研成果转化为实际生产力，推动产业技术升级和落地。

在钢铁工业衰落之后，谢菲尔德的经济结构由“工业型经济”向“服务型经济”转变，逐步发展出融合传统文化、现代数字技术、生产型服务业和消费型服务业的文化产业。

文化企业主要聚集在城市文化产业区（CIQ），这里曾经也是破败的工业区旧址，文化产业的兴起经历了三个时期。初期是20世纪80年代一批先锋乐队利用弃置的厂房作为创作基地，市政府投资3500万英镑用于建造录音棚、演出场所等相关设施，并提供短期廉租房，吸引乐队、音乐类企业落户。中期是20世纪90年代中后期，谢菲尔德政府颁布了《谢菲尔德文化产业区行动计划》，强调对闲置临街建筑的复合利用，吸引小型商店、咖啡馆和餐馆等文化服务和商业配套设施入驻，并允许游客进入，这里逐渐发展成文化创意区。2000年后，片区的产业发展不局限于传统文化产业方面，而是强调与互联网、软件新媒体结合，同时还增加了社区服务功能，把产业区变为生活区，在吸引企业的同时也留住了人才。如今，文化产业区已经成为一个富有活力且不断发展的城市中心，集聚了数百家组织和小型企业，从事音乐、电台、电影、新媒体、设计及传统工艺创作活动[45]。

2.2.3 北京首钢工业区

（1）基本概况

1919～2010年，“首钢”曾经是北京市钢铁产业的代名词，其钢铁产业辉煌时期曾经对北京市工业化发展和全国钢铁产业发挥了举足轻重的作用（图2-8）。

图2-8 首钢园区现状
图片来源：首钢集团. https://www.shougang.com.cn/.

首钢的前身是1919年建成的石景山炼铁厂。中华人民共和国成立初期，北京市贯彻中央指示，执行“由消费城市变成生产城市”的方针，依靠工人群众接管了石景山炼铁厂等多家官僚资本企业。1953年在已有工业用地的基础上新增了六个工业区。1954年《北京市第一期城市建设计划要点》提出首都“除了是我国的政治中心、文化中心、科学艺术中心外，还应当是一个大工业城市”，工业区规划用地又增加了8.3平方公里，主要增加在石景山衙门口地区。“大跃进”时期，在“以钢为纲”的方针指导下，石景山钢铁公司进行了大规模扩建，还新建了北京特殊钢厂、北京钢厂、宣武钢厂、耐火材料厂。至此，首钢所在地区成为一个集炼钢、炼铁、开坯、轧钢于一体的钢铁基地。

改革开放之后，钢铁行业逐渐衰落。由于环境问题突出，对城市上游水源的污染日益扩大，工业企业占地多、耗水多、耗能高，不利于城市可持续发展。2001年7月，北京申办第29届夏季奥林匹克运动会成功，为了展现新北京、新奥运的形象，北京市委、市政府进行了深入研究，决定将首钢搬迁。2005年，为了适应北京城市的生态环境建设和经济结构转型，首钢开始逐步关停在京钢铁生产线并实施外迁。2010年首钢主厂区全面停产。

（2）战略调整：从工业园区向综合服务街区转变

规划引领了首钢工业区的发展方向，从纵向上来看，北京市多轮城市总体规划对首钢工业区提出了不同的要求；从横向上来看，首钢工业区针对自身展开了各类专项研究，形成了系列研究，为其转型发展提供了实施保障。同时，作为以企业为主体实施的工业区复兴典范，首钢园创新了从园区规划、建设、产业服务运营、管理全过程发展模式，以冬奥破局城市更新，加快从“火”到“冰”的转型，从厂区、园区向社区、街区转变，成为北京城市深度转型的重要标志。

1983年至今，北京市城市规划经历了三轮编制。1983年，《北京城市建设总体规划方案》明确北京是“政治中心和文化中心”，并强调“工业建设规模要严加控制”，首钢工业区的产业发展和建设规模受到限制，与城市发展方向逐渐开始出现偏差。2004年，《北京城市总体规划(2004年—2020年)》明确提出加快实施首钢等地区的传统工业搬迁及产业结构调整，对首钢工业区的定位要求是结合首钢搬迁改造和石景山城市综合服务中心、文化娱乐中心和重要旅游地区的功能定位，在长安街轴线西部建设综合文化娱乐区，以完善长安街轴线的文化职能，提升城市职能中心品质和辐射带动作用，大力发展以金融、信息、咨询、休闲娱乐、高端商业为主的现代服务业。2016年，《北京城市总体规划（2016年—2035年）》提出新首钢高端产业综合服务区是传统工业绿色转型升级示范区、京西高端产业创新高地、后工业文化体育创意基地。加强工业遗存保护利用，重点建设首钢老工业区北区，打造国家体育产业示范区，推动首钢北京园区与曹妃甸园区联动发展。

对于首钢工业区的系列规划，一共可以分为三个阶段：第一阶段为2005~2010年，这一阶段主要研究首钢工业区的总体战略，例如《首钢工业区改造规划》提出首钢及其协作发展区应作为北京城市西部的综合服务中心、后工业文化创意产业区的功能定位，其他规划还明确了产业转型的发展方向、工业遗产的保护要求等；第二阶段为2011~2015年，这一阶段主要聚焦于城市更新，在控制性详细规划的指导下，提出绿色生态智慧城市的理念，突出以人为本的重要性，探索适用于工业复兴场地的基础设施；第三阶段是2016~2022年，这一阶段一方面结合信息技术实现精细化管控，另一方面针对重点区域进行深化设计，实现规划精准落地实施。

（3）产业转型：依托冬奥，发展体育产业和高新技术产业

2015年，国际奥委会宣布北京成为2022年冬奥会和冬残奥会的举办地，首钢工业区迎来了转型发展的机遇。首钢利用自身的废旧厂房转变为国家队的训练基地，保障短道速滑、花样花滑、冰壶、冰球等项目的训练需求，赋予了这些老工业建筑新的生命和活力。冬奥广场通过对西十筒仓、制粉车间、燃气车间等工业遗存的改造，转变为冬奥组委办公、生活配套的场所。首钢滑雪大跳台是全世界首例永久保留和使用的滑雪大跳台场地，以敦煌飞天壁画为设计灵感，宛如空中的一条飘带，成为区域的地标性建筑（图2-9）。

图2-9 首钢滑雪大跳台
图片来源：首钢集团. https://www.shougang.com.cn/.

在冬奥会结束之后，园区依旧注重场馆的运营，延伸了体育产业链。首钢园区提升场馆专业化、标准化制冰、扫冰、设备维护水平，在行业中打出首钢冰场的优质品牌，同时借助此机会争取“国家冬季项目训练基地”挂牌，为日后长期承接国家级、省级以上冰上队伍训练创造条件。在运营方面引入专业运营机构，通过场馆专业化服务和市场开发，将赛事需要与日常综合利用有机结合，使场馆运营在时间上形成可持续性。

同时，打造园区的体育IP，引入知名度高的冰雪运动、时尚潮流、电子竞技等知名赛事，形成周期性热点，加大主流媒体、网络媒体对赛事和场馆设施的宣传力度。从2019年开始，多个国际冬季运动项目竞赛落户首钢，包括国际雪联中国北京越野滑雪积分大奖赛、国际冰联冰球女子世锦赛、世界壶联冰壶世界杯总决赛等（图2-10、图2-11）。

图2-10 首钢园区的冰壶训练馆搭建冰壶赛道
图片来源：共青团中央

图2-11 2021/2022国际滑联短道速滑世界杯（北京站）比赛
图片来源：共青团中央

围绕产业上下游，园区还引入腾讯体育等“体育+”龙头企业，重点聚焦体育装备、赛事运营、运动服务等核心领域以及“体育+文化传媒”“体育+创新科技”等新兴领域，吸引企业在园区设立总部、创新业务部门、研发中心、制作中心、旗舰店、展示体验中心等，定期举办新品首发、赛事启动等活动。

近年来，首钢园持续推进产业升级，大力培育“科技+”产业，初步形成科幻、人工智能、互联网3.0、航空航天等未来产业和高精尖产业集群。其中，科幻是首钢园全力打造的新IP，连续三届中国科幻大会在首钢园举办。光场成像、元宇宙前沿技术中心、动作捕捉、虚拟拍摄等一批北京市重点公共技术平台落地首钢园。2023年，首钢园已与54家企业、高校、科研机构组建了全国“科幻产业联合体”，成为行业交流、合作、展示的重要平台。

（4）空间优化：功能合理化、设施精细化、空间一体化利用

在功能优化方面，原来的工业用地变为商业、居住、行政办公用地等，片区的功能发生变化（图2-12）。国家发展和改革委员会将首钢园区纳入全国首批城区老工业区搬迁改造试点，使之享受国务院的政策支持。同时，北京市2014年出台《推进首钢老工业区改造调整和建设发展的意见》《关于推进首钢老工业区和周边地区建设发展的实施计划》，为首钢园区改造指明了实施路径，原工业用地按照新规划用途和产业类别可采取协议出让、划拨和多功能灵活供地方式，土地收益

图2-12《首钢工业区改造规划》用地功能规划图
图片来源：施卫良，鞠鹏艳．北京首钢老工业区转型发展与规划实践[M]．北京：中国建筑工业出版社，2022．

实行“收支两条线”管理，创新工业建筑物、构筑物改造审批模式，缓解了更新改造资金不足等难题。

在交通与基础设施建设方面，2013年《新首钢高端产业综合服务区市政专项规划》引导首钢“厂区自给自足”的市政系统逐步向城市市政系统转变；2014年《新首钢高端产业综合服务区交通专项规划》将“小街区、密路网”、公交优先等理念落实到交通系统的架构中，提出区域小火车、慢行专用道等系统；2021年12月，北京地铁11号线西段通车，金安桥站、北辛安站、新首钢站3个车站全部设在新首钢地区，进一步加强首钢园与城市空间融合发展。

在地上地下空间一体化发展方面，2013年提出“绿色生态的地下基底”“构建活力地下网络”“建设综合市政管廊系统”等方面的开发理念；针对首钢老工业区地下空间资源紧张、分布不均的特点，人防工程相关部门提出“指标统筹核算设施集中布局”的创新思路，对结建人防工程及相关配套工程进行整体系统安排。

（5）环境改善：修复工业土地、重构生态格局

2015年起，首钢园对污染区域进行封闭式、多方案相结合的长期修复工作，包括工业污染场地热脱附土壤修复、焦化厂绿轴污染和场地修复、脱硫车间修复、三四高炉修复等十余个场地修复项目。工业用地修复后，再对区域内的绿色空间进行系统规划，尽可能多地保留和利用现状绿地与植被，并与区域新增的雨水花园相结合，将旧工业遗址改造为具有生态价值的公园空间，重构生态格局。这些项目包括长安街西延线景观生态廊道（图2-13）、永定河滨河生态廊道、石景山生态景观提升、群明湖景观提升（图2-14）等。

（6）文化保护：工业遗存的“织补、缝合”

2005年，首钢园开始探索传统与现代、继承和发展的关系，在积极保护、利用原有工业遗存的基础上，融入符合时代发展需求的新功能、新空间、新环境，坚持“少拆除、多更新”的原则，充分尊重原有风貌，采用“织补、缝合”等创新手法改造工业遗存。三高炉博物馆、西十冬奥广场、热电厂改造香格里拉酒店是园区几个比较著名的工业遗产改造项目。

三高炉始建于1958年，2010年12月冶炼出最后一炉铁水后停止生产，成为中国最长寿的高炉之一。如今，三高炉内部设有博物馆，采用静态保护和动态再生的战略，保存了土地独特的城市记忆。高炉本体大量原有工业空间被释放为城市展厅，炉体罩棚内的四个检修平台和原出铁场平台变为核心空间体验场，提供震撼的工业遗址体验，罩棚外的六个检修平台则改造为人与自然的互动空间，发挥中吧台、秀场、新品发布展示平台、科普教育社群交往空间、文化舞台等功能（图2-15、图2-16）。

西十冬奥广场原址为首钢西十料场，除了新建员工餐厅与停车设施外，其他均为利用老工业厂房改造建设，现今主要功能为办公、会议及其配套服务（图2-17）。改造遵循不破坏完整体块和整体氛围的原则，只进行空间重构，同时有效利用废旧材料及构件，创新性地开展艺术创造，使其成为环境设施、雕塑小品等。同时，改造建筑还符合绿色建筑的标准，其中，联合泵站改造的会议中心

图2-13 首钢段长安街西延线景观总平面图

图片来源：施卫良，鞠鹏艳．冬北京首钢老工业区转型发展与规划实践[M]．北京：中国建筑工业出版社，2022.

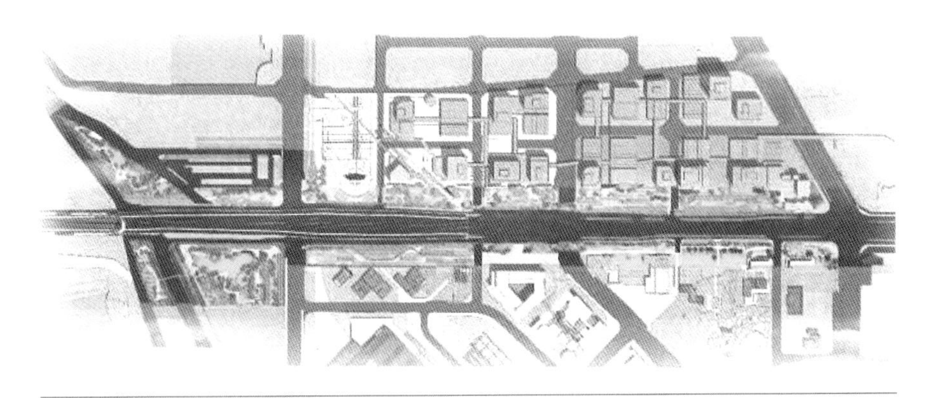

图2-14 群明湖景观改造项目总平面图

图片来源：施卫良，鞠鹏艳．北京首钢老工业区转型发展与规划实践[M]．北京：中国建筑工业出版社，2022.

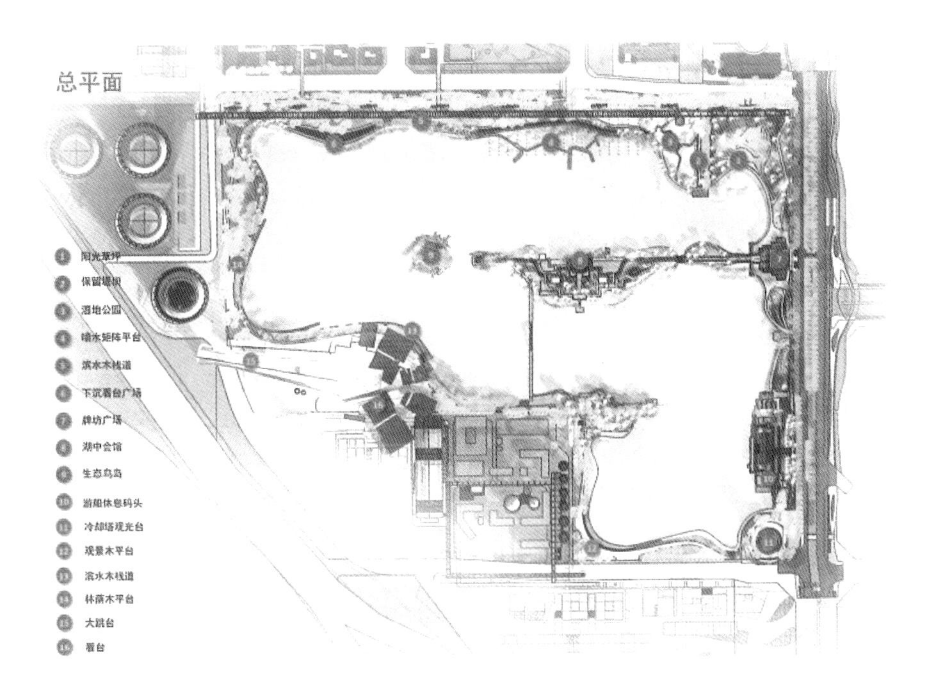

达到绿色建筑三星级标准、LEED-CS金级认证标准，N3-3转运站改造的办公楼达到绿色建筑三星级标准、LEED-CI金级认证标准。

香格里拉酒店（图2-18）原址为首钢发电厂，由意大利设计师皮埃尔·里梭尼（Piero Lissoni）主导改造设计。酒店主楼完整保留了原来的混凝土结构和钢桁架，并采用玻璃幕墙将其覆盖，人们在室外能清晰看见室内环境和工业结构，内部整体为工业风，以灰棕色调为主，增加大红色的钢制旋转楼梯。大堂中庭还陈列着由日本Studio Sawada Design工作室设计的艺术作品“希望之旅”，设计师从每年迁徙的鸟类中获得灵感，以创新材质打造的白色“飞鸟”从空间底层延伸至屋顶，描绘着首钢的变革精神，也传递出酒店与周边环境和谐共生的美好愿景。

图2-15 三高炉频频举办各类文化活动
图片来源：首钢集团. https://www.shougang.com.cn/.

图2-16 首钢园三高炉
图片来源：首钢集团. https://www.shougang.com.cn/.

图2-17 首钢园原北京冬奥组委办公区变身首钢冬奥广场
图片来源：北京市人民政府. https://www.beijing.gov.cn/.

图2-18 香格里拉酒店
图片来源：北京市石景山区文化和旅游局、LISSONICASAL RIBEIRO设计团队

2.2.4 上海宝山工业区

（1）基本概况

宝山是上海乃至中国近现代工业的发祥地之一，宝山地区钢铁业发展的历程，是新中国钢铁工业从无到有、由弱到强的生动见证，在中华民族130年钢铁工业的发展史上具有里程碑意义(图2-19)。

图2-19 上海第一钢铁厂、上海第五钢铁厂历史照片

1937年“八·一三”淞沪会战后，在日籍技术人员的监控下建造了日亚制钢株式会社吴淞炼钢工场，这是上海第一钢铁厂的前身。1949年上海解放，钢厂定名“上海钢铁公司第一厂”，1957年更名为“上海第一钢铁厂”（下文简称“上钢一厂”），当年钢产量达24.23万吨，占上海全市的49.37%。1949~1998年，上钢一厂累计生产生铁1558万吨、钢6522万吨、钢材1918万吨，实现利税47亿元，产品应用于上海地铁、南浦大桥、杨浦大桥、东方明珠电视塔、浦东国际机场等重大项目，为振兴我国的钢铁事业作出了重要贡献。1959年在宝山吴淞地区建成了年产20万吨合金钢的上海第五钢铁厂（下文简称“上钢五厂”），1958~1998年，上钢五厂累计生产钢2913万吨，钢材1621万吨，实现利税57.4万元。

1977年末，党中央、国务院举全国之力，建设了上海宝山钢铁总厂（下文简称“宝钢”），总投资301.7亿元人民币，其中包括47.8亿美元的外汇资金。1985~2000年，宝钢一共经历了三期工程建设，总规模为年产1100万吨钢、975万吨铁、713.6万吨钢材，跻身世界千万吨级特大型现代化钢铁企业行列。1998年11月，宝山钢铁（集团）公司吸收上海冶金控股（集团）公司、上海梅山（集团）有限公司，联合组建上海宝钢集团公司，2005年变更为国有独资公司，更名为宝钢集团有限公司。宝钢集团以钢铁为主业，生产高技术含量、高附加值的钢铁精品，用途覆盖汽车、家电、石油化工、机械制造、电力、造船等领域，还发展资源开发及物流业、工程技术服务业、生产服务业、金融投资业等，形成了多元产业和钢铁主业协同发展的新格局。

2016年，宝钢集团与武钢集团实施联合重组，成立中国宝武钢铁集团有限公司（下文简称“中国宝武”）。2019~2020年，中国宝武对马钢、太钢集团联合重组，成功托管中钢集团。宝钢、上钢、梅钢、武钢、马钢、八钢、韶钢、德盛、重钢、鄂钢、太钢等一大批企业的集结，推动中国宝武跻身全球最大钢铁企

业前列，成为全球现代化程度最高、产品品种规格最齐全、产量规模最大的钢铁联合企业。

（2）产业转型：培育和支持新兴产业的发展，加强校企合作

宝山区的产业发展主要为二产的转型提升，由最“重”的钢铁之城转变为最“轻”的材料之城，由传统工业基地转变为生物医药的产业高地，由“科创边缘”转变为“科创主阵地”。《上海市国民经济和社会发展第十四个五年规划和二〇三五年远景目标》明确提出加快宝山南大、吴淞地区转型，大力发展大学科技园，全面推进产城融合创新发展、新兴产业创新发展，打造成为全市科技创新中心建设的主阵地之一。

在政策支持下，宝山区通过培育和支持新兴产业的发展，持续推动新旧动能的转换，主要包括机器人及智能装备、新材料、生物医药、新一代信息技术四大重点产业领域。2023年，这四大领域产值已经占宝山规上工业产值的58.4%，其中新材料和生物医药成为区域重要的产业标签。在新材料方面，“石墨烯”和“超导”成为两大名片，石墨烯产业技术功能平台从持续推动基础研究到产业落地的创新，同时全国首条公里级高温超导电缆示范工程在上海建成；在生物医药方面，相关企业从2020年100家增加到2023年近400家，两年产值增速超过70%，吸引了包括朝晖药业、宝济药业、惠永制药、博沃生物、景泽生物、美迪西、东方基因、美生医疗等一批高能级项目。

同时，为了打造上海科创中心主阵地，宝山区积极推动校企合作。宝山坐拥上海大学，毗邻复旦大学、同济大学等优质高校，积极打造环上大创新带，与悉尼科技大学合作建立上海创新研究院、和上海理工大学合作建立大学科技园分园、与同济大学合作建立同济创园等。企业方面，区域与中国宝武、临港等央企、市属企业紧密合作，市场和政府“两手发力”，通过机制创新和平台服务，加快推进项目落地。

（3）空间优化：改善内外路网，增加公共空间

由于工业区的用地特性，其道路间距往往较大，因此，新规划路网应增加道路密度来满足转型升级后区域主要为城市生活服务的要求，同时兼顾工业区现状道路及设施。上海吴淞工业区主要从三个方面对原有路网进行优化。一是梳理现状底图要素，将现状道路根据等级与密度对应划分为主、次干路和支路；二是加强对外交通联系，与周边区域的路网流畅衔接，由封闭的厂区变为城市中的开放区域；三是增加内部道路网密度，采用“窄马路，密路网”的理念，形成尺度为70～200米的街坊，并合理设置地铁站点、公交站点（图2-20）。

在景观塑造方面，宝山区在保留和利用现有工业特质的情况下，与新的规划充分融合，并增加公共绿化和生态空间。例如，宝山吴淞口国际科创城首发项目中，原上钢五厂的3座高耸的钢厂烟囱作为工业遗产被保留下来，但进行了创新设计和装饰；原上钢一厂的“金色炉台”已被打造成金色炉台·中国宝武钢铁会博中心（图2-21），是中国钢铁工业历史的地标性建筑，整体占地约6万平方米，建筑面积4.47万平方米，能够满足大型会议、文化演出、信息发布、产品展示、商业

图2-20 上海吴淞工业区现状道路分析图、道路系统规划图

图片来源：王林，莫超宇. 工业区更新转型的城市设计理念与方法[J]. 规划师，2023，39（6）：20-25.

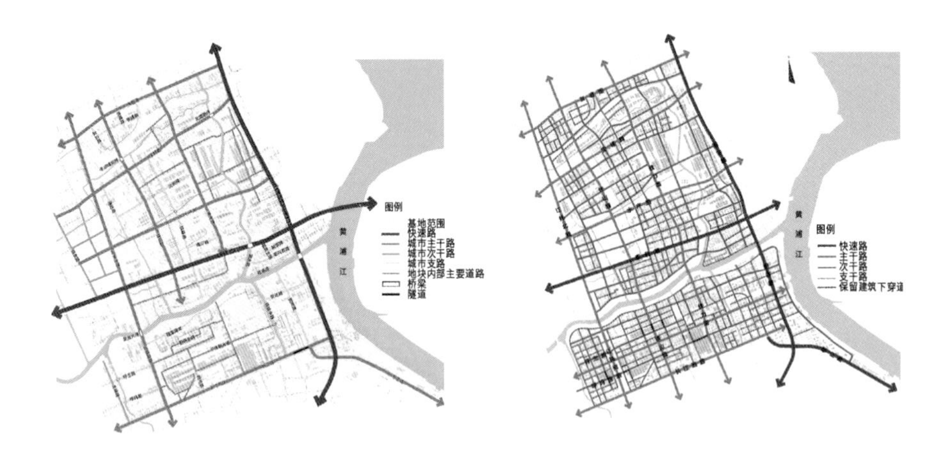

图2-21 金色炉台·中国宝武钢铁会博中心

图片来源：宝武钢铁会博中心官网. http://www.baowugangtiezhongxin.com.cn/.

商务等多种需求，这个修缮改造项目采用修旧如旧的设计理念、最大限度保留原有工业风貌和痕迹、融入创新活力与人文关怀元素。

（4）文化保护：建立3D模型，全时空、全要素的精细化普查与评估

上海宝山吴淞工业区对区域内的4000多处建（构）筑物进行地毯式普查，对每一处单体建筑、道路与基础设施、绿化空间、河流等要素进行全息普查，同时收集原有工厂的发展历程、企业文化和重大成就等资料，通过3D建模，建立一个区域内包含空间、时间、设施、生态环境的全信息、网络化、多维度的基础信息平台（图2-22）。

除了全要素调查外，还要对普查对象进行“留、改、拆”的综合评估，明确要保护的内容、允许改造和可拆除的部分。需要保护保留的建筑、道路、绿化、河流等是区域内珍贵的文化遗产，也是保护保留的基础要素，对环境或建筑有影响的部分则需要改造或拆除，这些信息共同形成了工业区的现状分析底图，对于后续工业区的转型升级尤为重要（图2-23）。

图2-22 上海吴淞工业区内某建（构）筑物普查3D模型与上海吴淞工业区局部3D模型鸟瞰图
图片来源：王林，莫超宇．工业区更新转型的城市设计理念与方法[J]．规划师，2023，39（6）：20-25.

图2-23 上海吴淞工业区现状评估保护保留基础要素图
图片来源：上海交通大学城市更新保护创新国际研究中心、上海安墨吉建筑规划设计有限公司

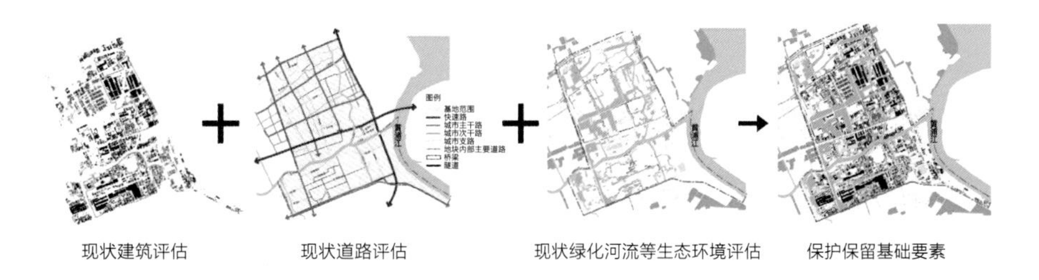

2.3 工业区转型升级的路径选择

2.3.1 战略定位调整：结合自身禀赋，选取合适的发展方向

首先，工业区转型发展的战略定位要与城市的总体战略、规划定位和区域功能相匹配。一方面，老工业区较为封闭和内向，已经有一套较为成熟的内部系统；另一方面，工业区往往有多家企业，不同企业主体的转型诉求不同，在转型中往往只注重自身利益，欠缺对区域及与城市其他空间的系统衔接与整体思考，特别是缺乏与所在城市和区域总体发展与更新的统筹，缺少整体的战略定位与更新策略。因此，在转型过程中易形成以单个工厂改造或单个地块各自为政的局面，不利于工业区的有效转型和城市的长远发展。然而，工业区的更新转型与其自身所在的区域及城市发展是紧密相连、息息相关，应将工业区放到更大的区域中去研究，找准自身在城市中的位置，确定发展方向。

其次，工业区转型要遵循从工业化转向后工业化、从生产转向生活、从工业区转向城区的规律，尤其要关注以人为本的城市社区的打造，真正实现从大规模的工业转型向现代城市生活的有机更新，成为一个产业耦合、环境融合、功能复合、空间叠合、机制整合的开放式、多功能、生态化、智慧型创新城区。同时，工业区的转型发展也要保留特色，一些工业区改造功能单一、过分追求面积、过度改造与商业化的趋势明显，许多工业区已完全失去工业风貌特征。因此，在转型中也要重视保留工业区的工业特色景观与整体文化意向，并与更新后的城市功能和街区形象有机结合。

2.3.2 产业转型升级：工业转型，实现新旧动能的转换

产业转型是工业区转型发展的核心，一般来说，工业区的产业转型是实现新旧动能的转换，主要有两条路径：一是第二产业的升级，转化为高新技术产业和先进制造业；二是“退二进三”，转化为商业服务业、科研教育、文化产业、体育产业等，尤其是许多工业园区改造成文创园区，依托它们吸引文化创意产业入驻。在选择产业方向时应当对接区域规划，立足城市和区域自身资源禀赋，推动产业链、供应链分工协作，优化空间布局，在不同区域间实行错位发展、产业差异化发展，明确各区域的产业发展定位和主导产业，形成相对完整的产业链，有效发挥空间和资源的集聚效应。

产业和经济理论中，创新和技术是经济增长的动力，产业中高附加值产品的提升、产品质量的改进以及工艺水平的提高，均可以助推产业结构的转型升级，通过向技术密集型的中高端化产业迈进，带动经济的整体质量和效率的提升。因此，传统工业向高新技术转型是一条合理的路径。以钢铁行业为例，当前其行业发展阶段由原来的增量发展、规模扩张阶段向减量发展、集约高效发展阶段过渡，一方面要推进多元化发展格局，推动企业兼并重组做大做强，探索国际合作新模式，在化解过剩产能的同时带动产业链上下游企业、技术、服务等全产业链输出，使自身产品结构更合理、定位更准确、生命周期更长、延伸性更强，实现产业转型升级；另一方面要提高对研发的投入，重视创新，以创新推动产品和服

务的升级迭代，通过技术革新降低单位产值的材耗和能耗，保证生产要素的稳定性和科技的领先性，提高产品附加值，将资源优势转变为产业优势。同时，鼓励校企合作，充分发挥高校和企业的作用，高校着重解决基础科研问题，企业解决工程技术问题，提高工作效率成果转化率。

由于工业遗产具有城市文化属性，一些工业区选择发展文化创意产业，将工业遗产改造成为创意产业园、现代艺术区，建立工业主题博物馆，打造成人们日常休闲娱乐的场所。国家政策也提出了工业向文化产业转型的方向,《推进工业文化发展实施方案（2021—2025年）》中提出，结合地方资源特色和历史传承，将工业遗产融入城市发展格局，鼓励利用工业遗产和老旧厂房资源，建设工业遗址公园、工业博物馆，打造工业文化产业园区、特色街区、创新创业基地、文旅消费场所，培育工业旅游、工业设计、工艺美术、文化创意等新业态、新模式，不断提高工业遗产活化利用水平。

发展体育产业也是一部分工业区和城市的选择。已有研究显示，大型体育赛事已经日益成为许多城市营销整体战略的一部分，尤其是一些面临城市转型和形象重塑的城市，大型赛事往往是与城市整体的再造战略结合起来运用的。大型赛事能够在短期内聚集全国乃至世界的目光，是城市营销的较好平台，同时大型赛事的举办往往伴随着大规模的基础设施投资和场馆建设，为城市提供了诸如旧城改造、城市再造与城市升级的良好机遇。当然，这些都必须从城市发展的整体出发，将大型赛事的举办纳入城市发展的综合规划中通盘考虑，才能取得预期效果。

2.3.3 工业遗产保护：物质和非物质文化资源的整体保护

工业遗产的保护与利用是一个综合性的过程，旨在平衡历史传承与现代发展需求，通过精心规划与设计，使这些承载着丰富历史与文化价值的遗产焕发新生。工业遗产的保护和利用一般有四个方面，包括现状评估、建（构）筑物的修复、工业资源的挖掘和历史事件的融入，前两者是对历史实体的研究与保护，后两者是对区域非物质文化资源的挖掘与保护。

现状评估需要对区域进行全要素细致调查，除了对建筑、设施、环境的基本信息进行收集外，还应关注其背后的历史背景、社会影响及文化价值。根据调查结果，将要素划分为不同等级和类别，如保留保护、改造、可拆除等，确保资源合理分配与利用。

建（构）筑物的修复应遵循“修补为主，修缮为辅”的原则。在修复过程中，尽量减少对原结构的破坏，确保修复的可追溯性。对于仍具使用价值的建筑，通过功能置换赋予其新的生命力，如将旧厂房改造为创意工作室、艺术展览馆等，在修复与改造中优先考虑使用环保、可持续的建筑材料，减少对环境的影响。

对工业的非物质资源要进行系统梳理，建立详细的资源库，深入挖掘工业遗产背后的文化内涵，如企业精神、工艺流程、职工生活等，为设计提供丰富素材，同时结合现代设计理念与技术手段，将工业资源转化为具有吸引力的旅游景点、文化地标或教育基地。

历史事件的融入可以提升片区的文化氛围，通过故事讲述和场景再现的方式唤起人们的记忆，如设置历史解说牌、举办主题展览、拍摄纪录片或利用虚拟现实等技术手段，再现老工业区的生产场景与生活氛围，增强游客体验的沉浸感。同时，可以鼓励社区居民参与历史事件的保护与传承工作，增强居民的凝聚力与文化认同感。

2.3.4 空间布局优化：完善用地交通功能，营造公共空间

空间的布局优化主要包括用地和功能的优化、对内对外交通的完善、基础设施的升级以及公共空间的塑造几个方面。

从用地和功能上来说，老工业区原来的工业功能已经与城市主要发展方向不符，一般转变为商业、教育、研发等功能，为了吸引更多人，往往还增加了一定的居住功能，产业园区社区化也符合产城融合的发展需求。因此，工业区内的土地再利用模式要多元复合，给产业留有发展空间，给市场留足弹性空间，合理的用地和功能布局可以让区域更加充满活力。

从交通方面来说，分为对外交通的优化和内部交通的优化。对外交通要充分对接周边区域，传统老工业区是一个内向且封闭的社会，当老工业区面临改造、融入城市的过程中，就会与既有的城市元素产生联系，主要做法是将园区的边界打开，拆除围墙等遮挡视线的障碍物，增强区域的可达性与可视性，充分对接城市既有路网，让区域内部的交通能够顺利连接外部交通。针对片区内部交通，可以采用人车分流的路线设计，方便人流进入；建立人行步道、自行车道等慢行系统；形成区域特色的旅游线路；设立完善醒目的标识系统等。此外，园区道路原始路名承载了当地的历史人文地理，可以考虑继续使用。

从基础设施和公共空间的角度来说，针对居民和游客的需求，可以增加一些休息设施、服务设施等。休息设施的布置设计可以与生态相结合，例如在景观绿化旁增添休息座椅；也可与场地文脉相结合，设计有一定艺术造型的工业风休息设施，既可以作为场地景观，又可以增加空间的趣味性。在完善公共设施的基础上，营造休憩、阅读、娱乐等丰富多样的公共空间，为市民、游客提供舒适的游憩场所，激发园区的活力。

2.3.5 生态环境改善：实施生态修复，改造利用工业遗迹

工业生产带来了严重的环境问题，需要进行生态环境的综合修复，主要包括地形重塑、水体处理、土壤治理、植被恢复和空气质量的优化等，为公众创造一个宜人且舒适的空间。具体做法包括将棕色土地变成绿色景观；通过设置生态滞留草沟、可渗透路面让雨水自然蓄积、渗透、净化；通过后期增设绿化来改善自然环境等。通过对场地原生态的保留、治理并加以修补，扩大绿地面积、增加植被种植，营造良好的生态环境。

对原有工业构筑物的再次利用也是一种绿色发展的表现形式。对于场地现有材料、工业遗迹，要在保留的基础上进行改造与再利用，例如将混凝土墙壁改造成攀岩训练场，将废弃的铁路改造成公园步道，将工厂的铁架改造成攀岩植物的支架等。除此之外，老工业区的一些废弃材料可以用作园林景观中的铺装或土壤的下层填料，既能增加土壤的渗透性，又能提供植物生产所需的矿物质，经过艺术手法处理后营造成雕塑小品，保留场地的工业气息。

本章参考文献

[1] 亚当·斯密．国民财富的性质和原因的研究[M]．郭大力，王亚楠，译．北京：商务印书馆，1983：31-37.

[2] 李嘉图．经济学及赋税之原理[M]．郭大力，王亚南，译．上海：上海社会科学院出版社，2016：14-19.

[3] 马尔萨斯．人口原理[M]．北京：商务印书馆，1992：15-21.

[4] 哈罗德．动态经济学导论[M]．北京：商务印书馆，1984：47-52.

[5] SIMON K. Quantitative aspects of the economic growth of Nations[J]. Economic Development and Culture Change, 1957(4)：3-111.

[6] COOKE P, WILLS D. Small firms, social capital and the enhancement of business performance through innovation programs[J]. Small Business Economics, 1999, (3)：219-234.

[7] VERNON R. International Investment and International Trade in the Product Cycle[J]. The Quarterly Journal of Economic, 1966, 80(2)：190-207.

[8] COLIN C. The conditions of economic progress[M]. London: Macmillan, 1941：15-22.

[9] 威廉·配第．政治算术[M]．北京：商务印书馆，2014：34-43.

[10] 何平，陈丹丹，贾喜越．产业结构优化研究[J]．统计研究，2014，31（7）：31-37.

[11] 黄群慧．论中国工业的供给侧结构性改革[J]．中国工业经济，2016（9）：5-23.

[12] 付凌晖．我国产业结构高级化与经济增长关系的实证研究[J]．统计研究，2010，27（8）：79-81.

[13] 张秀生，陈先勇．论中国资源型城市产业发展的现状、困境与对策[J]．经济评论，2001（6）：96-99.

[14] FRIEDMAN J R. Regional development policy：a case study of Venezuela[M]. Cambridge：MIT Press. 1966.

[15] HIRSCHMAN A O.The rise and decline of development economics[M]. Cambridge：Cambridge University Press, 1981：12-21.

[16] WILLIAMSON J G. Regional inequality and the process of national development：a description of the patterns[J]. Economic Development and Cultural Change, 1965, 13(4, Part2)：1-84.

[17] 布尔迪厄．文化资本与社会炼金术[M]．包亚明，编译．上海：上海人民出版社，1997.

[18] 张鸿雁．城市文化资本论[M]．南京：东南大学出版社，2010.

[19] 金相郁，武鹏．文化资本与区域经济发展的关系研究[J]．统计研究，2009，26（2）：28-34.

[20] 胡小武，陈友华．城市永续发展的战略与路径——张鸿雁教授“城市文化资本论”评述[J]．南京社会科学，2010（12）：81-87.

[21] DARCHEN, S,POITRAS C.Delivering social sustainability in the inner-city: the transformation of South-West Montreal, Quebec(Canada)[J]. Local Environ, 2020, 25：305-319.

[22] 张旭，李伦．绿色增长内涵及实现路径研究述评[J]．科研管理，2016，37（8）：85-93.

[23] 董锁成，李泽红，李斌，等．中国资源型城市经济转型问题与战略探索[J]．中国人口・资源与环境，2007（5）：12-17.

[24] 刘佳佳．基于可持续发展的淄博工业城市转型研究[D]．济宁：曲阜师范大学，2018.

[25] 钱艳，任宏，唐建立．基于利益相关者分析的工业遗址保护与再利用的可持续性评价框架研究——以重庆“二厂文创园”为例[J]．城市发展研究，2019，26（1）：72-81.

[26] 谢涵笑，冒亚龙，陈建华．佛山市既有工业区功能提升与改造评价指标体系研究[J]. 中外建筑，2022（8），74-80.

[27] 潘洪艳．既有城市工业区转型居住区的评估模型及应用研究[J]．建设科技，2022（11）：35-39.

[28] ANSUATEGI A, ESCAPA M. Economic growth and greenhouse gas emissions[J]. Ecological Economics, 2002, 40(1)：22-23.

[29] 黄青．中国经济增长与资源环境的脱钩研究[D]．南京：南京财经大学，2017.

[30] 王崇梅．中国经济增长与能源消耗脱钩分析[J]．中国人口・资源与环境，2010，20（3）：35-37.

[31] 郭守前，马珍珍．中国经济增长与能源消耗脱钩关系研究[J]．统计与决策，2012（13）：133-135.

[32] 王鲲鹏，何丹．山西省经济增长与能源消耗动态分析——基于脱钩理论[J]．现代商贸工业，2014，26（4）：9-11.

[33] 卢艳丽，丁四保，王昱．资源型城市可持续发展的生态补偿机制研究[J]．资源开发与市场，2011，27（6）：518-521，530.

[34] 李惠娟，龙如银，兰新萍．资源型城市的生态效率评价[J]．资源科学，2010，32（7）：1296-1300.

[35] 李惠娟，龙如银，兰新萍．资源型城市经济增长：基于生态约束的分析[J]．软科学，2012，26（6）：53-59.

[36] 沈镭，高丽．中国西部能源及矿业开发与环境保护协调发展研究[J]．中国人口・资源与环境，2013，23（10）：17-23.

[37] 马诗萍，张文忠．长江经济带资源型城市与老工业基地产业转型发展路径与模式研究[J]．智库理论与实践，2019，4（6）：58-67.

[38] 刘雨心．高等工程教育如何推动区域产业转型——谢菲尔德大学先进制造研究中心的探索与实践[J]．高等工程教育研究，2023（1）：157-163.

[39] 邓啸骢，程璟，谢金丰，等. 创意产业导向的老旧工业区功能转型及与外部功能关联研究——以北京中心城区为例[J]. 上海城市规划，2023（5）：98-106.

[40] 刘洁，戴秋思，孔德荣. “文化引导型”城市更新下的谢菲尔德的工业遗产保护[J]. 工业建筑，2014，44（3）：180-183.

[41] 冯婧. 全息视角下的既有城市工业区更新重构策略[J]. 城市建筑，2023，20（22）：142-146.

[42] 李惠娟，龙如银，史彩玲. 资源型城市产业转型熵及其对策——基于力学分析的视角[J]. 工业技术经济，2012，31（4）：59-62.

[43] 徐国斌，史媛，鲁琼. 高质量发展下大城市老工业区转型模式初探——武钢现代产业园空间规划实践[C]//中国城市规划学会，成都市人民政府. 面向高质量发展的空间治理——2021中国城市规划年会论文集. 北京：中国建筑工业出版社，2021.

[44] 张重进，赖笑娟，姜一柱. 旧工业区改造中土地整备制度优化探索——以广州南沙区西部工业区旧厂更新改造为例[J]. 智能城市，2022，8（6）：87-89.

[45] 刘云，王德. 基于产业园区的创意城市空间构建——西方国家城市的相关经验与启示[J]. 国际城市规划，2009，23（1）：72-78.

CHAPTER 3

The Background and Foundation of High-quality Green Transformation and Development in Qingshan District

第三章

青山区高质量绿色转型发展的背景基础

3.1 青山区是武汉工业区建设发展的重要代表

3.1.1 武汉市工业发展概述

江城九省通衢地，楚韵千年映汉天。武汉，这座拥有悠久历史的城市，承载着厚重的文化底蕴和丰富的历史记忆。自古以来，它便是长江中游地区的政治、经济和文化中心。从春秋战国的百家纷争，到三国时期的烽火连天，再到近代的辛亥革命和抗日战争，武汉见证了无数历史事件的波澜壮阔，在岁月的洪流中留下了浓墨重彩的一笔。新中国成立后，武汉作为中部重镇被赋予了多项重要角色：商业盛地、工业重镇、交通要塞、流域枢纽等，这些定位无一不体现了武汉在国家发展中的战略地位和重要作用。

武汉在中国近代工业发展史中有着重要地位。清朝末年，湖广总督张之洞在武汉倡办实业，奠定这座城市的工业基础，武汉成为“驾乎津门，直追沪上”的全国第二大经济中心。在新中国成立后的第一个五年计划期间，中央确定了156个苏联援助的重点建设项目中有武汉钢铁公司、武汉重型机床厂（下文简称“武重”）、武汉锅炉厂（下文简称“武锅”）、武昌造船厂（下文简称“武船”）、武汉肉类联合加工厂（下文简称“武肉联”）、青山热电厂和武汉长江大桥等7个项目落地武汉。其中，武钢、武重、武锅、武船、武肉联都是以工业生产为主的国家大型骨干企业，被国内企业界称为武汉工业的“五朵金花”。这些“武字头”企业，不仅铸就了武汉工业重镇的基石，也挺起了中国工业的脊梁。

除了传统的工业领域，武汉在高新技术产业方面也有显著进展，光电子、生物医药、新能源等高新技术产业迅速发展，相关的金融、商贸、物流等配套产业和服务体系也逐渐完善，进一步提升了武汉的产业层次和水平，也为城市的可持续发展注入了新的动力。同时，武汉拥有众多高校和科研机构，为产业发展提供了强有力的人才支撑和智力支持。

在国家推动高质量发展的时代背景下，武汉作为国家中心城市、长江经济带的核心城市和武汉都市圈的核心引擎，需要通过深化创新驱动、优化产业结构、加强区域合作，以及践行绿色发展理念等措施，推动自身的转型发展，为长江经济带乃至全国的经济发展贡献更大力量。

3.1.2 青山区工业发展概述

“青山”原指长江南岸的一座小山，因形似鸡头，人称鸡头山；又因山下有巨石延至江中，也有人称其为矶头山；更由于上下江岸均为黄壤、沙滩和碎石，过往船只于一片灰黄中，唯见此山独青，故多以“青山”名之。这里曾是东汉末年刘表与孙权争夺的重地，留下明代文学家王世贞“逡巡不肯去”的故事。作为武汉市的七大中心城区之一，青山区在区位方面有其独特的优势，在经济产业发展方面为武汉市作出了突出贡献。

青山区是武汉市乃至湖北省的重要工业区域（图3-1）。青山区聚集了众多大型企业和科研机构，是新中国成立后兴建的第一个特大型钢铁联合企业武钢所在地，并引来中国第一冶金建设公司、青山热电厂等企业在此纷纷落户，成就“十里

图3-1 青山全景

图片来源：微信公众号“美丽青山”

钢城”的建设盛况。这些企业的存在，为青山区乃至整个武汉市的经济发展提供了强大的支撑。

在武鄂黄黄都市圈的区域一体化发展格局下，青山区将承担更多的职能。青山区对都市圈内各组团均有便捷的联系通道，对内来看，武汉市二环线、三环线、四环线、外环线均从青山区穿过，可以依托以上通道快速通达市内其他各区；对外来看，通过武鄂高速可以基本实现1小时内到达鄂州、黄冈和黄石的中心城区。青山区毗邻武汉站，拥有青山工业港，靠近阳逻港、白浒山两大水铁联运港口，“公、铁、水、空”多重联运优势明显，可以进一步有效强化自身的枢纽链接优势。

青山区在武汉市国土空间规划中被定位为重要的产业组群。《武汉市国土空间总体规划（2021—2035年）》提出了“一主、四副、多点链接”的城镇空间格局，其中以青山为主体的北湖产业组群按照“中等城市”规模标准建设，突出化工产业转型示范。

不忘来路，始知归处。十里钢城，悠悠青山。如今的青山区不仅处于转型发展、迈向千亿城区的关键时期，也站在了省级重大发展战略与新区域发展格局的风口。面向新时代，青山区需要进一步建设为工业区转型发展的新示范，在武汉构建全国新发展格局先行区中体现其担当与贡献。

3.2 青山区发展历程

3.2.1 历史上的军事江防要地、重要商镇（1949年前）

据《江夏县志》记载：沿长江溯流而上，唯见此处独青，故名青山矶。其尾亘长湖，首枕大江，因易于避风，商旅船只集聚于此，集众成青山镇（图3-2）。历史上的青山作为江防要地，从三国时期就在军事防务中发挥了重要作用，宋代以来，随着长江航运商贸的发展，青山也成为来往船只、商贾停靠的避风港，形成了独特的商镇文化，明代文学家王世贞在青山矶看到田连阡陌、湖泊交错的景象，留下了“为爱青山矶，且对青山住”的名句，领略到古代青山的魅力。

图3-2 1869年江夏县志图疆域图

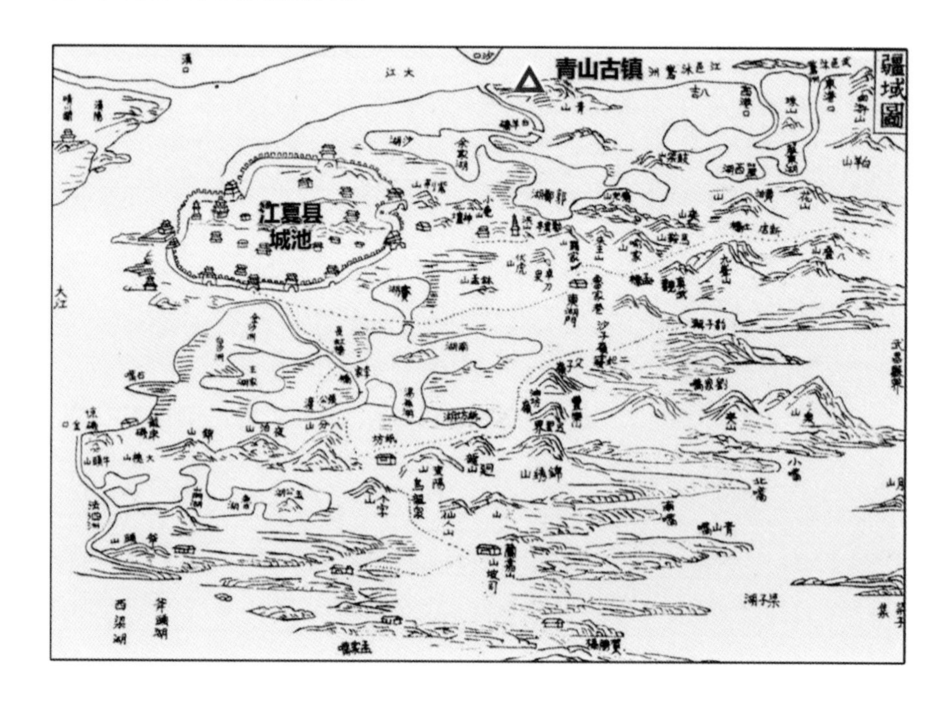

3.2.2 因钢而兴，青山城市雏形初显（1949~1978年）

新中国成立后，武汉百废待兴，国家提出武汉要转变城市性质，变消费城市为工业城市。围绕工业经济发展，1953年编制了《武汉市城市规划草案》，规划中提到东南油坊岭、东北青山地区可作为重型工业选厂对象。为改变中国钢铁行业“北重南轻”的局面，国家决定在靠近长江的青山区兴建一大型钢铁企业，选址就在时称“荒五里”的蒋家墩。彼时，1954年苏联援华的大型工业项目约156个，湖北省有9个，武汉市有7个，其中之一即武钢。作为新中国首个特大型钢铁联合企业，武钢建厂投资金额高达11.7亿元，高居同期建设项目的前列。

1955~1958年，随着武钢开工建成和逐步投产，青山正式成为国家重要的重工业基地。武钢连同之后落户的武重、青山造船厂、武汉船用机械、青山热电厂、中国第一冶金建设公司等战略性国企，形成了以钢铁冶炼、机械制造、石油化工、船舶为主的重工业体系（图3-3）。为了适应武钢基本建设和城市发展的需要，1955年2月，湖北省人民委员会对武汉市的区划作了调整，其中，青山区吸纳了周边武昌县、南湖区、东湖区的部分乡镇，行政范围进一步扩大，成为武汉市重要的近郊功能组团。

图3-3 武汉市城市建设示意图（1959年）

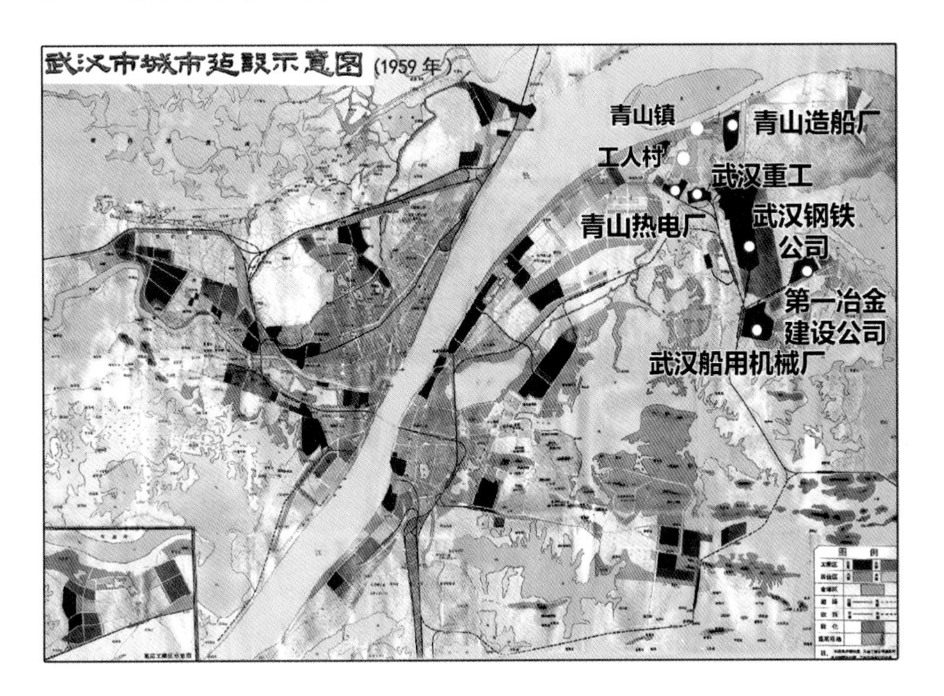

伴随武钢在青山定址，来自全国近十万名钢铁工人和家属集结“钢城”，钢铁职工的生活区也相应开始配套建设。其中武钢东侧的红钢城地区是最早、最具代表的武钢职工住宅区，基本上是仿照苏联的规划模式而修建，社区被棋盘式道路网划分成为若干整齐的街坊，家属楼格局也是按照苏联的设计图纸进行了围合式院落布置，建筑形象为红砖墙、红色瓦、三层高，从空中看就像一个“囍”字。“红房子”是武汉最早的城市综合生活体，也曾是“十里钢城”最令人艳羡的“高档住宅”（图3-4）。

图3-4 青山“红房子”

3.2.3 因钢而荣，武钢以西空间骨架基本形成（1978~2009年）

20世纪80~90年代，武汉随着产业发展，经济实力不断壮大，城市排名跃居全国第六，其中青山区生产总值、工业总产值、财政收入均占到武汉的三分之一。这一时期在城市建设上，国企工业用地面积占到全区总面积的近40%，与国企配套的生活与服务用地占全区生活与服务用地的70%~80%（图3-5）。

图3-5 武钢及相关建设示意图

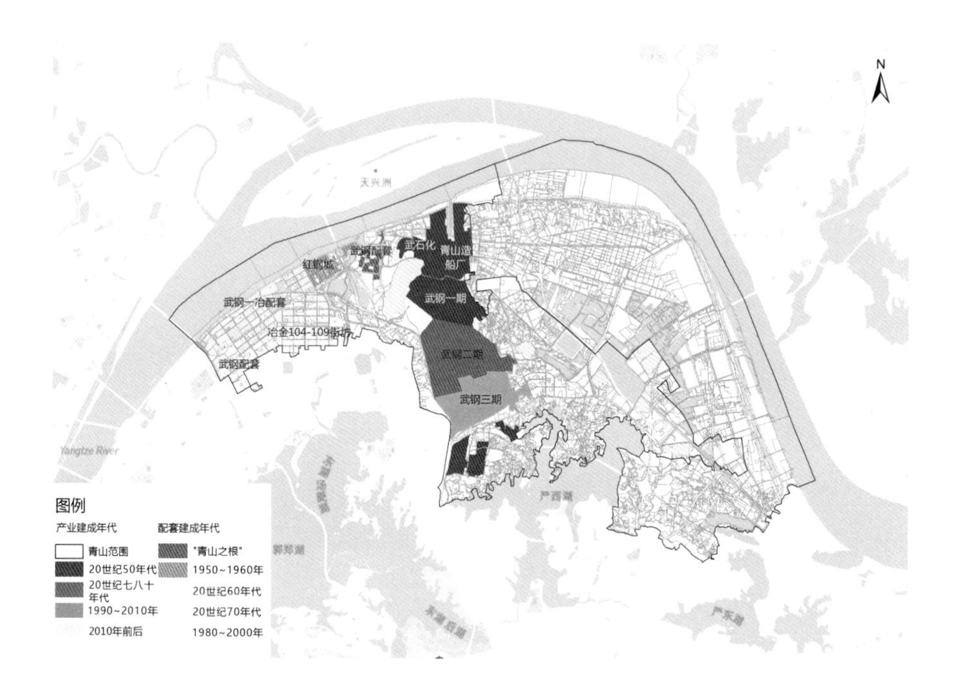

彼时的武钢是“大钢厂、大社会”，武钢不光是一个大型国企，还包括银行、邮政、新华书店、医院、职工食堂、澡堂等，同时青山区最大的百货商店青山商场、能容纳1000余人的青山剧院等配套设施亦为当地居民提供了同时期其他地区难以比拟的公共服务。鼎盛时期的武钢，可谓一座包罗万象的小型城市。以武钢为核心的青山区由此也形成了自给自足、相对封闭的特点。在青山区空间布局上，三环以东主要建成六大国企厂区产业组团，三环以西则是六大国企的居住生活组团，并且不断向西、向南快速扩张，与武昌区、洪山区的城区基本连成一体，城市空间骨架基本形成。

3.2.4 转型发展，寻求化解产业问题与空间矛盾（2009~2017年）

随着时代的变迁和国有企业改革的推进，中国的钢铁产业在经历高速增长和过度扩张后，出现了产能过剩、工艺落后、机构臃肿等诸多困境，武钢作为其中的代表之一也难以幸免。面对产能过剩和市场需求下滑的双重打击，武钢不得不面临转型的艰巨任务（图3-6）。2015年，武钢为了应对市场挑战，进行了一次大规模的裁员，对整个青山区的经济和社会造成了巨大的冲击。2016年武钢和宝钢重新组成中国宝武钢铁集团，开展更深层次资源优化配置和产能结构调整。在经

图3-6 武汉钢铁有限公司生产基地

图片来源：微信公众号"美丽青山"

济低迷的影响下，医疗、教育等配套服务设施质量也随之下降，加上居住环境的老化，导致青山区人口外流较为严重，这反过来又进一步影响了当地经济环境。此后，青山区开启了艰苦卓绝的城市更新和转型高质量发展历程，不断在产业发展、公共服务、生态环境等各个领域寻求突破。

3.2.5 两区合并，空间骨架进一步拉开（2017~2023年）

2018年青山区、化工区两区合并（图3-7），使得全区空间骨架进一步沿江向东拓展，"四桥一站"（二七长江大桥、天兴洲大桥、青山长江大桥、阳逻长江大桥和武汉火车站）的交通格局使得青山地区从平行于长江的东西向狭长地域，

图3-7 青山区、化工区合并后范围示意图

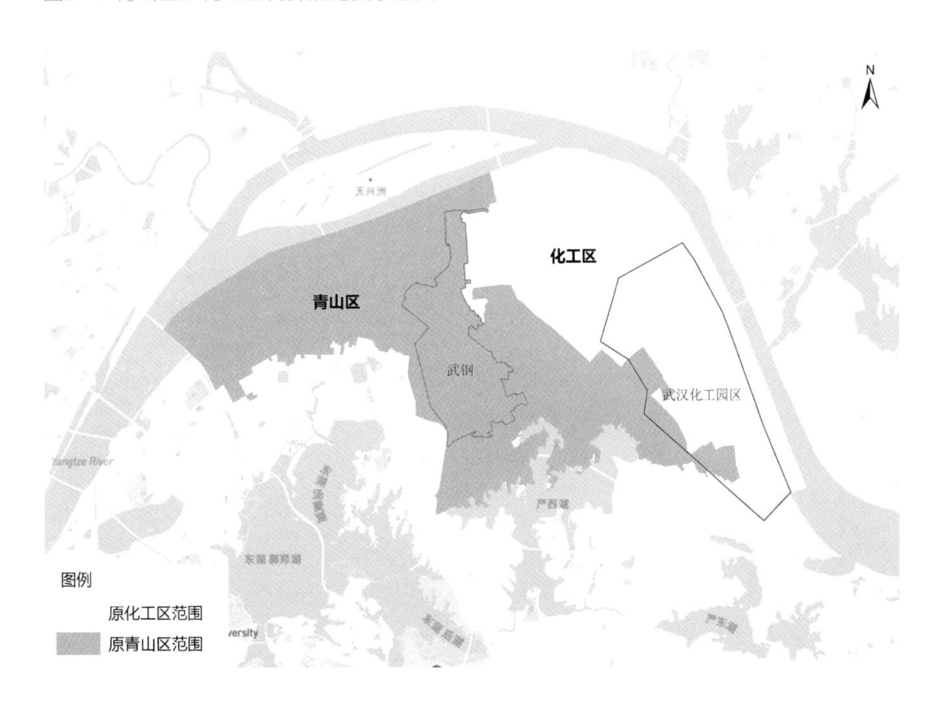

转变为向东南西北全面贯通的放射地域。整合后的青山区（武汉化工区）面积达172.84平方公里，西靠武昌、南临武汉新城、东接鄂州，成为武鄂黄黄都市圈中武汉向鄂东辐射的重要门户。2023年，在区委、区政府的坚强领导下，青山区（化工区）贯彻落实国家、省、市各项决策部署，积极应对国内外宏观经济变化，统筹做好稳增长、防风险和惠民生等各项工作，全区经济稳步增长，GDP总量突破千亿元，实现新跨越。

3.2.6 武汉都市圈规划中的青山新机遇（2023年至今）

在武鄂黄黄都市圈的区域一体化发展格局下，青山区将承担更多的职能。青山区地处鄂黄黄都市圈功能板块的几何中心，以及都市圈两大重要航空枢纽——武汉天河国际机场和鄂州花湖国际机场黄金分割点，是武汉市联系鄂黄黄各城市组团的重要桥头堡，也是武汉城市核心功能向鄂东辐射的重要门户（图3-8）。青山区对都市圈内各组团均有便捷的联系通道，对内来看，武汉市二环线、三环线、四环线、外环线均从青山区穿过，可以依托以上通道快速通达市内其他各区；对外来看，通过武鄂高速可以基本实现1小时内到达鄂州、黄冈和黄石的中心城区。青山区毗邻武汉火车站，拥有青山工业港，靠近阳逻港、白浒山两大水铁联运港口，“公、铁、水、空”多重联运优势明显。近年来，青山有效强化自身的枢纽链接优势，抢抓青山西部主城纳入武汉都市圈武昌组团、青山东部地区纳入武汉新城组团的战略契机，加快转型发展、创新发展、高质量发展，正进一步成为以武鄂黄黄为核心的武汉都市圈产业升级桥头堡。

图3-8 武鄂黄黄交通骨架体系图

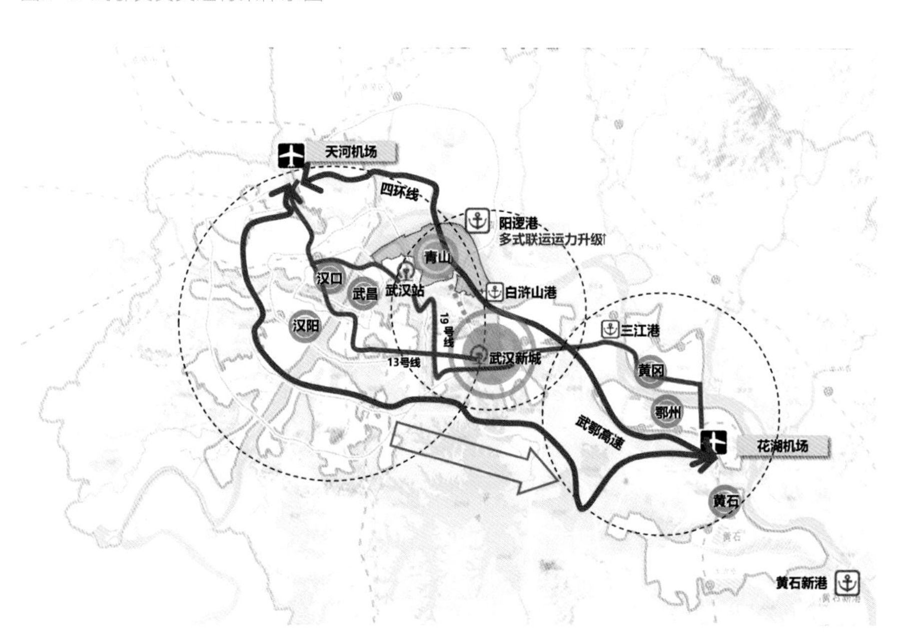

3.3 青山区城市转型的内涵与挑战

3.3.1 现状特征

（1）区位地理

青山区，地理位置为北纬30°37′，东经114°26′。平均海拔约22米，最高海拔74米，属半平原、半丘陵地貌。境域地处长江中游南岸，位于武汉市中心城区东北部，西接武昌区，南倚洪山区，东、北两边被长江环绕，隔江与武汉长江新城核心区相望，是武汉市的重工业城区、国家重要钢铁生产和化工基地（图3-9）。2017年青山区和化学工业区合并，区行政辖区面积由89.12平方公里拓展到172.84平方公里[①]。

图3-9 青山区区位图

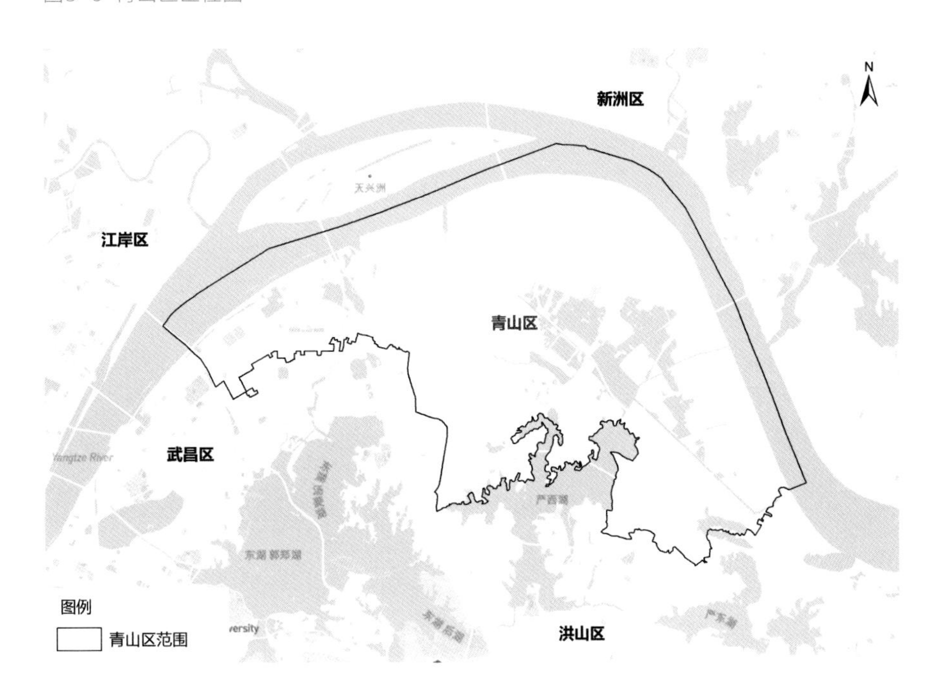

（2）用地布局

依据《青山战略研究报告》中的用地数据，青山区行政辖区面积172.84平方公里，建设用地91.48平方公里，占青山区总面积的52.9%。在现状建设用地中，居住用地1083公顷，占总建设用地面积的11.8%；公共管理与公共服务用地200公顷，占总建设用地面积的2.2%；交通设施用地807公顷，占总建设用地面积的8.8%；绿地与广场用地421公顷，占总建设用地面积的4.6%；工业用地3780公顷，占总建设用地面积的41.3%。居住用地、公共管理与公共服务用地、交通设施用地、绿地与广场用地比例均低于国家标准，工业用地比例则高于国家标准（图3-10）。

① 数据来源:《青山区（化工区）路网和园林绿化建设“十四五”规划》。

从青山区现状用地分布图（图3-11）可见，青山区以三环线为界，居住用地集中分布三环线以西，工业用地围绕武钢、化工区，集中分布在三环线以东，农林用地围绕北湖，集中分布在三环线以东，呈现了“东工西居、东产西城、东疏西密”的空间特征。

图3-10 青山区三调地类占比分析

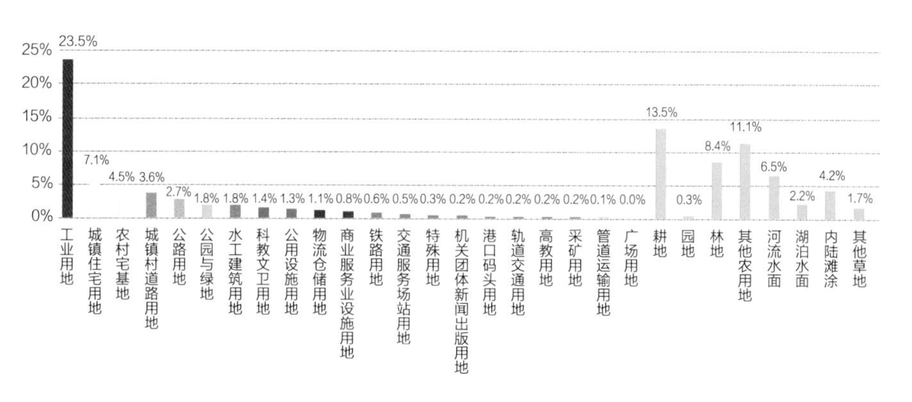

图3-11 青山区现状用地分布图

（3）生态环境

青山区襟江带湖，境内多低山小丘，生态本底良好。青山区坐拥30公里长滨江岸线。全区绿地率29.3%、人均公园绿地面积10.1平方米，在武汉市中心城区处于较高水平。历史上境域湖泊港渠众多，但随着城市建设规模的不断扩大，区内湖泊仅剩3个，分别为北湖、竹子湖、清潭湖，另有严西湖紧邻青山区，管辖岸线长约40公里。境内有九峰山、白浒山、龙角山、白羊山，但多为低山残丘。在东部，自西向东错落有致且一脉相承地排列着鸦雀山、营盘山、矶头山、狮子山、周家山、祖峰山、凤凰山等小山丘。随着城市建设全面展开，区域内南部小丘基本被辟为平地，东部小丘残缺不全（图3-12）。

图3-12 青山区生态景观格局图

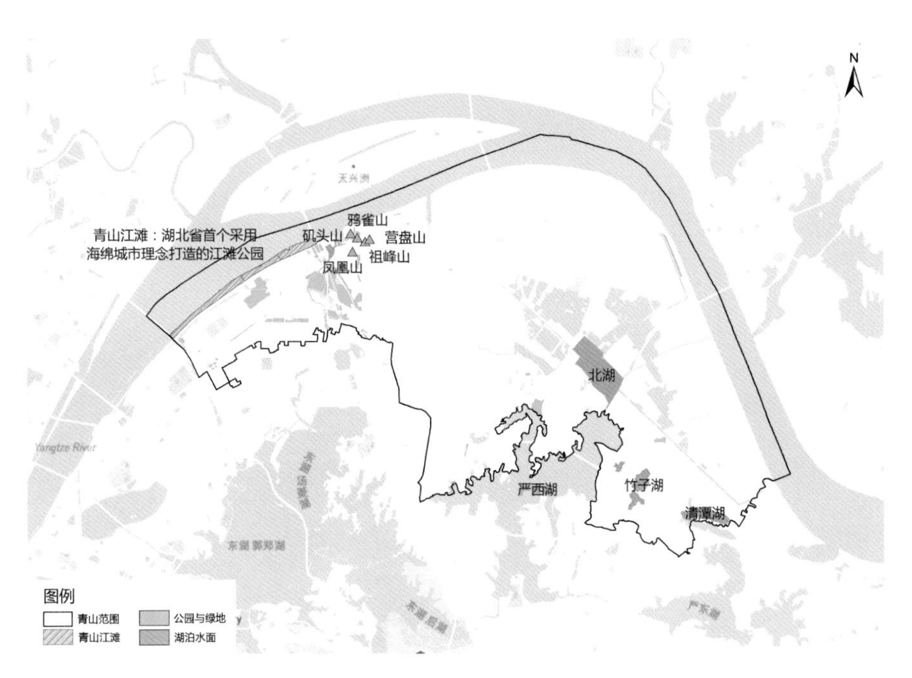

作为传统重化工基地，青山在为经济发展作出重要贡献的同时，也出现了诸多环境问题。空气污染物浓度超标，湖泊水质持续恶化，生态修复和污染源治理任务艰巨，亟待提升监测水平、强化执法力度、改善生态环境。进入新时代以来，国家愈发重视生态文明建设，青山区积极探索生态优先、绿色发展的路径，区域生态环境有所改善。过去的几年里，全区依托旧城改造，推进城区生态环境和基础设施建设（图3-13、图3-14）。借助第七届世界军人运动会建设契机，在青山江滩公园建设八路段完成沙排运动场馆，改造提升红钢城大街绿化品质，升级青山右岸大道局部路段景观品质。同时，结合高铁沿线环境整治，实施倒口湖公园改造和临江港湾社区等老旧小区海绵改造，城区环境建设取得一定成效。

（4）经济产业

青山区在2018年与化工区合并前，经济增速较为缓慢，GDP持续保持在500亿元左右的水平。到2018年完成与化工区整合后，经济发展实现较快增长。2023年，全区实现GDP 1003.35亿元，同比增长5.5%，但从武汉市各区生产总值排名来看，青山区仍处在较为落后的位置，全市排名第11，经济发展仍面临巨大的挑战。

2023年青山区第一、二、三产业结构比为0.7：59.8：39.5，其中，第二产业增加值600.21亿元，同比增长6.0%；第三产业增加值396.60亿元，同比增长4.8%，昭示着青山区二、三产业齐头并进的发展态势。其中以钢铁、石化为主导的第二产业，长期以来一直是青山区乃至武汉市的支柱产业。但随着2016年武钢和上

图3-13 青山江滩综合整治工程示意图

图3-14 城市公园和海绵城市建设工程示意图

海的宝钢合并成为中国宝武集团，设备升级，产业模式也发生了转变。而后其他石化、船舶等企业，也开始紧跟时代潮流，引进了不少的高科技，探索绿色环保的发展方向。新兴产业方面，青山着力探索标识解析、数据服务、数据交易等为龙头的数字经济产业体系，并将其与传统产业相结合，让青山的产业逐步多元化。

在空间上，青山区初步形成了四大产业功能区块（图3-15）。西部为青山滨江现代服务业产业区块：以青山商务区为主要空间载体，数字经济、工业工程设计、文化创意等主体逐步集聚，并有效注入高端服务业功能，成功引入华侨城、招商局等知名企业入驻青山；同时，以和平大道为骨架串联创谷、红钢城片、工人村片等宜居宜业社区。中部为武钢现代产业园钢铁产业区块：以武钢及武钢现代产业园为主体，是中国第四大、中部最大钢铁生产基地，同时以武钢大数据产业园为重点的数字创意、工业展示项目逐步建设，探索更多元化、综合性的产业功能转型路径。中南部为武东产业园装备制造产业区块：主要分布在武东组团，以军民融合的船用机械、高端机械加工为主。西部为武汉化工区石化与新材料产业区块：武汉化工园区（武汉唯一化工园区）为主要空间载体，围绕中韩（武汉）石油化工有限公司（简称“中韩石化”）形成下游化工制品及新材料产业链。

图3-15 青山区现状产业空间格局示意图

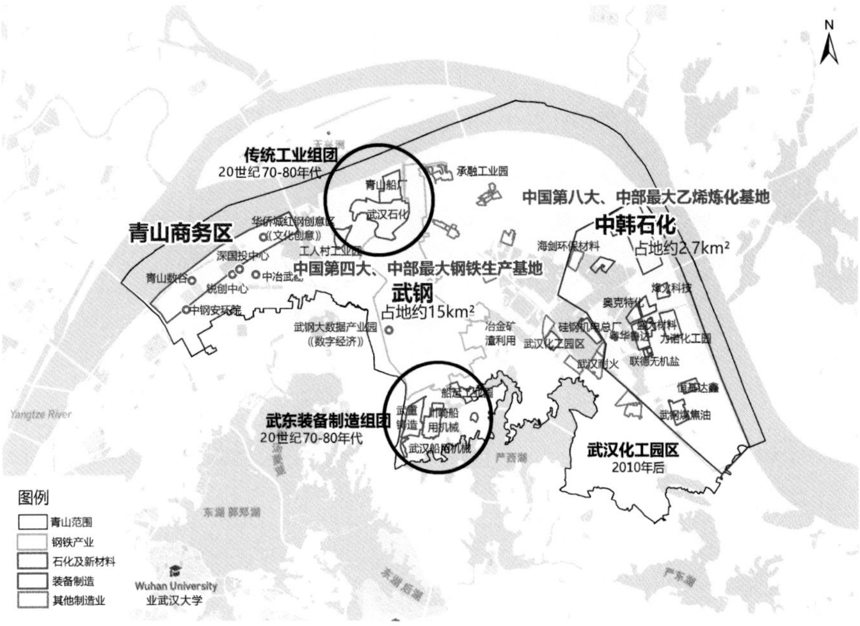

（5）人口服务

在人口数量方面，青山区常住人口总量较为平稳，近年来有所减少，2021年常住人口51.3万人（图3-16）。对比武汉市主城其他行政区来看，青山区常住人口密度较低（图3-17）。

在人口分布方面，青山区人口高度集中于三环线以西，三环线以西地区高度融入武昌区城市发展。三环线以东地区人口集中度较低，中部地区的人口主要分布在武钢，东部地区的人口主要分布在化工区。人口整体呈现出“西密东疏”的空

图3-16 2018~2021年青山区常住人口变化

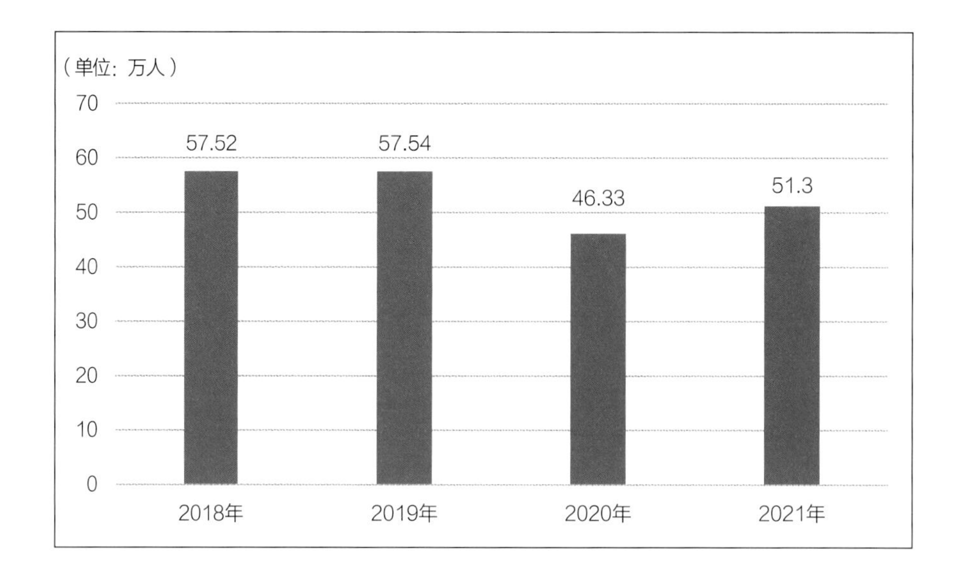

图3-17 武汉主城七区2020年常住人口密度

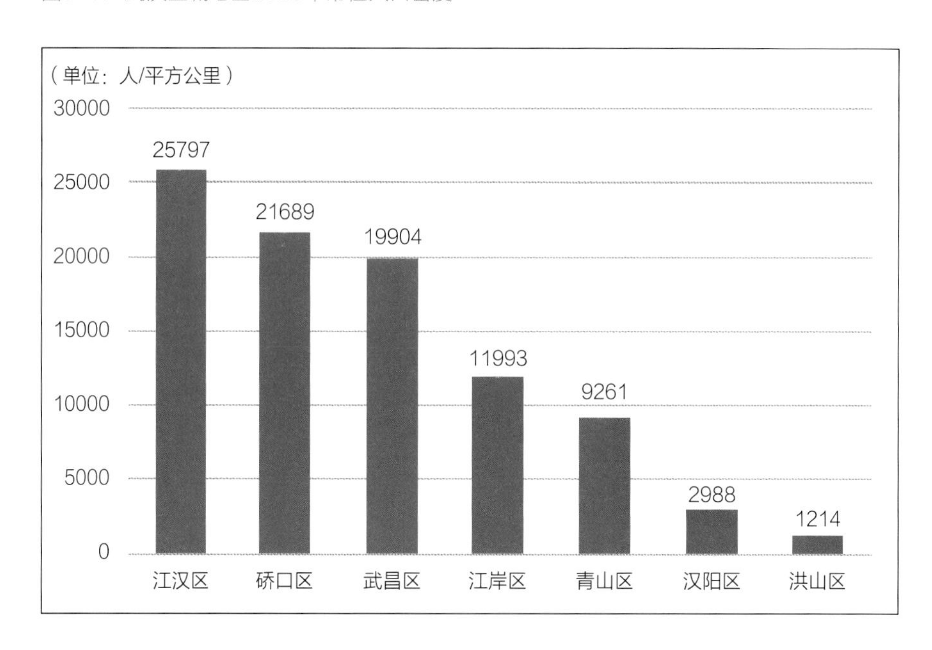

间分布特征（图3-18）。尤其是和平大道沿线以钢都、钢花、红卫路为核心人口聚集度高，反映较强生活服务功能。

3.3.2 转型的困境与挑战

（1）用地：增量有限、拆迁困难

增量空间有限，发展受到限制。从武汉主城区的发展方向来看，城市空间增长以沿江——垂直沿江——内湖方向为主，青山区虽紧邻长江，区位较优，但中部地区受到武钢、化工区的限制，周边地区又受到武昌区、洪山区、东湖高新区的裹挟，沿江空间发展限制较大，增量用地空间相对有限。

图3-18 青山区人口密度分布图

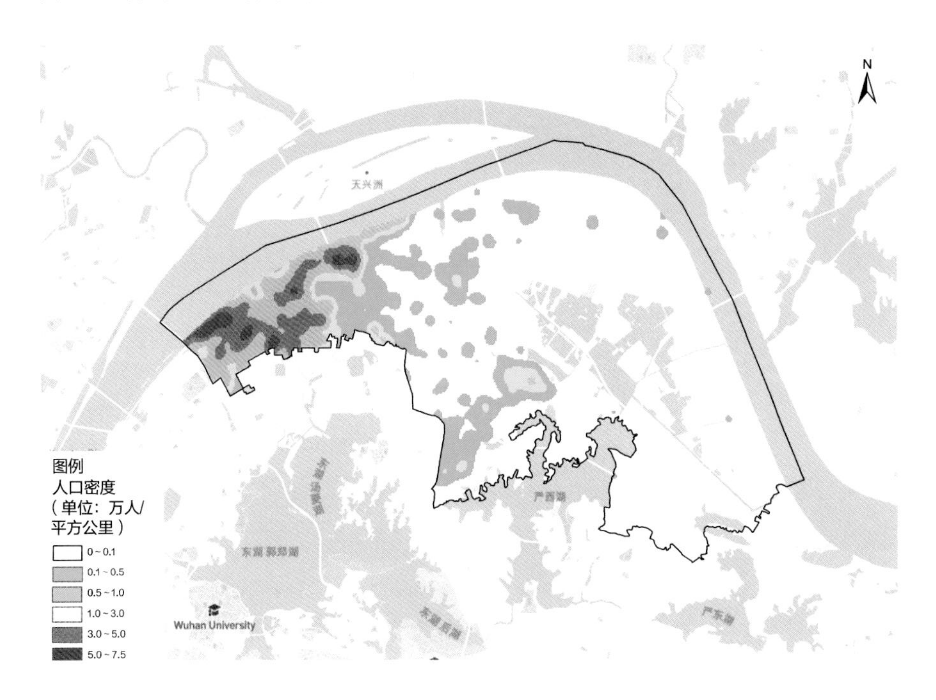

用地权属复杂，征收拆迁困难。面对有限的增量空间，盘活存量用地成为青山区城市更新的关键抓手。然而在青山区旧城改造中，依旧面临着资金压力较大、还建周期较长、征收收尾办法不完善等问题；逾期还建处置还存在还建房工程建设周期长、还建房分期验收协调难等问题。同时，单位大院老旧社区多，改造面积大，“红房子”等工业遗产的保护、维护与改造成本大。除此之外，青山区用地权属复杂，武钢、石化、一冶等大型央企的土地使用方式复杂，有出让、划拨、租赁、授权经营等多种形式。部分存在房地产权不一致问题，征收难度大，工作推进缓慢。

（2）生态：环境欠佳、治理困难

在重工业为全市经济作出巨大贡献的同时，青山区也背负了沉重的环境负担，大气质量指标不达标、水环境质量欠佳、工业污染排放负荷大，生态环境问题突出。生态环境保护形势依然严峻，生态环境治理任务依然艰巨，高耗产业占比、综合能耗、工业污染排放量仍然偏高，生态环境持续改善的基础还不牢固。

空气质量有待提升。青山区钢铁等传统重化工业规模大，长期形成的粗放型发展路线依然存在较强的惯性，两区合并后，作为重化工集聚区，工业废气排放总量巨大，当前固废气等污染排放量位居全市各区之首，工业粉尘和大气污染明显，近年青山区空气质量虽总体不断提高，但$PM_{2.5}$、O_3等污染指标在全市仍为最高，2023年青山区空气质量优良率68.3%，与武汉市79.2%的空气质量优良率要求存在较大差距。

湖泊污染防治工作形势严峻。由于污染累积效应，青山区内湖泊总体水质较差，虽然采取了系列治理措施水质数据有所改善，但并不稳定，治理任务仍然艰巨。截至2024年初，辖区竹子湖、严西湖（跨区）水质为Ⅳ类，未达到Ⅲ类环境功能区标准的要求（总磷超标0.40倍），北湖原来作为武钢公司的应急事故湖和污染物沉积缓冲湖，多年来一直承担沿线企业、生活污染物、农业面源污染物受纳水体，水质仅为Ⅳ类，未达到Ⅲ类环境功能区标准的要求。

生态修复和污染源治理任务艰巨。青山老工业基地长期受工业生产影响，污染较为严重，实现环境改善需要开展大量生态修复和污染源头治理工作，特别是武钢以东区域，由于历史原因环境欠账较多，需要搬迁生态底线内武钢的多家生产企业，搬迁难度巨大，生态修复和污染源治理任务依然艰巨。

环保管理能力亟待加强。街道环境保护网格化管理体系未有效建立，两区融合后监管面积和企业数量大幅增加，环境监管执法力量严重不足，环保监管体系和机制还需优化调整，环保信息化、智能化管理水平不高。

（3）产业：结构单一、转型困难

青山区产业发展面临诸多挑战。产业结构单一，重工业依赖风险突出。目前全区经济仍依赖传统工业（占比超60%），而工业发展则高度依赖钢铁石化产业，受产能过剩、资源价格影响，钢铁石化主导产业在发展上也存在较大不确定性与增长瓶颈。在青山区规模以上工业企业当中，约82%产品与钢铁、石化两大产业配套相关联。民营经济占比明显偏小，工业产值仅占全区工业总产值的8%，亟待寻求新发展动力。

新兴产业动能尚未形成，科创能力不足。虽然近年来青山区政府积极引入数字经济、现代服务、氢能等新兴产业，但总体来看仍在培育阶段，现状中小企业创新创业活力不足，新产业、新业态发展较为滞后。从产业结构数据来看，近十年全区产业结构基本未发生根本性变化，除转型乙烯化工产业外，新兴产业培育尚未收获成效，在产业价值链中处于较低地位（图3-19）。

图3-19 青山区2010年、2015年、2021年各行业产值占比变化情况

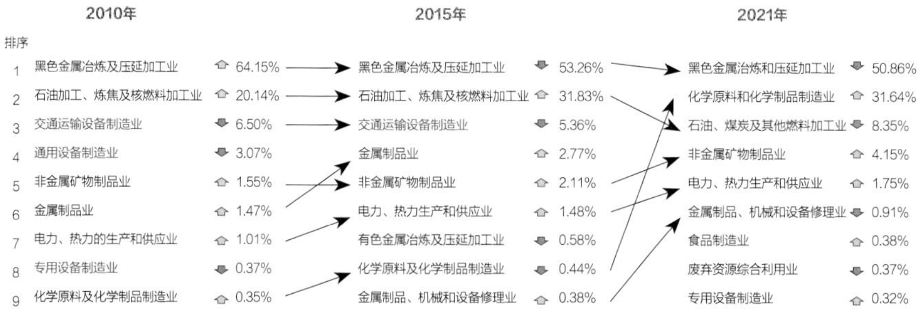

排序	2010年		2015年		2021年	
1	黑色金属冶炼及压延加工业	64.15%	黑色金属冶炼及压延加工业	53.26%	黑色金属冶炼和压延加工业	50.86%
2	石油加工、炼焦及核燃料加工业	20.14%	石油加工、炼焦及核燃料加工业	31.83%	化学原料和化学制品制造业	31.64%
3	交通运输设备制造业	6.50%	交通运输设备制造业	5.36%	石油、煤炭及其他燃料加工业	8.35%
4	通用设备制造业	3.07%	金属制品业	2.77%	非金属矿物制品业	4.15%
5	非金属矿物制品业	1.55%	非金属矿物制品业	2.11%	电力、热力生产和供应业	1.75%
6	金属制品业	1.47%	电力、热力生产和供应业	1.48%	金属制品、机械和设备修理业	0.91%
7	电力、热力的生产和供应业	1.01%	有色金属冶炼及压延加工业	0.58%	食品制造业	0.38%
8	专用设备制造业	0.37%	化学原料及化学制品制造业	0.44%	废弃资源综合利用业	0.37%
9	化学原料及化学制品制造业	0.35%	金属制品、机械和设备修理业	0.38%	专用设备制造业	0.32%

青山区参与区域产业协作不足，享受区域产业发展红利有限（图3-20）。上一轮产业升级中，周边的车谷、光谷、临空港等产业区域产业发展迅猛，集聚了尖端资源，形成了环主城先进制造业集群。青山区由于土地、人口、环境等现实因素，在该时期未能充分分享区域产业发展红利，逐步成为产业孤岛。

（4）人口：老龄化、低教育水平

老龄化问题突出，高学历人才占比较低。从年龄结构来看，青山区60岁以上人口占比25%，远高于全市平均水平（武汉市为17.23%），是武汉市老龄化程度

图3-20 区域产业空间现状格局示意图

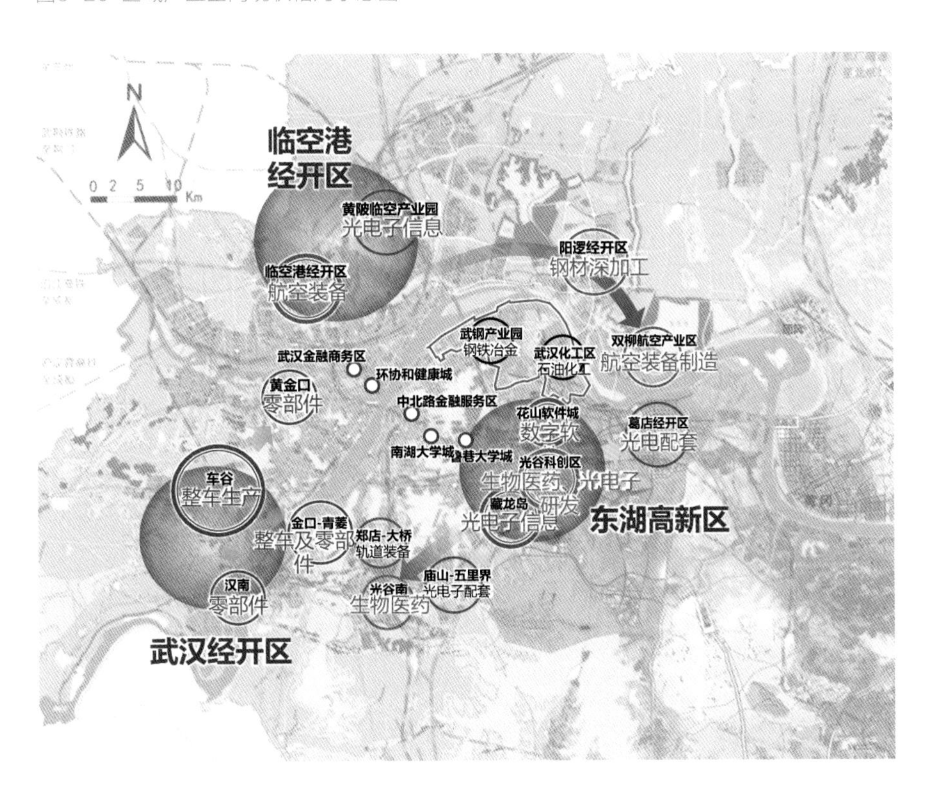

最高的区，呈现典型的重度老龄化社会特征（图3-21）。从受教育程度来看，青山区每10万人拥有大学（大专以上）学历人数仅为2.75万，高学历人才占比低于全市平均水平（武汉市为3.4万）。同时，青山区15岁以上人口平均受教育年限为11.64年，人口受教育程度低于全市平均水平（武汉市为12年）（图3-22）。

整体收入水平较低，民生条件亟待改善。在民生条件方面，由于原本的武钢老工业基地发展停滞，使得青山区居民面对较大的就业压力，城镇登记失业率高出武汉平均水平，城镇居民人均可支配收入低于武汉平均水平。此外，青山区东部基础设施建设欠账较多，优质的学校、医院、商业等配套不足，公共服务和民生保障仍然存在短板，与人民群众的期望尚有差距。

3.3.3 转型的机遇与要求

（1）功能：围绕青山与周边组团便捷的交通联系，促进区域各个板块协调发展，打造武鄂黄黄核心功能向鄂东辐射的重要门户

中国共产党湖北省第十二次代表大会明确提出，大力发展以武鄂黄黄为核心的武汉都市圈。为进一步发挥武汉辐射带动作用，推动超大特大城市转变发展方式，构建大中小城市和小城镇协调发展新格局，省推进三大都市圈发展工作领导小组办公室印发《武鄂黄黄规划建设纲要大纲》。大纲提出，加快建成“一枢纽、四中心”，即国际综合交通和物流枢纽，国家制造业中心、国家科技创新中心、专业金融中心、国际交往中心。在新的发展机遇下，青山应统筹城乡生产生活生态布局，坚持城市和产业“双集中”，系统提高城市规划、建设和治理水平。进一步

图3-21 青山区人口金字塔结构（第七次全国人口普查数据）

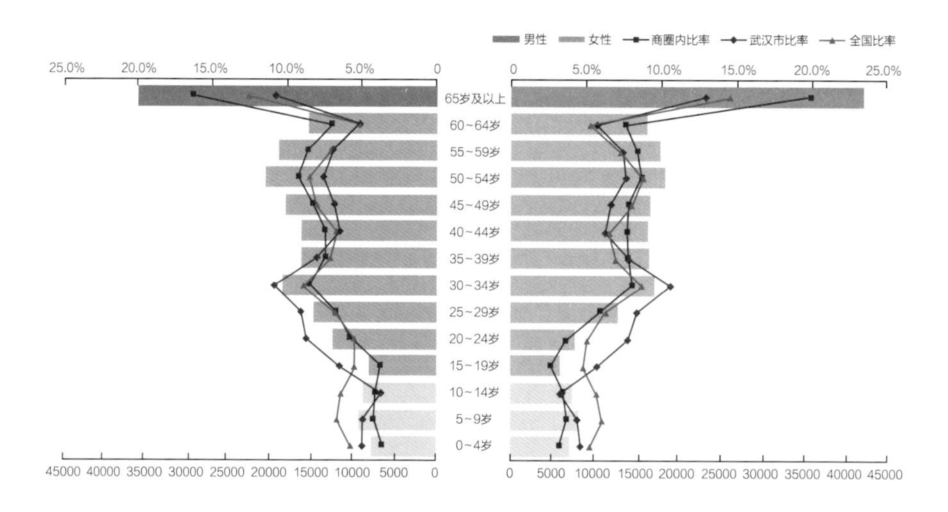

图3-22 武汉各区每10万人拥有大学学历人数、15岁以上人口平均受教育年限

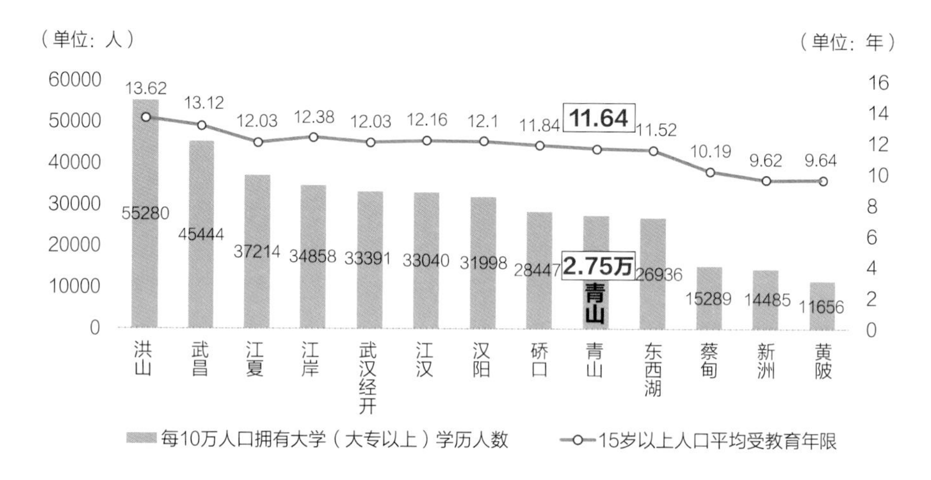

完善“五横十六纵”总体骨架路网，强化东西向、区内外交通衔接，将青山交通区位优势转化为国内国际双循环枢纽链接优势，提升枢纽功能。有助于人口疏解和经济产业联动，辖区内构筑新机会空间，变“流量”为“留量”。

（2）产业：找准武鄂黄黄关键产业节点定位，以科技创新引领现代化产业体系建设，推动青山传统产业向智能化、绿色化方向发展

《武鄂黄黄规划建设纲要大纲》提出聚焦光电、医疗器械、汽车制造、机器人四大产业形成紧密协作，形成科创与制造双廊格局：高端装备与先进制造产业走廊——以新能源汽车、航天航空装备、机器人等高端装备制造产业为发展重心；光谷科创大走廊——依托基础研发与头部科创产业资源，发展光电子、生物医药等高技术附加值产业。青山区位于产业双廊的连接处，未来将是区域产业协作、实现科技研发向规模制造转化的关键节点（图3-23）。

青山区是传统工业重镇，武钢、中韩石化等央企大厂构筑起基础产业优势。武汉市政府在税收优惠、土地供应、金融支持等方面也出台了一系列鼓励产业转

图3-23 武鄂黄黄产业体系格局图

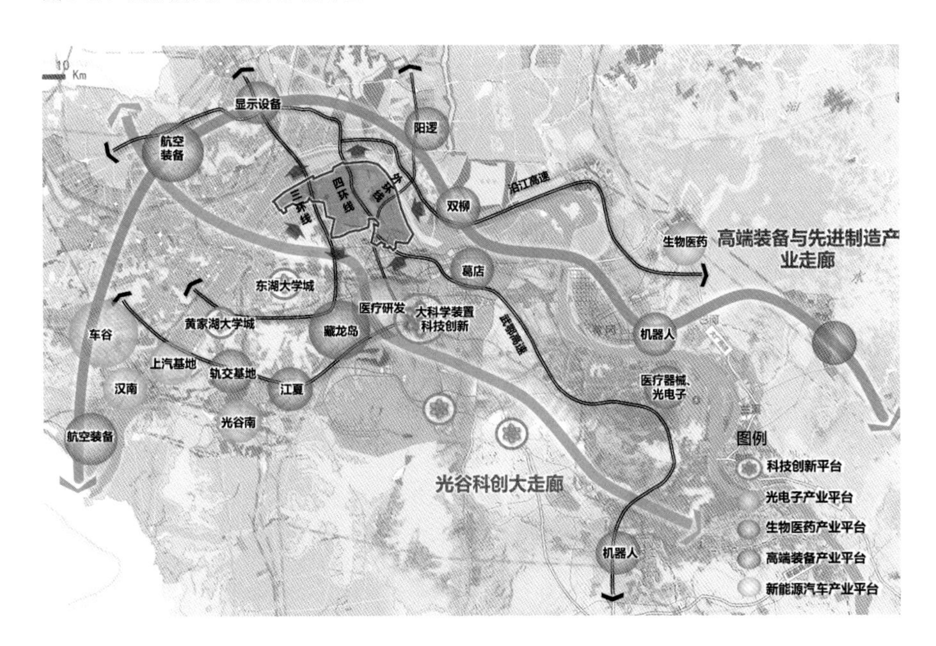

型的政策措施。新一轮科技革命和产业变革正在加速推进，人工智能、大数据、云计算等新兴技术为产业转型提供了强大的技术支持。在政策、经济、科技等多方面的产业转型发展机遇下，青山区应当依托这些新质生产力，将"工业基因"融入"数智血脉"，推动传统产业向智能化、绿色化方向发展。此外，武汉的众多高校、科研机构具有丰富的科研资源与人才储备，可以进一步推动青山区产学研深度融合，加快科技成果转化。同时依托区域合作优势，加强与周边地区的产业协同和资源共享，实现共赢发展。聚焦新兴产业和高端制造业发展，推动产业结构优化升级，提升经济发展质量。

（3）生态：把握生态文明建设机遇，加大区域生态环境治理力度，努力打造极具生态人文魅力的社会主义现代化新青山

当前，国家对于生态文明建设的重视达到了前所未有的高度，提出了绿色发展、低碳发展等一系列生态环保政策，长江经济带成为我国生态优先绿色发展"主战场"。武汉作为长江经济带的核心城市，生态文明战略地位得到了进一步提升，这为青山区生态景观环境的发展提供了强大的政策保障和支持。

为助力湖北省生态环境高质量发展，省市人民政府相继印发了行动计划和实施方案，围绕医疗废物和危险废物收集处理、沿江化工企业关改搬转、农村人居环境整治、长江经济带生态环境突出问题整改、重点流域水环境基础设施建设等重点领域，谋划实施生态环境补短板工程重大项目。未来一段时期生态环境治理力度会持续加大，为青山区（化工区）生态环境持续改善提供了有力保障。青山区作为长江经济带绿色发展示范区重要组成部分，长江北湖生态绿色发展示范区和"森林中的钢厂""湿地中的化工区"建设正有条不紊地进行，此举更有利于青山高举绿色生态发展旗帜，加快生态修复、水资源保护及绿色转型发展，带动全区环境整体改善，推动生态文明建设走在长江经济带前列。

3.4 青山区城市转型发展主要思路

3.4.1 基于区域协同视角，重审转型发展之路

面对前文提及的诸多问题、困境，若仅站在青山区自身进行思考，很容易陷入“一叶障目”的困境。因此转型发展首先需要“跳出”青山，从青山之外的更大区域中挖掘战略机遇，从区域一体化视角破解青山“不完整城市”困境，寻找高质量发展新动能。从区域视角来看，青山区基于自然地理特点和历史发展进程，形成了独特“川”字形的城市空间格局——西部是依托武钢形成的生活功能组团，中部是以武钢为产业主体、向外拓展且各自封闭的传统产业组团，东部是新引入乙烯炼化基地、被生态绿楔所隔离而自成体系的化工组团。三者各自发展，不仅造成了空间的割裂、内外部联系的困难，而且形成了青山东部、中部地区的“不完整城市”。

要破解青山区“川”字形的城市空间割裂发展困境，首先需要站在武鄂黄黄都市圈层面来审视青山区，深入分析青山区周边的武昌区、东湖高新区及葛华片区等城市组团的功能特点，并探索区域互促的发展策略。青山区作为武鄂黄黄都市圈的武汉桥头堡，从区域战略而言，应当承担西协武昌、南联武汉新城，促进都市圈城市功能加速融合的关键作用。具体来看，一方面青山区需要重点强化向西对武昌、向南对武汉新城两个方向的对外联系，实现整体空间和发展格局的激活；另一方面青山区需找准内部空间增长极与联系轴带，以此盘活青山区整体空间发展格局；最终发挥“外联内聚”的区域空间作用。

在外联方面，青山区西侧的武昌区是武汉市三大传统城市中心之一，在金融服务、工程设计、文化旅游、商业商务方面具有深厚基础优势。青山区应考虑依托长江主轴，通过建设青山滨江商务区，主动与其对接，助力青山区在数字金融、工业设计、文化旅游等新兴产业领域进一步拓展，共同打造武汉市长江南岸滨江服务集聚带。青山区南侧的武汉新城产业基础、科技发展等方面实力雄厚，是引领都市圈未来高质量发展的增长极核。青山可以通过建设青山白玉蓝城，强化与武汉新城的花山片区、光谷片区、葛华片区等邻近地区的科技产业功能联系，主动承接武汉新城的科创功能外溢，转化为青山区科技产业发展的重要助推力。

在内聚方面，青山区应重点关注中部以武钢为主的传统产业组团的功能提质优化。包括：一是在钢铁、石化行业的已经步入产业瓶颈的局面下，腾退低效产业用地，继续推动武钢“瘦身”、武石化和青山船厂搬迁，推动滨江红城与青山古镇地区融合发展，为城市功能发展腾挪空间，与武昌形成沿江高端服务带。二是开展产业数智转型，积极引入高新技术企业、智慧产业园区和现代化楼宇，全面建设北湖绿城这一科技产业新城；通过深度融合数字技术与产业发展，优化城市空间布局，最终实现中部地区城市功能的腾笼换鸟、整体能级的全面提升。

基于外联和内聚两种思路，在2017年，青山区提出了“一轴两区三城”的具体空间发展战略。在后续的发展过程中，结合外部区域发展的形势变化，以及内

部生态和产业空间的梳理细化，在2022年，进一步优化形成“一轴一带、三城三区”的空间格局。其中：“一轴”为综合发展轴，主要对接武昌、武汉新城，串联青山区内重要功能中心。“一带”为环湖创新带，通过凸显科技创新与转化、高品质服务与生态休闲功能，与东湖、严东湖共建创新湖群，从而促进基础研发—科技创新—高端制造三大环湖功能带的发展。“三城”为滨江红城、北湖绿城和白玉蓝城，滨江红城是建设文化彰显、数字创新的都市商务区，重点发展数字经济、新媒体文化创意、商务办公功能；北湖绿城建设江蓝岸绿、创意文旅的生态总部新区，重点发展创智办公、工业设计、公共服务、文旅休闲功能；白玉蓝城建设品质景观、创新集聚的科技服务区，重点发展科技研发、产品转化综合服务功能。“三区”为武钢转型片区、绿色化工发展片区和清潭湖生态创新片区，武钢转型片区重点发展工业互联网、数字化服务和精密装备制造；绿色化工发展片区重点发展乙烯炼化一体化、先进材料和生产服务；清潭湖生态创新片区重点联动武汉新城发展软件融合创新、健康疗养、生态休闲和旅游服务。

3.4.2 利用功能区为载体，统领转型发展之核

为了解决传统规划建设的“项目式”开发模式所导致的战略性功能谋划不足、发展质量水平不均等问题，武汉市提出功能区规划建设理念。功能区是一种超越宗地的整体开发模式，是由多个特点清晰明确的功能主体单元组成的，能够实现相关社会资源的空间聚集、有效发挥某种特定城市功能的地域空间。以对城市建设进行有层次、有目的主动干预，重点做到目标协同、空间协同与实施协同的三大协同开发建设。根据武汉市功能区布局，青山区应重点对青山滨江商务区、北湖生态文明试验区等功能区进行科学谋划和统筹建设。

高标准持续推进青山滨江商务区规划建设实施。青山滨江商务区作为青山区西部生活服务组团的商业核心，经过近十年的发展，依托与华侨城地产、和纵盛地产等重点项目合作，以及长江云通集团、青山数谷等总部经济的支撑，建设已经初见成效。在围绕城市核心能级提升的战略下，青山滨江商务区应当遵照高标准、高品质的要求，通过科学的规划和精细化的管理，不断完善商务区内的各项基础设施和公共服务设施，为企业和居民提供更加便捷、舒适的生产、生活环境，建设现代服务业发达、总部企业聚集、高端生产生活要素融合的重点功能片区。

创新推动北湖生态文明试验区建设。北湖生态文明试验区（北湖绿城）地处自然与工业交织的优越地带，北依长江之滨，东邻工业重镇，西接钢铁之城，南邻湖光山色，汇聚了得天独厚的生态与文化魅力。青山区应把握氢能时代的脉搏，以氢能小镇为引领，构建一座融合科技、创新、生态、零碳和人文理念的未来之城。北湖生态文明试验区重点聚焦制氢技术的创新与突破，构建“氢能产业发展生态圈”，打造具有全球影响力的氢能产业高地。同时注重生态优先、绿色发展，通过生态储备林建设和生态修复，提升当地生态品质；加强水环境治理，为氢能产业的发展提供可靠的水资源保障；确保试验区的发展与自然和谐共生。从而引领氢能产业的发展潮流，并为青山区的可持续发展注入新的活力。

3.4.3 围绕“三新”理念，践行转型发展之策

（1）产业创新：强化动力再造、推动产业绿色提质升级

青山以武钢、中韩乙烯为主体的钢铁石化产业，长期以来一直是青山区乃至武汉市支柱产业，工业生产基础雄厚。在拥有较好产业基础的同时，也面临工业独大产业结构失衡、新兴产业动能尚未形成、参与区域产业协作不足等发展困境，创新培育、绿色提质任重道远。面对新时期高质量发展的新要求，青山区应当立足延续国家使命，重点落实习近平总书记在武汉视察时提出的不断提升我国发展独立性、自主性、安全性的新要求，在钢铁、化工、先进材料、新能源等领域保障中部地区与国家产业战略安全格局，不断优化转型产业体系，保障工业战略安全。通过推动传统钢铁产业向特种冶金、装备制造、精密器械、环保装备、医疗器械等先进金属与装备制造的领域重点转型升级，更好发挥产业支柱作用；促进石油化工与新材料产业重点在石油炼化一体化、乙烯基精细化工、光化学、电子化学品、石化新材料等领域进行转型升级，在数字经济方面可发展智能工厂设计运维、数字化转型、智能仓储、智能制造流程设计等细分领域；在氢能产业方面探索可培育氢能制取、燃料电池材料、燃料电池核心零部件、氢能设备等细分领域，培育面向未来的新兴产业。

（2）品质更新：坚持以人民为中心、建设品质文化宜居城区

青山区民生设施基础薄弱，其发展建设应始终秉承“坚持人民城市人民建、人民城市为人民”的初心，通过城市更新和城中村改造等方式，不断增进民生福祉、改善城市空间品质，提升城市魅力、活力与竞争力，推动品质文化宜居城区建设。

不同尺度和层次城市更新的关注重点、内容方法均有所不同。宏观层面侧重顶层设计，需要对接市级城市更新计划，明确转型更新目标定位，形成“治、保、转、串”的更新原则及“留改拆”总体空间方案，从划定标准、更新策略、实施主体、资金来源等方面提出差异化的改造实施路径。同时针对功能升级、社区治理、民生提质、传统产业升级、生态畅游等多项内容，构建差异化更新路径。片区层面通过试点实践，探索具备实用价值的工作合作模式、运营机制，形成可持续的存量价值空间更新布局与建设指引等，打造可借鉴、可推广的更新样板。实施层面以亮点地块促进落地实施，探索传承地域风貌特质的特色改造方案，如传承青山区特有的“红房子”集合式住宅空间肌理及建筑细部符号，激活曾经生活记忆，营造守望互助的社区人居场所等。

（3）生态育新：贯彻人与自然和谐共生、守护青山绿水

青山区作为长江中段由西北向东南转折的重要节点，坐拥31公里长、景观视野极佳的滨江岸线；同时南邻东湖绿心，北望白沙洲，内拥严西湖、北湖、竹子湖、清潭湖等优质水域资源，有着得天独厚的自然生态优势。但过去的工业化发展让青山区的生态环境承受较大压力，对自然环境造成了不良影响。在生态文明背景下，青山区在转型发展过程中，应当注重保护和彰显生态价值，通过推进生产、生活、生态相互融合，功能、形态、环境相互促进，让良好的生态环境成为

未来发展的厚实“底座”。一是重点聚焦长江国家文化公园武汉段建设，共建长江国家文化公园“最美武汉画卷”，深入贯彻落实习近平总书记重要讲话精神，保护好长江文物和文化遗产，大力传承弘扬长江文化，推动优秀传统文化创造性转化、创新性发展，深入挖掘青山区长江沿岸的生态资源和文化底蕴，有机串联武钢工业文化、青山矶历史文化、“红房子”文化等文化要素，建设“长江森林、长江湿地、长江钢琴”等长江生态景观品牌，塑造“森林中的钢厂”“湿地中的化工区”的城市生态形象。二是全面推进全域全要素生态修复工程，遵循青山区当地基于自然地理格局特点和生态系统演替规律，按照“花香鸟语江南岸，绿水青山红钢城”的总体修复目标，系统谋划长江岸线生态修复与治理、城镇小微生态空间环境改造、道路绿化隔离带和林荫路生态功能空间连通、工业棕地的治理、北湖“江湖相连”水生态综合治理项目，以及全域田水路林村综合整治等国土空间生态保护、修复和利用项目，以完善生态网络、促进生物多样性提升和生态空间服务价值提升。三是统筹非集中建设区国土空间保护与发展，将城镇开发边界外的非集中建设区作为新时代国土空间规划治理的关键区域。落实永久基本农田和生态保护红线，划定山水林田湖生态要素空间，构筑全要素生态框架；营造更丰富的品质水空间，保护更优质的农业空间，建设更多元的山林空间，结合资源禀赋打造都市田园、生态湿地、滨湖观光、山地休闲等主题的郊野公园集群，以发展促保护，全面提升青山非集中建设区生态服务价值，建设人与自然和谐共生典范。

CHAPTER 4

Planning and Construction
——Constructing a New Pattern of Industrial Zone Transformation and Revitalization Through Top-level Design

第四章

谋划与构建
——以顶层设计构建工业区转型振兴新格局

清代陈澹然在《寤言·迁都建藩议》中写道:“不谋万世者，不足谋一时；不谋全局者，不足谋一域。”推进城市转型发展，立足全局、着眼长远、科学谋划的顶层设计是关键。本章节从全局谋划，立足青山区在武鄂黄黄同城一体化发展、武汉市建设国家中心城市的战略地位，着眼青山区的生态资源、产业基础、文化特色和城建历史，从生态维育、产业复兴、城市更新三个视角切入，系统阐述青山区城市转型发展的战略思路。

4.1 生态育新——修复全域生态，重塑绿水青山

2012年，党的十八大将生态文明建设纳入“五位一体”总体布局，2017年党的十九大提出加快生态文明体制改革、建设美丽中国[1]，2022年党的二十大提出坚持绿水青山就是金山银山的理念，大力推进生态文明建设。我国有关生态保护、环境治理的内涵与目标不断丰富拓展，政策与实践不断继承升级，文明范式的演进已经从工业文明跨入生态文明。

工业文明时代，青山区“因钢而兴，因钢而城”，成为新中国成立后支撑武汉市迅速发展的重要老工业基地、重化工业城区，通过高物质资源消耗、高碳排放、高环境代价的传统工业化发展模式有力地推进了城镇化进程[2]，为武汉的城市建设与经济发展作出了巨大的贡献；但同时也背负了沉重的环境负担，钢渣堆积成山、湖里填满煤灰铁粉、工业废水污染严重、烟尘雾霾遮蔽蓝天白云[3]，系列环境问题亟待解决。

在注重生态文明建设的新时代，青山区将打赢污染防治攻坚战作为重要任务，采取锚固区域生态格局、重视环境污染治理、推进生态系统修复、塑造城绿共荣空间等系列措施，改善全区生态环境，提升青山区人民群众生态环境获得感，擦亮“青山绿水红钢城”的金字招牌，建设国家生态文明建设示范区，让曾经的老工业基地在生态文明新时代焕发新的活力与生机。

4.1.1 框定山水，锚固格局

青山区作为武汉市七大中心城区之一，应当以区域生态共建共保为指导思想，基于全市生态框架，锚定青山区城市山水格局，稳固青山区城市生态格局。

（1）武汉市生态框架的确定

为构筑全市生态安全屏障，维护区域生态系统完整性，同时引导城市空间集约有序发展、控制建成区无序扩张，武汉市结合区域生态资源本底特色，锚固了全域生态框架。具体为依托武汉城市圈“两江两屏多湖多廊道”的生态保护大格局[4]，在武汉市市域层面构建形成“两轴两环，六楔多廊”的生态框架结构（图4-1）[5]。其中，“两轴”是以长江、汉江与龟山、蛇山、洪山、九峰山等东西山系构成的山水十字轴，是“两江交汇、三镇鼎立”城市空间格局和城市意象的主体，重在凸显山水城相互交融的关系。“两环”分别是三环线城市生态环、市域郊野生态环。三环线城市生态环采取“一环串多珠”的形式，以环线绿带串联沿线中小型湖泊、公

图4-1 武汉市生态框架结构图

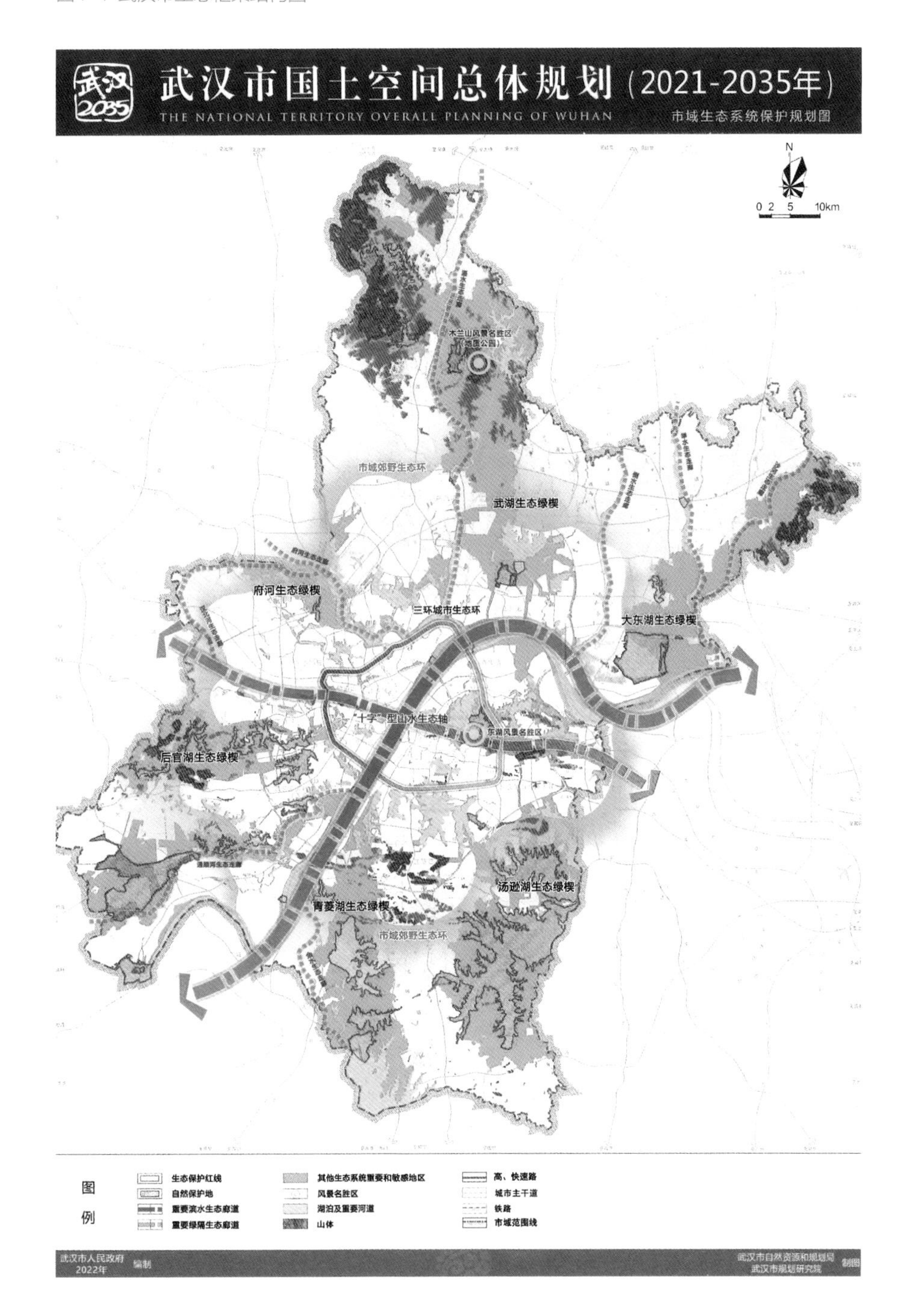

园，发挥对主城的防护隔离作用，提供绿色游憩空间。市域郊野生态环是绕城高速生态带及周边山林、农田等共同组成的片状生态环，发挥武汉与都市圈其他城市的生态隔离作用，加强生态维育和农业生产，复合郊野游憩、宜居宜业和美乡村建设等功能。“六大生态绿楔”是依托城市近郊的中大型湖泊湿地水系、山系，构建贯通城市内外的六个大型放射形生态绿楔，重在保护湖群和山系，为生物提供栖息空间。六大生态绿楔分别为大东湖生态绿楔、汤逊湖生态绿楔、后官湖生态绿楔、武湖生态绿楔、府河生态绿楔和青菱湖生态绿楔。“生态廊道”是利用河流水网、山系及主要交通走廊，在城市组团间规划多条生态廊道，将轴环楔连通成网，提供生物多样性保护网络和生物通道。

（2）青山区生态框架的锚固与升级

青山区位于武汉市的东部，北靠长江，南望九峰山东西山系，处于全市生态框架中的山水十字轴中，拥有山水相依、江湖环抱的生态本底资源优势。辖区内山、水、港、渠、田等多种自然要素汇集，坐拥31公里的长江岸线、6.7平方公里的湿地滩涂、40公里长的湖岸资源、11座山体、15平方公里林地资源、18平方公里耕地资源、26条港渠。基于这些丰富的自然资源，青山区生态转型的第一步便是审视区域视角，从顶层设计出发，主动融入山环水绕的武汉大区域生态格局，锚固城市生态框架，筑牢老工业基地的生态安全屏障。

俯瞰青山区所处地理区位，北部长江生态带、南部九峰山生态脉共同组成了青山区南北环立的“一带一脉”，建立了青山区“北望江、南观山”的城市山水格局（图4-2）。走进青山区内部空间，沿城市二环线、三环线、白玉路、外环路梳理出四条垂江生态廊道，将江景、山景、湖泊串联并引入城市空间，整体形成衔江接山、串湖连泊的城市生态格局。同时，青山区主动融入武汉市区域生态框架，承担市域生态安全职责，以南北向生态廊道连通武湖和大东湖两大生态绿楔，打造连续贯通的生态网络与通道，在青山区层面构建起“一带一脉山水相拥，一楔四廊通江连湖”的生态空间体系。

图4-2 青山区生态框架结构图

（3）青山区特色山水资源的专项保护

在区域生态框架构建的基础上，青山区进一步聚焦江湖、港渠、山体等山水资源特色，落实了武汉市划定的长江管理保护范围和严西湖湖泊保护范围，组织划定了青山港、北湖港、北湖大港三条河流管理保护范围，北湖、竹子湖、清潭湖三大湖泊保护范围，编制实施了青山区湖泊“三线一路”保护规划（图4-3）、青山区山体保护规划。对辖区内长江和严西湖、北湖、清潭湖、竹子湖四大城中湖，青山矶、鸦雀山、营盘山、祖坟山、邹家山、白羊山、常茅山、横山、赛山、王家山、张公山等11座城中山，三条重要港渠实施严格保护，限制开发建设活动，牢牢守住城市发展的生态底线。

图4-3 青山区湖泊“三线一路”保护规划图

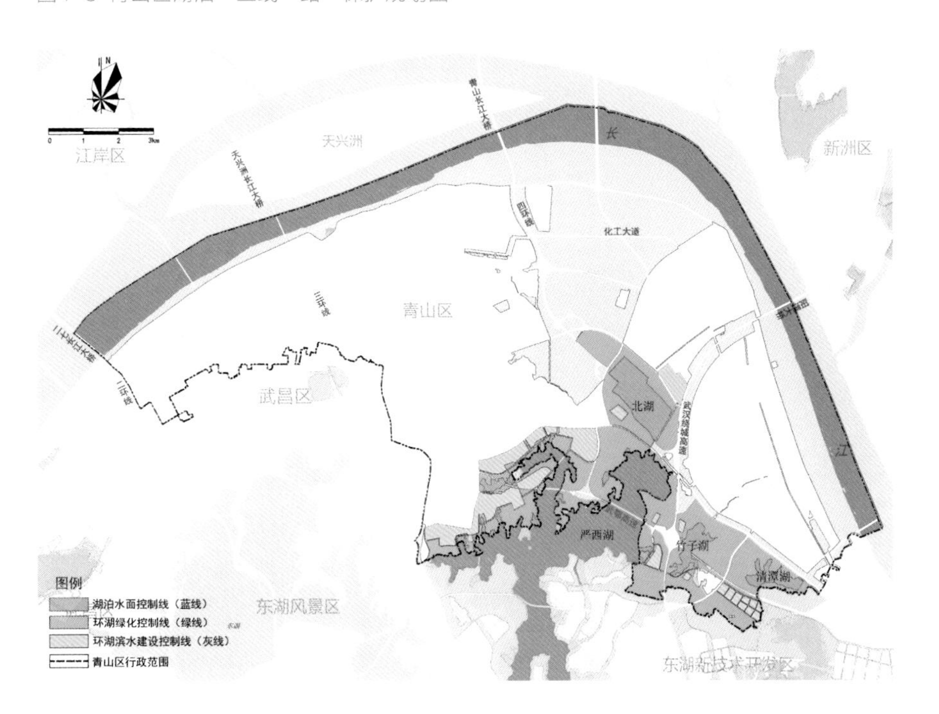

湖泊“三线一路”保护规划明确了青山区四大湖泊的功能定位，严西湖、清潭湖、竹子湖为郊野游憩型湖泊，北湖为调蓄型湖泊；并将湖泊设计洪水位以外不少于50米的区域划定为湖泊保护区，湖泊保护区外围不少于500米的区域原则上划定为湖泊控制区（表4-1）。在此基础上，进一步明确了湖泊水体保护的控制体系、控制指标和控制要求，界定了湖泊水面控制线（蓝线）、环湖绿化控制线（绿线）、环湖滨水建设控制线（灰线），调整和完善了环湖道路体系，形成了1：2000湖泊及周边用地控制图，作为湖泊规划和管理的重要依据。

表4-1青山区四个湖泊指标汇总表

湖泊类型	序号	湖泊名称	蓝线控制面积（单位：公顷）	蓝线控制长度（单位：公里）	绿线控制面积（单位：公顷）	灰线控制面积（单位：公顷）
调蓄型湖泊	1	北湖	191.79	6.90	298.52	61.73
郊野游憩型	2	严西湖	1423.07	72.73	1822.33	1000.13
	3	竹子湖	66.50	6.70	519.90	15.50
	4	青潭湖	60.20	6.10		
总计			1741.56	92.43	2640.75	1077.36

山体保护规划以底线思维划定了青山区11座山的山体本体线和保护线，界定出两线之间的保护区，提出“两线两区”的建设活动准入与限制要求（图4-4）。

明确在山体本体线、保护线范围内除具有系统性影响、确需建设的市政公用设施、道路交通设施、生态型农业设施、必要的山体景观游赏设施、确需建设的军事与保密等特殊用途设施外，禁止建设其他项目。同时，通过分类分级山体保护利用策略、精细化的管控指标体系、配套实施保障机制的提出，推动青山区形成逐座山体保护名录和规划细则，从而有效保护城市山水空间格局。

图4-4 青山区山体保护规划图

4.1.2 污染防治，擦亮底色

60多年发展过程中，青山区在“先污染，后治理”的老路上付出了生态环境的沉重代价，区域工业能耗和污染负荷一直居武汉市之首，与高质量发展要求相去甚远、更是群众反映强烈的突出问题[6]。青山区作为老工业基地、重化工业城区，从宏观视角锚固区域生态安全格局之后，首要的任务便是补旧账——推进污染防治攻坚战。通过持续开展大气、水、土壤等污染防治行动，系统治理被污染的环境、被破坏的生态，擦去蒙在绿水青山上的烟尘，擦亮掩藏在传统重工业发展下原本靓丽的生态底色。

（1）打好“蓝天”保卫战

“蓝天”保卫战是污染防治攻坚战的“主战场”，打赢“蓝天”保卫战是生态文明建设和生态环境保护的重头戏[7]。青山区空气污染主要源于武钢、石化、热电厂等重工企业，能源结构中燃煤占比偏高、废气排放前未经处理，并且这些重工企业位于武汉市主导风向的上风向，在盛行风作用下，区域内排放的大量大气污染物对武汉市整个城区的空气影响较大。因此，青山区重点从优化能源消费结构、深化工业大气污染防治两方面着手进行防治。

能源消费结构优化方面：首先，控制煤炭消费。禁止新建燃煤发电机组，新建项目禁止配套建设自备燃煤电站，不予新建燃煤锅炉；组织开展高污染燃料禁燃区内小餐饮、摊点等巡查治理，严禁违规燃用散煤。其次，持续增加清洁能源供应。围绕工业园区、重大项目用电需求和城市老旧小区改造，加快配套供电设施建设，推进配电网提档升级。加快推进建设三路变电站、武东变电站和建设十路、工业二路、园林路和建设五路等电缆通道建设，加快推进世界一流城市电网建设。整合关停武钢低参数煤气发电机组，新建超高温亚临界参数煤气发电机组。全面推进城区燃气管网提档升级及老旧小区燃气支管网改造工程，提高城市供气能力。再次，推进节能改造工作。统筹重点工业用能企业和社会层面节能工作，不断加大能源消费双控目标引导力度，开展节能宣传和能源消费调度，督促服务重点用能企业提高能效。实施城区能源三联供综合利用项目，研发、制造新一代国产化吸附式制冷机组，实现城区能源冷热联供利用。大力推进城市集中供热，积极推进青山民用集中供暖管网建设，在全区公共建筑及住宅小区推广集中供暖，民用集中供暖实现由点及面。率先启动沿白玉路、青化路、武东东路敷设供暖管道建设，充分利用青山热电厂等的余热，大力推进城市清洁供暖、集中供暖。

工业大气污染防治方面：一是加强源头控制，全面推进钢铁、电力行业超低排放。鼓励武钢有限实施高炉煤气、焦炉煤气精脱硫，高炉热风炉、轧钢热处理炉采用低氮燃烧技术，实施烧结机头烟气循环。实施大气特别排放限值环保设施改造，鼓励采用湿式静电除尘器、覆膜滤料袋式除尘器、滤筒除尘器等先进工艺；实施烟气脱硫增容提效改造，提高运行稳定性，取消烟气旁路，鼓励净化处理后烟气回原烟囱排放；鼓励采用活性炭（焦）、选择性催化还原（SCR）等高效脱硝技术。二是强化挥发性有机物的综合防治。加强化工区园区无组织排放综合管控，组织编制实施“一园一策”。督促石化企业严格按照规定开展泄漏检测与修复工作，将挥发性有机物（VOCs）治理设施和储罐密封点纳入泄漏检测范围。强化炼油、化工、涂装等行业TVOC治理，实施中韩石化实施产品罐区及公路装卸VOCs综合治理，大幅减少VOCs排放量。加强挥发性有机物监测以及油气回收治理的监督管理，推动中韩石化等企业安装挥发性有机物在线监控设施[8]。

经过系列大气污染治理举措，青山区全面淘汰20蒸吨/小时及以下燃煤锅炉，推进禁燃区内燃煤炉窑拆除或清洁能源改造、10蒸吨/小时及以上天然气锅炉低氮燃烧改造；关停武钢北湖化工厂，实施武汉鲁华粤达化工有限公司、武汉奥克特种化学有限公司等挥发性有机物治理项目。全区空气质量优良率由2016年57.6%提升到了2020年84.9%，蓝天白云、繁星闪烁成为新常态；$PM_{2.5}$和PM_{10}年均浓度分别大幅下降17个百分点和38个百分点，基本上解决了人民群众的“心肺之患”。

（2）打好“碧水”保卫战

青山区拥江抱湖，水资源丰富，曾经重工业的蓬勃发展为江湖水体带来污染，现重点从长江保护修复、河湖流域清理、工业废水治理三个方面着手进行防治。

长江保护修复方面，重点排查整治入江排污口，加强港口码头和船舶污染防治，整治青山镇码头岸线，拆迁腾退华新水泥厂、西马物流、青山安康码头三家企业，对武石化、武船、武钢三家企业鳌头厂区进行整治，提升老码头规范使用率。同时，实施长江生态修复重大工程。加快推进长江湿地、长江森林和武汉青山北湖生态试验区生态综合治理一期项目，实施武惠堤生态综合整治工程，对长江沿线堤防与坡岸进行整治，将工业固废堆场改造成生态湿地；加快推进严西湖、北湖沿湖截污、底泥疏浚、岸线整治、景观绿化等生态修复工程，打造长江湿地、长江森林生态景观。

河湖流域清理方面，编制《青山区（化工区）河湖流域水环境“三清”行动方案》，全力推进河流、湖泊、港渠的清源、清管、清流“三清”行动。其中，“清源”行动主要是加快推进全区河湖流域“散乱污”企业排查整改，建立河湖排水（污）口动态整治和长效监管机制。“清管”行动主要是优化污水收集处理设施、推进排水系统优化改造和初期雨水收集设施建设。重点推进北湖污水处理厂新建工程、东部地区污水收集支干管建设、渍水点改造、北湖大港青山区段扩建工程和北湖闸渠改扩建工程等，实现初期雨水污染量有效削减。“清流”行动主要是加强湖泊排口排查，强化对北湖、严西湖、清潭湖、竹子湖等湖泊的管理和保护，开展河湖岸线违法建设整治专项行动，依法拆除河湖岸线范围内违法建（构）筑物，开展河湖水域及岸线垃圾清理专项行动，实现河湖水面无大面积漂浮物、岸线范围内无垃圾，严控垃圾渗滤液直排入河湖。

工业废水治理方面，实施一批工业废水深度治理工程。深入实施涉水“散乱污”整治，支持武钢焦化公司废水分类收集改造、中韩石化生产污水回用及循环水排污水深度处理、宝武环科武汉金属资源有限责任公司（下文简称“金资公司”）排水系统及循环水系统改造项目等项目实施，推进生活污水、工业废水分类收集、分质处理，实现钢铁和化工行业废水深度治理，打造废水零排放示范工程。加强节水技术改造。鼓励企业自主开展专项节水诊断，围绕过程循环和末端回用，实施循环水回用、水梯级利用、废水处理再利用、用水智慧管理、供排水管网智慧检漏等技术改造，重点建设钢铁、石化化工行业循环水高效闭式冷却，提升企业各环节用水效率和重复利用率。加快工业园区污水处理设施建设。加快武汉化工区污水处理厂一期一阶段工程提标改造建设，满足园区内工业企业污水处理需求。加快推进环科园片区环境基础设施提升工程，道路交通、污水和中水及灰管等地下管网提升改造。禁止随意堆放脱水污泥，加强工业污水处理脱水污泥设施建设运维，推进脱水污泥集中式处理和资源化利用，实施燃煤电厂污泥耦合发电工程。加强工业企业废水排放管理。实施工业园区“一企一管”改造，要求企业分质分类处理废水，符合纳管排放标准。完善工业园区污水收集处理设施和在线监控设施，针对重点排污企业，制定并执行污染物特别排放限值；工业园区应加强中水回用，废水直接排放的，执行城镇污水处理厂一级A排放标准和特殊排放限值中较严标准值。

经过系列流域污染治理举措，青山区全面完成了4个湖泊和3条河流的排口整治任务，累计排口溯源排查220个、立标176个、整治55个；长江入河排口溯源排查309个、立标162个、整治173个。2021年，长江白浒山断面及青山港东饮用水源地水质稳定为Ⅱ类，竹子湖水质达到Ⅲ类，严西湖水质保持稳定，清潭湖水质提升，青山北湖消除劣V类，大幅稳定提升为Ⅳ类，湖泊水质实现明显好转[9]。

（3）打好“净土”保卫战

考虑到大型化工厂、钢铁厂在生产过程中除了产生废气、废水，还会产生废渣，废渣的长期堆存会污染堆存场地与周边环境及土壤。因此，青山区重点从固体废物污染防治、土壤污染防治、污染地块治理修复三个方面提出防治策略。

固体废物污染防治方面：一是推进工业固体废物堆存场所的环境整治，实施工业固废协同处置工程，支持武钢对现有的炼铁区原料片重新规划，建设一般工业固废处置中心，对区域工业固废进行无害化、减量化、资源化处理。二是推进危险废物专项治理，整顿危险废物产生单位自建贮存利用处置设施，加快推进云峰环保危险废物综合处置扩建工程，提升区域规范化的危险废物处理处置能力。支持金资公司利用冶金窑炉协同处置危险废物的优势，建设能够处置厂内危险废物的专业危废处置中心。

土壤污染防治方面：按照国家、省、市统一部署，开展重点行业企业用地布点采样，进行土壤污染调查评估；完成疑似污染地块场地土壤污染状况调查，对超过土壤污染风险筛选值的建设用地进行土壤污染风险评估；搬迁或关闭对土壤造成严重污染的企业；加大对重点重金属排放企业的监督检查力度，对整改后仍不达标的企业，依法责令其停业、关闭。

污染地块治理修复方面：加快工业场地污染治理，实施完成青江化工厂、武汉阀门厂、武钢热电厂堆场等重点污染地块治理修复工程，加强土壤、地下水污染协同防治及地下水污染修复工作。

经过系列土壤污染治理措施，青山区关闭了工人村地区的三个堆场，对近63万余吨堆料进行了清理、转移处置，有效地解决了长期的大量扬尘污染。同时，将位于武广高铁和三环线下的城市废弃地——武钢热电厂堆场，变身成为760亩（约合50.67公顷）的生态游园——戴家湖公园，并获得2017年度“中国人居环境范例奖”。

4.1.3 修复生态，再现青山

生态修复对于城市旧工业区是一项既重要又全面的事情，既是对过去工业生产过度消耗自然资源的一种补偿，又可以通过改善旧工业区的自然环境及其生态状况，为新兴产业与经济发展创造适宜的物质空间条件[10]。青山区框定山水格局、解决历史遗留的环境污染问题之后，在“五级三类四体系”的国土空间规划体系框架下，进一步开展了国土空间生态修复工作，对全区的生态功能退化、生态系统受损、空间格局失衡以及自然资源不合理开发利用等问题，统筹开展了山水林田湖草沙一体化的保护修复[11]，促进全区生态修复工作由单点突破向系统推进转变。

（1）多维度评价，全面识别生态问题

回溯我国的生态修复工作进展情况，从最初的工程导向阶段逐步发展到要素导向阶段、“城市双修”阶段，直至2018年自然资源部统一行使所有国土空间用途管制和生态保护修复职责后，进一步演化为如今的国土空间生态修复阶段，生态修复的对象、空间、目标等均发生了重大变化。修复对象从单一要素修复转向了山水林田湖草全要素协同治理，修复空间从局部拓展到了国土空间全域范围，修复目标从自然状态下的健康生态系统的保护转变为了人与自然和谐共生、“保护—修复一利用”三位一体的综合化目标[12]。因此，青山区以2020年国土变更调查数据为底图基数，汇集生态环境、水务、园林林业、农业农村等部门专项控制线与调查数据，在武汉市资源环境承载能力和国土空间开发适应性评价的基础，采用缓冲和阻力模型、机器学习等多种分析手法，从生态要素、生态功能、生态结构、生态品质、生态价值五个维度对全区生态资源进行全方位综合性评价，全面识别解析生态系统存在的主要问题，以支撑青山区全域全要素生态系统修复工作的开展。

生态要素层面，青山区目前主要面临河流港渠水质差、江湖岸线杂乱、滩涂湿地功能退化且生物多样性下降、林地分布零散、耕地违规占用、部分山体受损严重，以及废弃矿山尚未修复、暴雨易引发地质灾害和水土流失等现实问题。

生态功能层面，主要从水源涵养功能指数、水土流失敏感性指数、固碳服务功能指数、生境适宜性指数四个方面进行全面分析。经分析，青山区水源涵养功能指数、固碳服务功能指数、生境适宜性指数均在武汉市七个中心城区中排位第一，属于城市生态系统向自然生态系统的过渡地带，长江滩涂湿地、北湖、严西湖等江湖区域是青山区最重要的水源涵养地。但是，青山区水土流失面积占全区面积的8.53%，在武汉市七个中心城区排名第一，水土流失敏感性整体偏低。总体来说，青山区拥有大面积非建设用地，各类生态功能在武汉中心城区中均表现优良，但水土流失情况需多关注。

生态结构层面，主要从景观破碎度指数、景观多样性指数、植被覆盖度指数三个方面进行综合分析。青山区整体景观连续性较好，全区基本可分为城区—武钢、临江近郊、北湖、环严西湖四大板块。其中，城区—武钢、环严西湖两个板块景观连续性较高，临江近郊与北湖板块景观相对破碎。青山区景观多样性指数、植被覆盖率均在武汉市七个中心城区中排名第一。

生态品质层面，青山区城区内已建成江滩公园、青山公园、戴家湖公园、武九生态文化长廊等多个城市公园，生态绿化品质较高。但城区外围的生态农业空间，以原始滩涂湿地、蔬菜基地、荒山乱林为主，生态品质有待进一步提升。

生态价值层面，青山区以城市、湿地、农田三大生态系统为主，参考《生态产品总值核算规范（试行）》，计算青山区产品总值（GEP）约74.86亿元。其中，生态系统物质产品供给价值约16.65亿元，以农业产品价值为主；生态系统调节服务价值约9.35亿元，以洪水调蓄、水源涵养与土壤保持为主；生态文化服务价值约48.86亿元，以森林景观和湿地景观为主。

（2）明确修复目标，精准提出修复策略

青山区通过“理水——护湿——修山——织绿——御风”五大策略，打造“花香鸟语江南岸，绿水青山红钢城”的城市形象，建设长江边的生态要地、森林中的钢铁基地、湿地中的生态新城、公园中的魅力城区，从而吸引更多的人前来观光旅游、投资兴业，为区域可持续发展注入新的动力。

针对水系统问题，制定理水策略。落实长江大保护要求，从水资源、水安全、水环境、水生态四个方面系统治理青山区水系。水资源方面，严格落实上级国土空间规划和专项规划确定的饮用水水源地保护区、河流管理范围线、湖泊蓝线、湖泊保护区，明确水系资源保护名录、界线与要求。青山区保护港东水厂、

武湖水厂两个饮用水水源地一级保护区，北湖、竹子湖、清潭湖、严西湖四个湖泊蓝线及湖泊保护区和长江管理控制线。水安全方面，通过疏挖扩宽北湖港、北湖大港等重点渠道，开展雨水花园、透水铺装、下沉式绿地等海绵设施建设，加强武惠堤整治，全面提升青山区防洪排涝系统。水环境方面，通过实施工业污染排放源整治、港口码头和船舶污染防控等举措，截控外源污染，消减入河渠污染物的总量。同时，强化江湖塘水环境治理、河湖支流港渠综合治理，全面提升全区水体水质。水生态修复方面，丰富江湖岸线植被群落，拓展生态缓冲空间，通过自然恢复、辅助再生、生态重建等多种生态修复方式，修复江湖生境，构建层次丰富的长江湿地景观肌理。

针对湿地系统，制定“护湿”策略。重点修复长江滩涂湿地，通过堤防与坡岸生态综合整治、湿地净化与水系连通、景观提升与生态修复三大工程，建设百里长江生态廊道 ，构建水陆交错带，实现生态湿地对水体的净化。同时，对严西湖、清潭湖、竹子湖采取地形微塑、缓冲带构建、植物和水生动物群落结构调整、生态水位调控等中小强度的人工辅助措施，引导和促进水生态系统逐步恢复。考虑到北湖与其他湖泊不同，原本在功能定位上就是作为武钢公司的应急事故湖和污染物沉积缓冲湖，多年来一直承担沿线企业、生活污染物、农业面源污染物受纳水体，水质污染相对严重。青山区针对北湖与周边被污染的成片水塘进行生境重构，建设人工湿地净化带，以表流湿地、水平潜流湿地等吸附、截留工业废水污染，与北湖污水处理厂共同形成“污水处理厂+湿地”的生态治污模式，建设成为集污水处理、休闲景观、教育科普于一体的生态新地标。

针对山林系统，制定“修山”策略。主要落实山体保护规划要求，以“一山一策”的形式对受损山体和废弃矿山开展生态修复。绿地体系建构方面，制定“织绿”策略。加强长江沿岸、主要交通干线、工业区周边及郊野公园的造林绿化，形成“三横四纵三环”的生态网络。“三横”为长江沿岸、武鄂高速、友谊大道—冶金大道三条横向生态廊道，“四纵”为三环线、四环线、焦沙路、绕城高速四条纵向生态廊道，“三环”为武钢森林生态环、化工区生态林带和环严西湖郊野公园。城市风道建设方面，提出“御风”策略。青山区按照“顺应自然、主动干预、持续改善”的思路完善风道体系，借助长江构建东西向长江自然风道，借助城市生态绿楔构建南北向“武湖—严西湖”自然风道，借助城市内部区域道路构建二环线、三环线、四环线、友谊大道四条人工风道，从而拆解城市热岛，送风入城。

（3）梳理生态修复逻辑，建立“格局—分区—单元”生态修复传导体系

青山区建立了“格局—分区—单元”三级传导的生态修复体系，通过格局构建、分区引导和单元划分重点解决生态修复工作中“哪些区域需要进行生态修复”“不同区域采用何种方式进行生态修复”“如何实施生态修复工程”三大问题[13]（图4-5）。在“一带一脉山水相拥，一楔四廊通江连湖”的生态格局和“长江边的生态要地、森林中的钢铁基地、湿地中的生态新城、公园中的魅力城区”的修复目标下，青山区将全区划分为长江生态廊道综合整治区、北湖新城绿色发展区、武钢周边生态修复区和青山老城生态提质区四大生态修复分区（图4-6）。

图4-5 青山区生态修复体系框架图

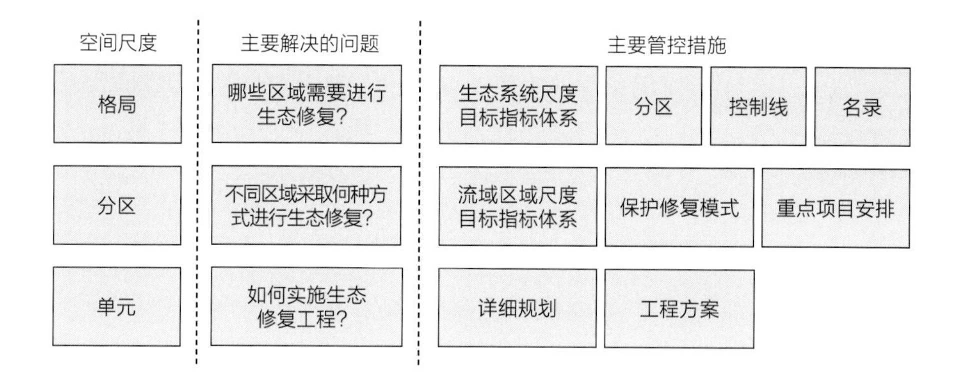

图4-6 青山区生态修复分区图

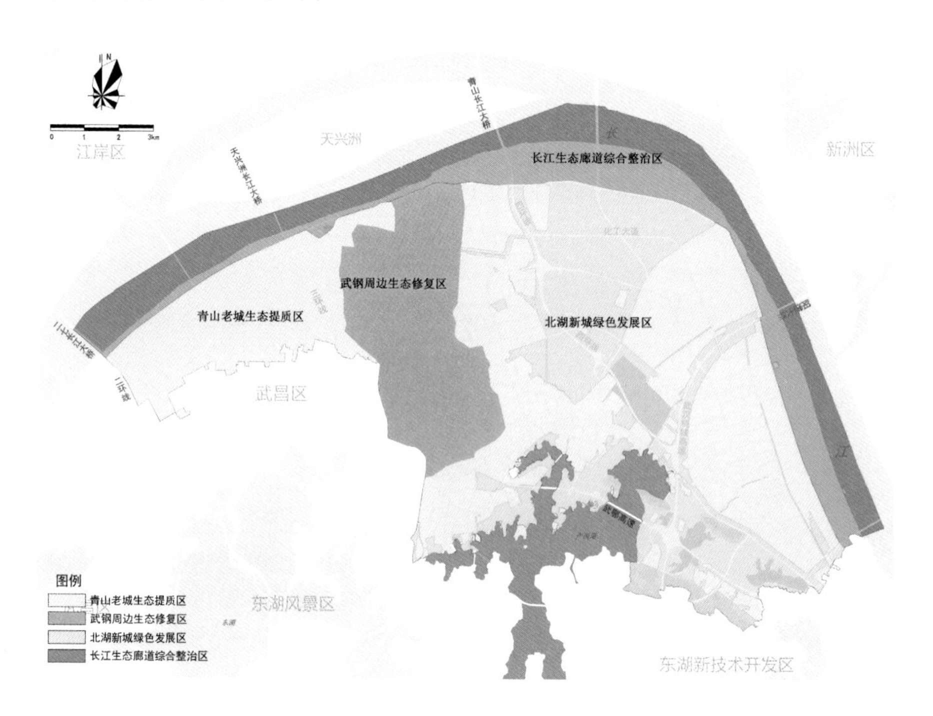

1. 长江生态廊道综合治理区

长江生态廊道综合治理区进行生态修复的目标是建设长江边的生态要地。武汉市青山区作为长江边上拥有丰富自然资源的城区，是维护长江生态系统平衡与稳定的重要一环，承担着保护自然环境、推动绿色发展、提升城市形象等多重使命。青山区31公里长的长江岸线从城市贯穿乡村、从生活区连通工业区，岸线景观丰富多元。因此，结合不同区段特征，青山区分段差异化建设城市客厅段、工业之窗段、长江湿地段、郊野绿道段四大主题岸线，打造集聚生态文明与工业文明、传承历史文化、功能业态多元的百里长江生态文明景观带、青山滨江城市秀带，实现青山江、岸、城和谐共生。

城市客厅段从二环线到三环线，紧邻青山区的城市生活区，是湖北省首个以海绵城市为理念建设的江滩，采用了地上江滩公园、地下防洪设施与雨水收集再利用设施的地下空间防洪墙设计技术，注入了文化、体育、餐饮、婚庆、亲子娱乐等多元休闲功能，建成集防洪、生态、民生于一体的综合性公园，并荣获国际C40城市奖“城市的未来”奖项。

工业之窗段从三环线到四环线，是紧邻武钢、武石化、青山船厂等老工业基地的一段岸线，这一区段滨江岸线分布有重工企业、工业码头待整治；同时这里也是青山区的发源地，拥有青山最具历史记忆的矶头山与青山古镇。这一区段重在沉淀青山的古镇历史与工业文明记忆，一方面结合青山历史建设江景一览无余的矶头山公园、古色古香的青山正街，另一方面开展工业厂房棕地改造与工业码头整治，策划筒仓艺术区、船厂公园等，还江岸于市民。

长江湿地段从四环线到绕城高速，是青山区东部生态农业空间里的一段原生态滩涂湿地，这里视野开阔通透、腹地广阔，是候鸟迁徙途中休息觅食、补充体力的“驿站”。这一区段以自然修复为主，人工修复为辅，更多是依托现有的自然滩涂，通过湿地水系连通、碧道连通、自然湿地修复，构建健康完整的湿地生态系统，守护候鸟迁飞通道，为候鸟营造更加生态的栖息环境，同时也为武汉市民游客提供亲近自然、体验郊野乐趣的休闲游憩空间。

郊野绿道段从绕城高速到白浒山码头，这一区段是化工园区的滨江段，以工业码头、自然滩涂为主，主要通过微介入的方式连通滨江绿道，保持原生态湿地景观，形成“湿地中的化工区”的绿色环保形象。

2. 北湖新城绿色发展区

北湖新城绿色发展区进行生态修复的目标是建设湿地中的生态新城。2019年经国家推动长江经济带发展领导小组办公室97号文件批准，武汉市获国家级城市殊荣——长江经济带绿色发展示范城市，青山区长江北湖生态绿色发展示范区作为武汉市长江经济带绿色发展示范实施方案的重点板块[14]，力争做到可复制、可推广的“四个示范”，即：“工业固废堆场”变“生态湿地”示范、“污水尾水入江”变“生态循环水质提升”示范、“循环化产业园”变“循环经济发展模式”示范、“水系统修复”变“生态循环再生”示范。因此，该分区重点从连通区域江河水系、构建多元净水系统、构建“网—圈—点”结合的空气净化防护体系、推进东湖绿心东扩四个方面开展生态修复工作，发挥该片区水资源特色，建设湿地上的生态新城。

北湖新城绿色发展区拥有河湖塘渠水域面积约26平方公里，滩涂湿地约7平方公里，存在水质不达标、环境污染压力大、资源特色未得到充分发掘等问题。因此，青山区首先开展流域综合治理工程，疏通长江湿地与农田港渠，将片区内部的水塘湿地与长江、湖泊连通，构建江湖塘渠的水系连通工程；通过长江湿地与北湖湿地实现污水尾水的生态循环净化，改善片区水质；通过水系连通发挥联合效应，增加调蓄容积，减少片区洪涝灾害；并以中水回用的方式将北湖污水处理厂进行尾水处理，作为片区水系的补水水源。其次，构建“长江滩涂湿地+长江森林湿地+农田港渠”的多元化净水体系，将北湖污水处理厂的部分尾水提升至长江滩涂湿地，通过气浮过滤系统、人工湿地等方式进行处理后水质达到四类水排入长江；部分尾水提升至长江森林湿地净化后水质达到四类水，再提升至补水口用作生态补水，生态补水经过港渠净化后进入长江森林湿地再次净化，达到三类水标准排入北湖。再次，考虑片区周边均为武钢、化工等重工企业，通过高斯大气扩散模型分析，选择在最大污染物浓度的位置增加防护绿地，形成网、圈、点结合的空气净化防护体系，屏蔽其对下风向的空气污染。最后，加强严西湖与东湖的联系，推动东湖绿心东扩，结合严西湖、竹子湖、清潭湖，以及周边的山体修复共建环严西湖郊野公园群。

3. 武钢周边生态修复区

武钢周边生态修复区进行生态修复的目标是建设森林中的钢铁基地。青山区因钢而生，如今实施老工业基地转型振兴，重点从大力支持武钢产城融合转型发展着手，以武钢及周边厂区的棕地改造修复为核心，采用生态修复或物理化学修复的方式对片区内土壤进行治理，稳固重金属污染物，统筹推进生态修复与工业文化遗迹和遗址公园建设、武钢环厂森林绿带建设，从而让郁郁葱葱的森林围绕武钢形成绿色屏障，隔绝园区污染物与噪声，减少工业生产对周边地区的环境影响，建设蓝天碧水净土的美丽家园，打造绿色转型发展的新样板。

4. 青山老城生态提质区

青山老城生态提质区进行生态修复的目标是建设公园里的魅力城区。四环线以西的滨江区域是青山区重要的城市生活区，该片区重在通过修复山体建设森林公园、强化既有公园特色、构建公园化街区网络等举措，全面提升人居环境与城市形象。首先，对该片区的矶头山、鸦雀山、营盘山等山体进行生态修复、绿化提升、边坡治理、林相改造、绿道建设，并注入多元化的旅游服务设施，打造游线连贯的城市森林公园。其次，改造提升和平公园、白玉公园、青山公园等老旧公园，继续推进区域性公园、带状公园、主题游园、口袋公园、街旁绿地等新公园的建设。再次，沿临江大道、和平大道、友谊大道等城市主要道路建设林荫景观道，引进城市立面绿化、“第五立面”绿化、城市海绵、棕地利用等生态前沿与特色园林建设模式，形成“景观大道—城市主干路—次干路—城市支路”的道路绿化体系，美化城市道路界面与景观形象。

为推动国土空间生态修复规划实施落地，青山区以要素系统化治理、空间完整性分布、修复规模适宜、修复项目集中为原则，进一步将生态修复工程聚焦到单元层面，在四大生态修复分区的基础上细分为百里长江生态廊道单元、环严西湖郊野公园单元、北湖流域综合治理单元、“五山两河”品质提升单元、武钢周边综合修复单元五个生态修复实施单元（图4-7），在单元范围内明确生态修复工程与项目库，形成多个特色化的生态修复集中示范展示区域。百里长江生态廊道单元重点开展湿地保护修复、岸线修复、国土空间增绿、人居环境提升与污染地块治理五类七项生态修复工程，形成江风凉爽、绿树成荫、岸线连贯的城市滨江休闲空间；环严西湖郊野公园单元重点开展湿地保护、人居环境提升、山体保护修复三类九项生态修复工程，形成山清水秀风景秀丽迷人、文教旅居多元功能荟聚的城市滨湖休闲空间，两个生态修复实施单元集中展示大江大湖生态修复与青山市民生活和谐相融的场景。北湖流域综合治理单元重点开展湿地保护、港渠治理、空间增绿、污染地块治理四类十项生态修复工程，形成碧道串珠链、湿地治污水的品质水空间，集中示范青山区由过去污水尾水入江转变为生态循环水质提升的治理样板。“五山两河”品质提升单元重点开展山体保护修复、污染地块治理、人居环境提升三类十项生态修复工程，集中展示青山区蓝绿交织、生态宜居的现代化城市生活场景。武钢周边综合修复单元重点开展武钢环厂森林带、厂区土地修复治理、白玉山明渠治理、厂区尾水提升湿地建设、武钢文化旅游区景观提升五类六项生态修复工程，打造“森林中的钢铁集体”，集中示范生态低碳化工业厂区建设。通过七类42个生态修复项目实施，青山区从饱含工业印记的江城逐渐成为如今生态宜居的“湿地之城”，以自身探索与发展阐释了沿江重工业城市的生态转型之路。

图4-7 青山区生态修复单元划分图

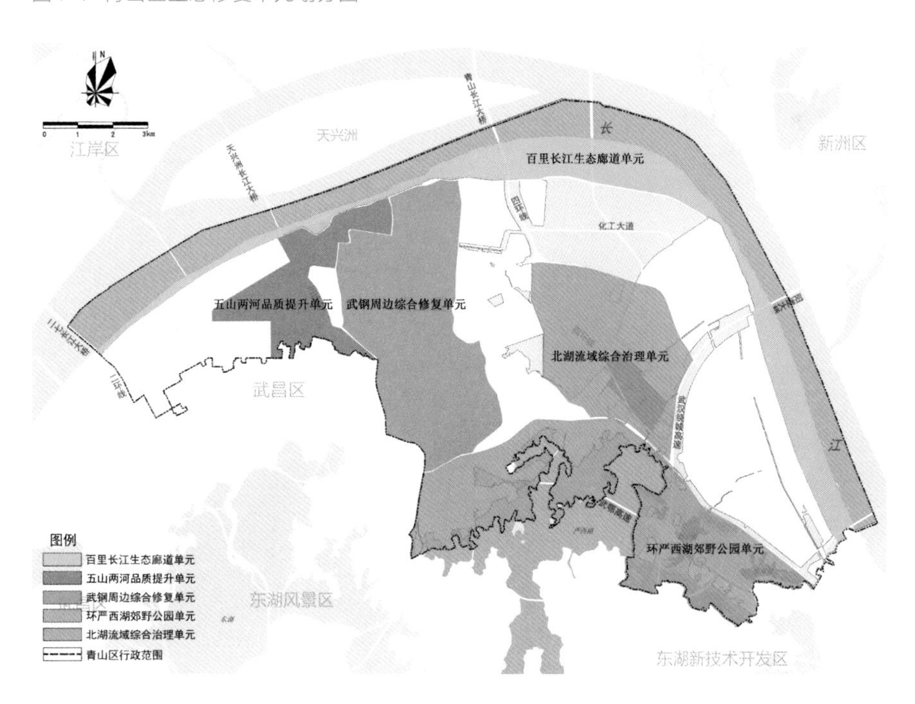

4.1.4 精细治理，城绿共荣

青山区城镇开发边界外长江沿线、武钢与化工区之间，均拥有面积广袤的生态空间与农业空间，占全区土地面积的45%，是连通“武湖—大东湖”生态绿楔、链接长江生态带与九峰山生态脉的重要生态廊道，对市域生态框架维育、城市山水格局构建意义重大。在过去重城轻乡的规划制度下，相较于城市地区成熟的规划编管体系，生态农业空间的规划编制、空间治理都相对薄弱，缺乏系统性、法定化的规划统筹分配各类资源要素，引导生态保护与建设。

因此，青山区在生态文明建设、乡村振兴战略、国土空间规划变革多重政策叠加的背景下，在武汉市西部城市建设空间已逐步成形的基础上，进一步聚焦东部城镇开发边界外自然资源汇聚、“三农”问题集中、规划管理矛盾交织的生态农业空间。在全市乡级国土空间规划工作部署安排下，积极组织开展了青山区城镇开发边界外地区的乡级国土空间规划，明晰该区域规划建设管理的方向路径，提升青山区城乡一体、全域全要素的精细化空间治理水平。

（1）重释生态保护与发展的关系，从矛盾对立走向合作统一

武汉市从2012年5月开始实施基本生态控制线管理，在市域范围划定了生态控制区（细分为生态底线区、生态发展区）与城市集中建设区，出台了《武汉市基本生态控制线管理条例》，规定了生态准入项目类型与管控要求，提出了既有项目清理处置意见。青山区控制基本生态控制线约50.05平方公里，其中划入生态底线区41.78平方公里，生态发展区8.27平方公里，涉及待清理的既有项目约52项。青山区在基本生态控制线划定之前，线内空间已经存在村庄居民点、工业企业、市政基础设施等建设活动；基本生态控制线划定后，一方面，村庄发展建设受到限制，该区域农村建设普遍落后、人居环境品质差，虽为中心城区的近郊村，但发展远不如远城区的乡村地区；另一方面，工业企业腾退搬迁难，虽已经给出了清理处置意见，但需要迁移的工业企业仍在地生产。总而言之，青山区被划入基本生态控制线的区域近十年发展几近停滞，城乡经济发展与面貌差距大，被当地人戏称为落后的“东三乡”。

究其深层原因，主要是基本生态控制线划定的基本逻辑是在资源倒逼机制下约束城市摊大饼式发展，避免城市不断蚕食生态农业空间，将生态农业空间作为城市建设发展的“底”进行思考的。在这样一种“图底关系”思维方式下，从城市需求出发，对生态资源强调的更多是简单的、被动式的保护，缺乏对这一区域既定存在的村庄居民点、旅游设施、田园综合体等各类建设诉求的有效应对，也并没有正视这一空间未来如何发展的现实问题。这种“重生态保护、轻发展诉求”的规划管控模式使得自上而下的政府规划意图与自下而上的地方社会经济发展诉求相矛盾，易引发镇村对于生态保护的“邻避效应”，致使镇村在无法获取社会经济利益的情况下，对生态控制区采取消极不作为的态度，甚至屡屡寻求各种方法对生态保护管控要求进行突破[15]。

随着国民消费升级和旅游休闲常态化，人们对生态控制区的观念与认知也随之发生变化，这一区域的土地结构与功能价值非农化趋势愈发明显，农业种养、林业生产等传统生态生产功能相对减弱，而对城市的生态低碳效用、旅游休闲功能则日益凸显[16]。在新时代国土空间规划改革的背景下，青山区改变发展与保护二元对立的传统发展观念，坚持生态优先，统筹平衡好自上而下的生态保护要求与自下而上地方发展诉求，在城镇开发边界外地区从乡级国土空间规划着手，全面推进该区域的高品质环境塑造、高质量发展和高水平治理，探索生态控制区“保护优先、以建促保、建保协同”的规划与建管模式。

（2）严守自然生态安全底线，塑造高品质环境

2022年11月，自然资源部下发湖北省“三区三线”划定成果，并发布政策文件指出，各地要切实将党中央、国务院批准的“三区三线”划定成果作为调整经济结构、规划产业发展、推进城镇化不可逾越的红线[17]。青山区基于“坚守底线、强化约束”的基本原则，在城镇开发边界外地区乡级国土空间规划中，严格落实生态保护红线、永久基本农田、耕地保护目标。同时，考虑该区域紧邻化工园区，为预防和减缓化工园区危险化学品潜在安全事故的影响，严格落实化工园区土地安全控制线、卫生防护距离，以及圈层梯度式的控制要求。落实《武汉市国土空间总体规划（2021—2035年）》《武汉市主体功能区体系和用途管制研究》等上位规划提出的强制性管控要求，如流域安全底线、历史文化保护线、主体功能区要求、长江管理控制线等；落实有关湖泊、山体等重要自然资源的保护管控要求（图4-8）。

图4-8 青山区城镇开发边界外地区规划约束汇总图

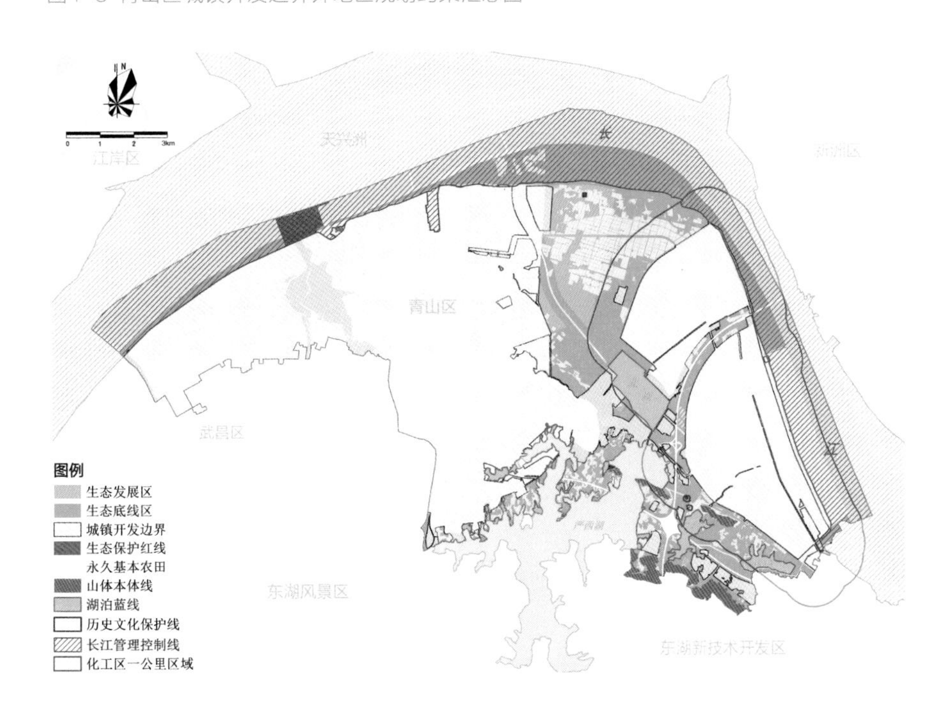

在严格保护各类自然资源，守护生态安全底线的前提下，青山区还通过系列举措重塑该区域的景观形象，推动其从城市发展背面走向城市花园客厅。一方面，基于该区域山水林田湖的自然资源特色，差异化谋划都市田园、生态湿地、滨湖观光、山地休闲四大主题郊野公园集群，形成特色化景观风貌。都市田园郊野公园集群基于集中连片的永久基本农田、青山萝卜与建州菜薹等农产特色，通过农作物现代化规模种植，形成观赏价值较高的大地农田景观，通过田间道路沿线种植镶边花卉植物，避免裸露土质，通过村湾环境整治与闲置地利用，打造宜居宜业的和美乡村，从而形成江汉平原一望无垠、生机勃勃的诗意田园景象。生态湿地公园集群主要基于现状空间连片、水质已受工业废水污染的坑塘和北湖，参照杭州西溪国家湿地公园、西安航天基地水质净化科普教育公园等湿地建设案例，通过生境修复与重构形成人工生态湿地，营造塘渠密布、绿树成荫、湖中有岛、岛中有湖的湿地景观。滨湖观光郊野公园集群则借助严西湖岸资源，通过滨湖绿道与景观的建设，形成碧波万顷、惬意迷人的滨湖风光。山地休闲郊野公园集群主要是依托清潭湖区域四座自然山体，通过山体修复与景观打造，形成青翠郁葱、连绵成带的山地景观。另一方面，从线状道路景观着手，强化四环线、绕城高速、武鄂高速、青化路、右岸大道等区域性道路的沿线景观，提升旅客通行体验，建设青山区通城连乡的畅行风景道。同时在四大主题郊野公园集群内，凸显现状“田、渠、花、林、路”的景观特色，通过整治既有河渠和道路、维育林带和蔬田、增种乡土草本花卉，并运用巧思设计景观等方式打造青山区诗意田园的漫游风景道与亲山近水的特色生态步道。最终以高水平保护塑造高品质环境，并以此作为青山区高质量发展的重要支撑。

（3）兼顾生态功能与民生福祉，推动高质量发展

1. 推动新旧动能转换，发展生态友好产业

《自然资源部　国家发展改革委　农业农村部关于保障和规范农村一二三产业融合发展用地的通知》明确提出，规模较大、工业化程度高的产业项目要进产业园区，具有一定规模的农产品加工要向县城或有条件的乡镇城镇开发边界内集聚。《武汉市基本生态控制线管理条例》同样提出，工业项目原则上应进入工业园区集中建设。目前，青山区在城镇开发边界外围拥有不少于60家工业企业，且均为机械制造、建材家具等重工业，产业功能与城镇开发边界外地区、基本生态控制线的现行政策不符，产业生产会对生态环境保护、生态景观塑造产生消极影响。因此，青山区对现状产业用地进行系统盘整，根据其对生态环境的影响情况、用地审批情况等提出保留、改造、腾退等处置意见，引导鼓励城镇开发边界外的工业项目向城镇开发边界内的工业园区集中，为农村新产业新业态发展腾退空间。

产业发展空间腾退出来之后，青山区基于禀赋特色、政策导向、客群诉求、市场趋势等多维度分析，以生态、农业作为产业发展底色，通过生态、农业与服务业、农产品加工业的有机融合，在城镇开发边界外构建了生态友好、三产融合的“2 + 1 + 3”产业体系，以此实现城镇开发边界外的新旧动能转换和农村一、二、三产业的融合发展（图4-9）。其中，“2”是以特色蔬菜种植、循环水产养殖为主的都市精致农业和花卉苗木产业；“1”是农业产业链延伸出的第二产业，即农产品初加工、生鲜物流运输为主导的农产加工流通产业；“3”是农业产业链延伸出的第三产业，即以农业社会化服务、农村电商为代表的现代农业服务产业和健康度假产业、教育研学产业。

图4-9 青山区城镇开发边界外地区产业体系框架图

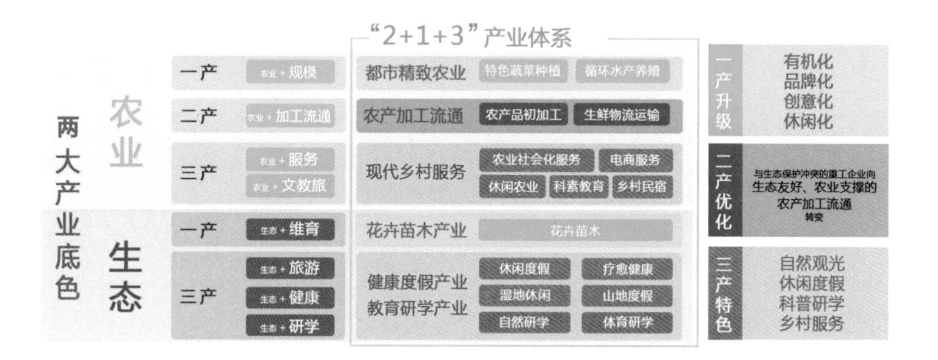

产业空间上，形成“一带引领、组团发展，多心驱动”的产业空间结构。依托长江及沿岸滩涂绿地建设集生态维育、城市休闲、文化展示功能于一体的百里长江生态文化景观带。结合自然资源特色和四大主题郊野公园集群的塑造，差异化谋划产业发展路径，打造四个特色产业组团（图4-10）。其中，蔬乐新野都市田园组团依托北部滨江区域集中成片的耕地资源和林地资源，发展特色蔬菜种植、花卉苗木种植、农业社会化服务、农产品加工流通、休闲农业和乡村民宿等产业；北湖湿地治理展示组团依托北湖和集中成片的水塘等水资源，加强湿地生态治理，发展湿地休闲、科普研学、治理展示、水产养殖等产业；活力共享运动研学组团依托滨湖资源、张公山寨和国际青年营等旅游资源，发展运动研学、休闲度假等产业；湖光山色康养度假组团依托山水湖田自然资源，联动城镇开发边界内建设用地，发展自然康养、山地度假等产业。同时，在各特色产业组团中，选择条件成熟、发展空间充裕的区域，打造多个核心与节点带动组团产业振兴发展。

图4-10 青山区城镇开发边界外地区产业空间结构规划图

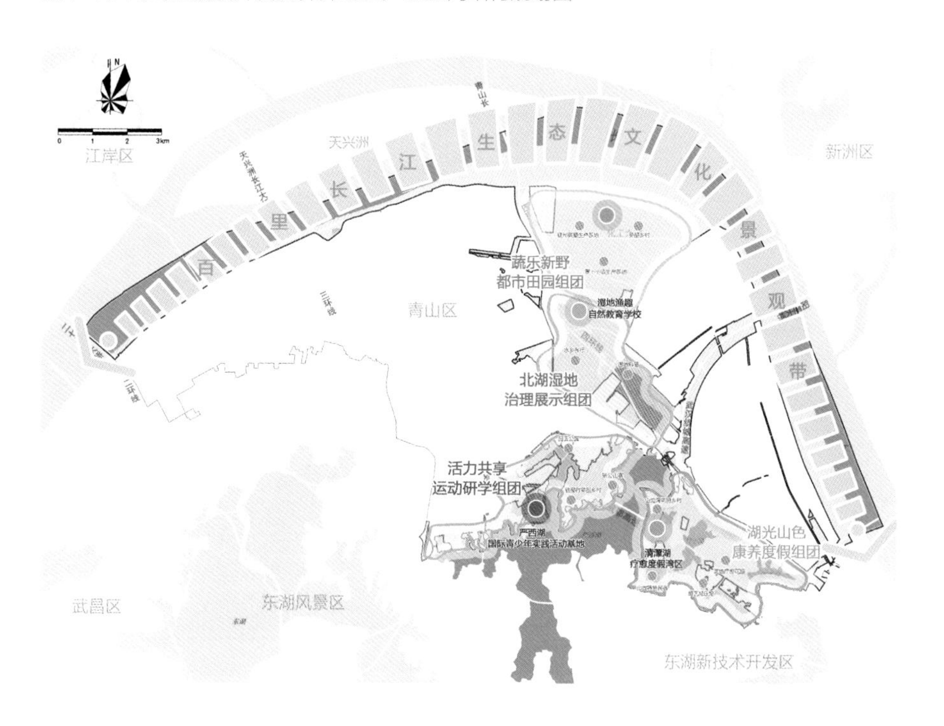

产业发展上，打造百里长江生态文化景观带，建设一处严西湖城市休闲湾区和一片功能复合的城市绿楔。百里长江生态文化景观带重在响应建设长江国家文化公园的战略要求，修复长江沿线湿地生态，结合区段特征，分段差异化打造集聚生态文明、工业文明、历史文化、功能多元的百里长江生态文化景观带。严西湖城市休闲湾通过强化文化IP赋能旅游发展，突出产城人文湖深度融合，围绕城市湖泊资源建设活力共享运动研学组团、湖光山色康养度假组团两个产业组团，并联动白玉蓝城城市空间，通过“文旅+”“创新＋”双轮驱动，实现城乡联动、城景互动的融合发展态势，将严西湖沿岸建设成为荟聚文教旅居产等多元功能的先锋产城湾区、生态文旅湾区、美好人居湾区。功能复合的城市绿楔主要结合生态资源禀赋特色，植入“生态＋”多元社会功能，建设蔬乐新野都市田园组团、北湖湿地治理展示组团两个产业组团，打造城绿共生、功能复合的城市绿地开敞空间。

2. 探索近郊乡村振兴路径，开启乡民美好生活

青山区除城市建成区外还拥有武东、白玉山、八吉府三个街道32个行政村，是武汉市中心城区中保留农业人口最多、蔬菜种植面积最广、农田排灌水渠最长、村级集体组织最多的一个城区[18]。这里的村庄不完全等同于通常意义上的城中村，他们的土地并没有被全部规划为城市建设用地，32个村庄中有17个行政村处于城镇开发边界外，虽紧邻城市却又是传统意义上的乡村。2004~2013年，武汉市完成了83个城中村的改造[19]，但在基本生态控制线与风景区的“绿中村”“景中村”，或处于城市发展边缘区的乡村并没有迎来“改头换面”的机会。青山区东部的这些“绿中村”在城市的笼罩下，没有跟上城市建设发展的步伐，逐渐成为边缘化、被遗忘的乡村。在乡村振兴战略下，青山区改变传统“拆外补内、村民变市民”的城中村改造模式，进一步探索就地拆建、“村产＋村居”的美丽乡村改造模式。

通过衔接已有的村庄规划成果，对接未来的美丽乡村创建需求，收集原住村民们的迁并意愿，避让生态控制线、化工区安全防护线、市政黄线、规划道路红线等规划控制线，青山区将自上而下的规划引导与自下而上的村民意愿相结合，优化村庄居民点空间布局，构建了“1个重点村—2个中心村—2个基层村”的三级村庄体系。其中，重点村为崇阳村，中心村为胜强村和新村村，基层村为后山村山边湾和星火村。明确了扩新型、保留型和控制型三种村庄类型。其中，扩新型是指未来重点发展与投入的村庄，可全部新建或部分新建，崇阳村、新村村、胜强村均规划为扩新型村庄。这一类型村庄应结合村庄产业发展，完善村庄公共服务和基础设施建设，支持其向农业产业化、专业化、特色化发展，打造成为乡村旅游、农旅融合的近郊乡村发展典范。保留型是指对现状村庄建设用地予以保留，但不进行扩建和过多新增设施投入的村庄，后山村山边湾、星火村为保留型村庄。这一类型的村庄重点开展人居环境整治，结合农业资源特色改进种植结构，提高农业生产效率，打造成为乡村环境微改造共建示范村。控制型是指对现状村庄建设用地严格控制，条件成熟时进行迁并的村庄，全部或大部分空间在城镇开发边界内的行政村规划为控制型村庄，支持其延续“拆内补外、村民变市民”的城中村改造模式。

在建设用地管控方面，青山区严格限制乡村地区新增建设用地和占用耕地的情况，保持城镇开发边界外村庄建设用地总量不增加（图4-11）。坚持“一户一宅”和“户有所居”，鼓励优先利用现有村庄内的空闲地、低效地安排村民住宅，剩余村庄建设用地可作为集体经营性建设用地，为乡村产业项目提供空间腹地。对确有需要新增建设用地的，原则上应通过现状建设用地增减挂钩；对于有“点状用地”需求但一时难以明确具体位置的建设用地，待项目规划审批时再落实指标、明确规划用地性质。

为进一步提升乡村地区生活服务品质，青山区遵循基础性公共服务设施均等化、便捷化原则，参考公共服务设施配置的相关标准，明确了村庄基础性公共服务设施配建标准和布局要求，形成了宜居、宜业、宜游、宜养、宜学“五宜社区”

图4-11 青山区城镇开发边界外地区村庄用地布局规划图

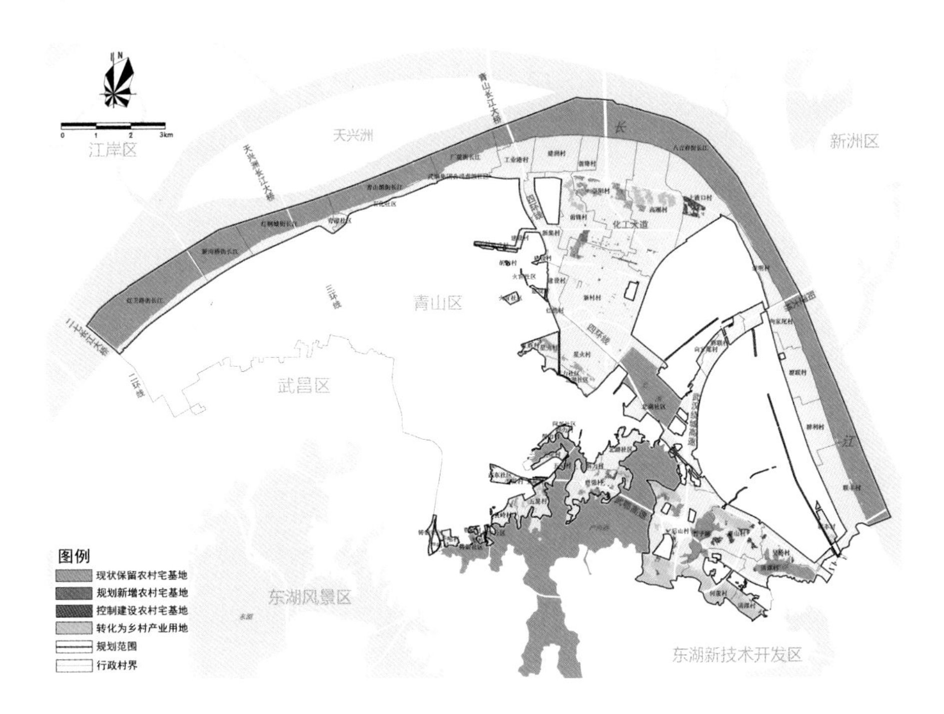

服务下沉模式，在乡村地区构建了步行15分钟的乡村生活圈。同时，考虑到该区域紧邻城市建成区，且村民们愈发重视小孩教育与老人医疗等民生问题，上学与就医多选择去城市。因此，青山区遵循城郊融合理念，按照高等级公共服务城乡共建、服务共享的原则，让城镇开发边界外的村民们同市民共同享用城市内优质的医疗、养老、文化、体育、教育等高等级公共服务设施，构建车行15分钟的城乡一体生活圈。最终，通过美丽乡村建设、公共服务提升、乡村产业谋划等多措并举，建设生态优、环境美、产业兴、消费热、农民富、品牌响的武汉市近郊美丽乡村。

（4）重塑国土空间开发保护格局，推进高水平治理

1. 优化国土空间开发保护格局，促进城乡统筹协调发展

青山区在全区"一轴一带、三城三区"区域战略布局的基础上，打通了城镇开发边界内外关系，对城镇开发边界外地区进一步细化功能结构，构建了"一带引领，一湾聚能，一楔通江连湖；四园赋力，多心驱动，多廊通城链乡"的国土开发保护格局（图4-12）。其中："一带引领"是以长江生态带为引领，绘就长江生态底色，建设百里长江生态文化景观带；"一湾聚能"则是围绕严西湖湾，荟聚文教旅居多元功能，建设严西湖城市休闲湾区；"一楔通江达湖"是以青山区南北向生态绿楔连通长江和严西湖，形成城市自然风道，为城市通风降温；"四园赋力，多心驱动"是建设蔬乐都市田园、北湖湿地展园、严西湖研学乐园、清潭康养家园四个主题郊野公园，并以萝卜小镇、康养小镇、青少年活动基地等多个功能节点为驱动带动园区发展。"多廊通城链乡"是借助四环线、绕城高速、武鄂高速、右岸大道等区域道路交通和沿线绿化，打造多条连通规划区与青山城市地区、花山地

图4-12 青山区城镇开发边界外地区国土开发保护格局图

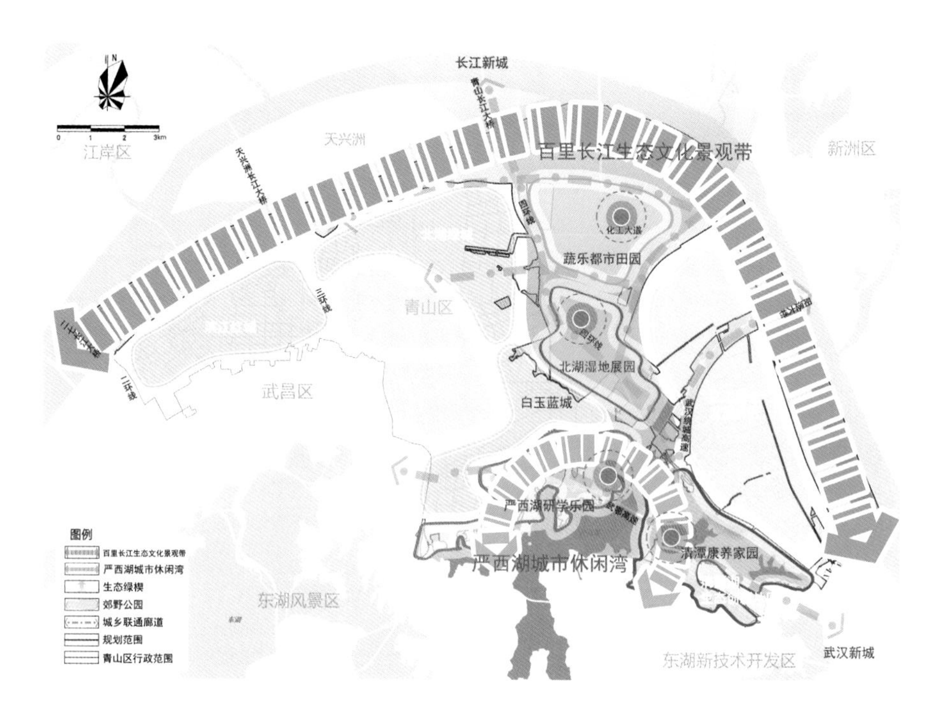

区、新洲区、长江新城、武汉新城等城市区域的城乡连通廊道，实现区域快达片区漫游、城乡设施共建共享，建设城乡共荣的青山。

2. 统筹配置资源要素，谋划全域全要素用地布局

在生态文明建设引领下，青山区严格落实“三区三线”划定要求、资源约束传导要求，将空间优化与减量提质理念贯穿规划编制实施全过程，统筹配置各类资源要素，谋划全域全要素用地布局。在建设用地减量化发展思路下，着重选取山边、水边、区域高架道路等重要的生态景观界面推行建设用地减量，全面提升山水廊道景观形象；并对位于化工园区土地规划安全控制线内的建设用地进行减量，保障片区生产生活安全。同时，落实已批复新增建设用地、衔接基本生态控制线既有项目清理处置意见，保障生态友好产业发展空间、和美乡村生活空间、公共服务与交通市政设施服务空间，预留5%的建设机动指标，为未来发展预留充足用地空间，以此应对项目建设的不可预见性。最终形成“全区域空间覆盖、全要素统筹融合”的用地布局规划方案，推动青山区城镇开发边界外地区的空间管制向城乡统一的土地用途管制深化细化，实现这一区域建设空间集约化、减量化利用和非建设空间功能化、生态化发展。未来还将进一步纳入武汉市规划管理信息平台，理顺管理机制和业务流程，明确管理目标和标准，建立规划信息化管理的规程体系，以信息化促进青山区城乡空间治理的精细化。

4.2 产业复兴——产业转型升级，重塑发展动能

青山区因武钢而生，开启了新中国的“工业化梦想”，成为60—80年代国家战略重点地区、武汉地区的经济支柱。可以说：武汉光谷璀璨的今日，就是青山曾经辉煌的昨天。然而，随着时代变迁，我国从工业时代迈向信息时代，新中国成立初期实行的重工业优先发展战略已经成为过去时。钢铁化工传统产业供需格局发生重大变化，供强需弱、产能过剩，重工行业呈现断崖式下跌，开始走向没落，亟待寻求产业转型的出路，以钢铁化工等重工产业立区的青山区也同样面临城市转型的困境。

青山区深知，城市转型的关键与核心在于产业转型，产业能否顺利转型升级决定了城市未来的发展水平与综合竞争力。经过多年的摸索与实践，青山区以产业多元化战略为指引，通过钢铁化工等传统制造产业转型升级、战略性新兴产业与数字经济产业壮大培育、文化创意与现代服务业突破性发展等举措，破解青山区城市经济重度依赖钢铁化工等重工国有企业的发展困局，推动原来以钢铁化工重工产业为主的单一产业格局转变为制造业、高新技术产业、现代服务业、新兴产业等多元产业共同发展的产业格局。从而加快全区新旧动能转换升级，加强与长江新区、东湖高新区、武汉新城等的区域发展协作，建设新时代高质量发展的“五谷青山”——青山数谷、青山智谷、青山创谷、青山匠谷、青山氢谷，探索出青山转型升级和经济高质量发展的创新路径。青山区作为武汉老工业基地历史上因产业而兴，新时代发展也将依托产业转型升级再次振兴。

4.2.1 重工转型，制造升级

尽管青山区现在钢铁化工产业发展不如从前，但在“十三五”期间，钢铁、石化仍是青山区的支柱产业，其工业总产值占青山区工业总产值高达83%。因此，在推动产业转型升级时，青山区并未完全摒弃传统重工产业进行产业更新，而是借鉴美国匹兹堡的转型经验，仍然保留了钢铁化工等传统制造产业，推动其转型升级，让传统制造产业在城市转型过程中发挥重要的兜底作用，并在产业转型升级完成后能持续充实地区经济。

（1）钢铁产业转型升级

在中国计划经济巅峰时代诞生的青山武钢，由于过分依赖取向硅钢技术垄断，且未进一步在容器、舰船、桥梁、铁路用钢等方面同步推进装备升级与技术突破，导致宝钢、鞍钢、首钢先后攻克取向硅钢技术和市场堡垒、市场竞争进入白热化阶段时，武钢硅钢产品盈利能力大幅下滑。2012年，钢铁行业进入冰冻期，武钢集团的亏损额陡然攀升，2012～2015年这四年间武钢集团净亏损12.69亿元、15.49亿元、84.32亿元、114.14亿元，转型升级已箭在弦上不得不发。

2016年7月，国务院办公厅发布《关于推动中央企业结构调整与重组的指导意见》，提出在国家产业政策和行业发展规划指导下，支持央企之间通过资产重组、资产置换、无偿划转等方式，将资源向优势企业和主业企业集中。在党中央

推进供给侧结构性改革和深化国资国企改革的重大战略部署下，同年9月22日国务院国资委同意宝钢集团有限公司与武汉钢铁（集团）公司实施联合重组，组建中国宝武。宝钢集团更名为中国宝武钢铁集团有限公司，作为重组后的母公司；武钢集团整体无偿划入，成为宝武钢铁集团的全资子公司[20]，更名为武钢集团有限公司。联合重组后，中国宝武明确了“一基五元”的战略业务布局，以推动传统钢铁产业与企业的转型升级。即：以绿色精品智慧的钢铁制造业为基础，新材料产业、智慧服务业、资源环境业、产业园区业、产业金融业协同发展。

聚焦钢铁企业转型升级，武钢集团被定位为产业园区业的骨干企业，经过改革清障、探索实践，从2020年7月开始全面聚焦转型发展产业园区业。重点开展存量土地和房产资源的挖潜利用，积极践行“产业空间构建者、产业园区运营者”职能，实施“1345”发展战略，推动产城融合，充分释放其在城市钢厂转型、现代产业园建设、工业遗存保护开发、生态圈高科技产业引流等方面的价值。以武钢厂区为主体，集约出1/3的土地（7平方公里），遵循“厂区—园区—城区”的发展理念，实施园区“一基地五组团”规划，建设钢铁制造基地和现代物流组团、循环制造组团、智慧商务组团、综合服务组团和研发创新组团[21]，实现武钢与青山的产城共融、资源共享、功能衔接。

聚焦钢铁产业转型升级，武钢集团按照“三不减、三提升”（产能、空间、能耗不减，技术、产品、产业提升）的原则，引导钢铁产业在结构调整中向精品化转型、融合发展中向智能化转型、改造提升中向绿色化转型[22]。

一是精品化转型。重点围绕行业需求，开发高强度、高耐蚀、高能效、高性能的钢铁材料，在汽车用超高强钢、新能源汽车用无取向硅钢、热轧超高强钢、深海用管线钢等产品实现突破，在炼钢、热轧、冷轧、硅钢等领域技术水平达到世界先进水平，在薄板坯连铸连轧全连续平台技术BSCCR、干燥煤炼焦、大废钢比冶炼、耐热细化磁畴取向硅钢、超高磁感取向硅钢等钢铁制造技术上实现重大突破。打造轨梁国内一流品牌、国内最高端的热轧商品材基地、国内高端冷轧汽车板基地、国内最具竞争力的硅钢生产基地（图4-13）。

图4-13 青山区钢铁及新材料产业链图谱

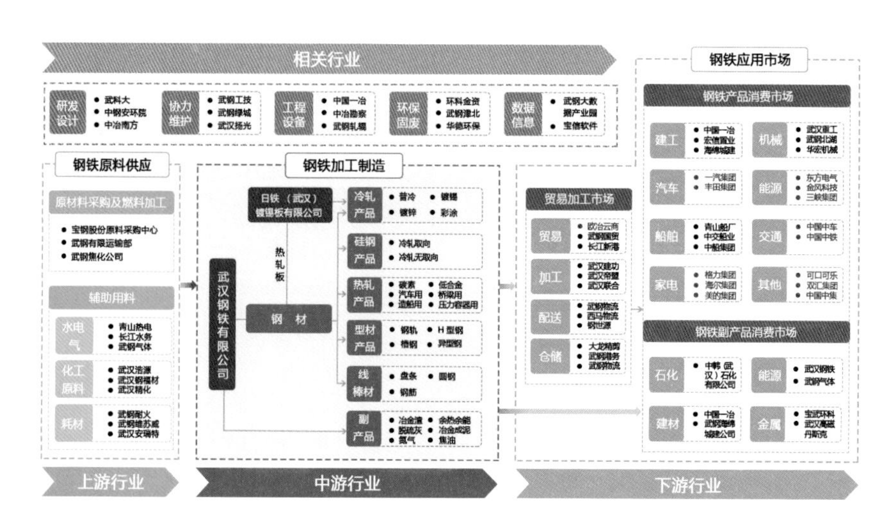

二是智慧化转型。加快推进钢铁制造信息化、数字化与制造技术的深度融合。建立智慧示范工厂，以BSCCR智能产线为载体，形成全流程智慧制造试点示范；推进智能装备与感知技术应用，研发与质量要素、生产效率关系密切的检测技术、智能装备及工业机器人关键共性技术，实现提质增效；推进生产过程控制全自动化，研发炼钢、热轧、冷轧等全产线生产过程全自动化关键共性技术，提升过程自动化控制水平；推进大数据、人工智能技术在企业的深度应用，实现决策智能化。推进生产过程控制全自动化，提高柔性化生产组织与成本综合控制能力，实现提质增效。

三是绿色化转型。推动绿色城市钢厂建设，通过实施技术改造，开展超低排放改造，推进大气治理、水环境治理、土壤治理，持续推进厂区亮化、绿化和美化，全面达到超低排放标准及环保A级企业标准，实现“废气超低排，废水零排放，固废不出厂”[23]。

（2）石化产业转型升级

20世纪五六十年代，武汉地区石油化工工业基础非常薄弱。随着国家经济的发展，武汉地区对石油产品的需求日益增多。1971年，为了缓解武汉地区能源供应紧张局面，满足武钢的发展需求以及解决湖北、武汉地区工农业生产和市场的石油产品需求，湖北省作出了在武钢北面建设炼油厂的决定，武汉石油化工厂应运而生，生产的重油作炼钢燃料，轻油则综合利用，发展石油化工、橡胶塑料纤维产业。历经近50年的发展，武汉石化已经从单一的250万吨常压拔头装置的炼油厂逐步发展成为800万吨炼油、110万吨乙烯的炼油化工一体化企业，成为华中地区最大的炼油化工生产基地[24]。2019年7月，中韩石化与武汉石化合资重组为中韩(武汉)石油化工有限公司，在长江大保护与生态文明建设的背景下，开始进一步探索石化行业的增产减污转型路径。

一是聚焦化工企业转型升级。综合考虑工业生产集聚效应、化工行业全产业链构建与空间关联关系，统筹优化化工区产业空间布局，推进武石化炼油老厂搬迁进入化工区，建设炼化一体化基地。同时，扎实推进节能减排、绿色环保设施建设，大力发展低碳经济、绿色经济和生态经济，着力构建循环经济产业链，减少工业废弃物最终排放量，推进化工企业清洁生产，创建绿色企业、绿色园区。通过最大限度地挖掘分工潜力和专业化效益，不断提升产业配套能力，努力实现青山化工区原料产品项目一体化、公用工程环保一体化、安全消防应急一体化、物流储运传输一体化、智能智慧数据一体化、管理服务金融一体化，建设生态、智慧、集约、安全、科创的现代产业园区。

二是聚焦化工产业转型升级。推动传统石化产业升级改造与下游产业链培育，持续优化产业结构，推进“油转特”“油转化”项目建设，实现传统石化行业由炼油化工型向化工材料型转变。打造以乙烯为核心、多条深加工产业链为主体的产业格局，全面建成以武汉炼化一体化基地为支撑、化工新材料和精细化工为主导的生态型石化及新材料产业基地。升级改造石化产品，加快炼油结构调整、乙烯脱瓶颈改造、轻烃配套项目建设，提升乙烯、丙烯产能，优化产品结构，加大产品升级，提升附加值和新材料占比。延伸石化下游产业链。在乙烯下游四条产业链企业技术改造基础上，向新经济、高技术、高附加值延伸，重点构建延伸乙烯、丙烯、芳烃、环氧乙（丙）烷（EO、PO）等六大主导产业链，打造以电子化学品材料、高性能膜材料、新能源材料、生物医用材料、环保材料等生态型新材料为特色的产业集群（图4-14）。

图4-14 青山区石化及新材料产业链图谱

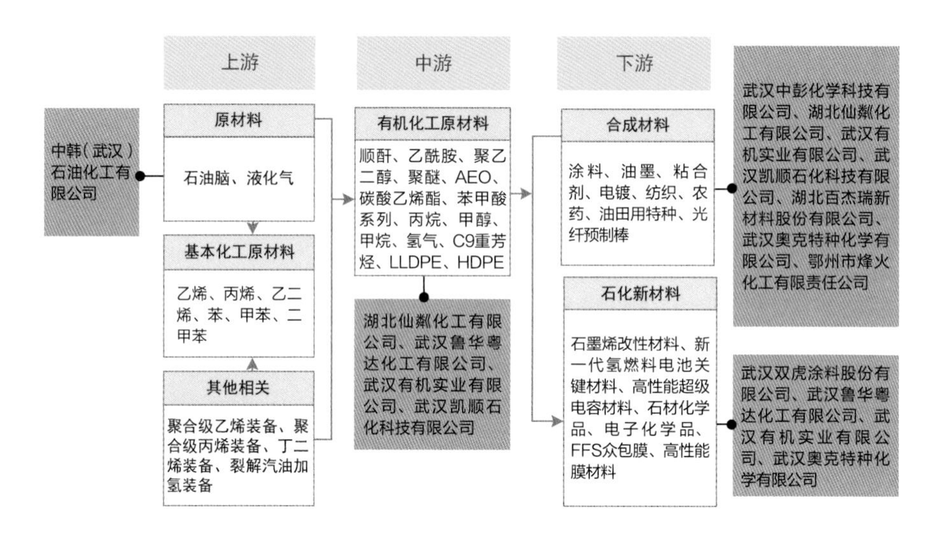

（3）战略性新兴产业跨越式发展

《中共中央关于制定国民经济和社会发展第十四个五年规划和二〇三五年远景目标的建议》提出，加快壮大新一代信息技术、生物技术、新能源、新材料、高端装备、新能源汽车、绿色环保以及航空航天、海洋装备等产业，推动互联网、大数据、人工智能等同各产业深度融合，培育新技术、新产品、新业态、新模式[25]。青山区在做好钢铁石化等传统产业“焕新升级”的同时，更注重高端装备制造、新能源等新兴产业的“育新提能”，全力培育产业发展新动能、拉升产业增长新势能，优化全区经济效能，开启老工业基地的新型工业化新征程。

1. 提质升级，构建新装备产业生态圈

依托461、471厂等企业优势，以高端船舶与海洋工程、燃气轮机、核电设备、节能环保等核心零部件为突破点，推动智能制造关键技术装备、智能制造成套装备、智能产品研发。支持核心制造装备企业整合上下游产业链，推进产业迈向中高端，打造“青山智造”品牌，构建具有核心竞争力的创新型装备制造高地。

做大做强高端装备关键功能部件。依托本地钢铁原材料优势，瞄准国内急需和国际需求，促进产业链向下游高附加值钢铁制品拓展，打造高端紧固件等核心零部件产业集群。巩固和发挥武汉船用机械、武汉重工铸锻等企业核心优势，推进行业科研要素、平台机构和优势企业集中集聚，升级和配套发展大型装备关键功能部件产业，打造装备关键部件研发试验和产业化基地。瞄准先进海工装备，推进相关系统产品提质增效，形成海工辅助平台总体解决方案能力。支持军民融合，依托优势企业，升级发展高端船舶与海洋工程、燃气轮机、核电设备、节能环保等核心基础零部件。围绕先进船舶需求，推广模锻、半模锻绿色制造技术，大力发展轴舵系锻件，积极发展多品类中、低速柴油机曲轴锻件。面向核电配套需求，加强核电超级管道、深海钻井用隔水管研发生产，扩大机械贯穿件用套管、核用不锈钢市场份额。开拓新领域，发展燃气轮机配套件、冶金轧辊锻件、海油开采设备锻件等非船锻件及桥梁支座，提升汽车锻件用模架、航天用模具、风洞装置集成制造能力。聚焦核心基础部件领域，引进培育专业化科技型企业，推动智能测控装置研发和产业化，开发精密传动装置、新型传感器、智能测量仪表等主要功能部件。

推进节能环保装备制造业。依托区域装备制造基础，对接国内外污水处理设备知名企业，依托光化学脱色、激波传质厌氧生化及膜分离项核心技术，促进污水处理设备产业发展。依托武汉东湖高新区光电子信息产业发展优势，主动对接聚光科技、先河环保、盈峰环境等环境监测仪器设备企业，推进环境监测设备向智能化转变，配套做好环境监测服务。以工业化、信息化融合和制造业服务化推动环境监测智能设备产业发展，打造环境监测智能设备生产基地（图4-15）。

图4-15 青山区新装备产业链图谱

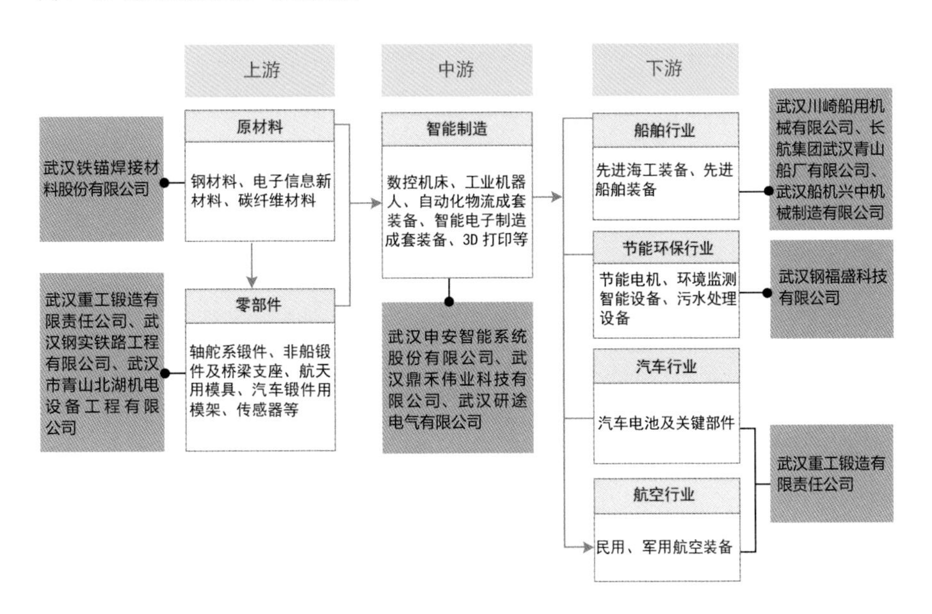

2. 协同发展，积极探索新能源产业新业态

氢能被誉为“21世纪的终极能源”，是未来国家能源体系的重要组成部分，也是战略性新兴产业和未来产业重点发展方向。青山区拥有全国重要的钢铁、石化制造业基地，钢铁化工副产氢资源丰富，已经形成了以工业副产氢回收和非能源利用的氢能上游产业。同时，在钢铁、化工、新材料、装备制造等领域拥有较为雄厚的产业基础，有利于在氢气储运装备制造、关键零部件生产、氢燃料电堆新材料研发等方面培育和引进氢能下游企业。因此，青山区高度重视氢能产业发展，将氢能产业作为支撑全区未来发展的战略性新兴产业重点培育，制定出台了《青山区氢能产业中长期发展战略与规划（2022—2035年）》《青山区推动氢能产业发展工作任务分解方案》等系列文件，努力建设中部地区氢能管道运输枢纽、高

端氢能产业集聚区、氢能制储运成套装备和关键零部件生产基地，奋力打造“华中氢能产业之都”。

在氢能产业发展思路上，青山区重点从以下五个方面着手，构建“制储运加用”氢能全产业链，系统推进氢能产业突破性发展。一是夯实氢能产业基础，加快引进氢能优质企业，形成氢能产业集聚效应。二是完善氢能产业体系，构建多元化的制氢体系和储运体系，确保氢能供给稳定与运输安全。三是打造氢能产业园区，一方面依托化工区建设全产业链的氢能产业示范基地，另一方面联合宝武清能产业园、环保科技产业园等相关产业园区协同发展。四是构建氢能技术平台，通过“政府引导、企业主体、院所赋能、高效协同”的合作机制，建设国内一流的氢能产业研发平台，引领氢能产业创新发展。五是拓展氢能示范应用。聚焦公共交通、现代物流等领域的氢能产品研发制造，持续拓宽氢能“应用链”，加快全区绿色低碳转型。

在氢能产业链建设上，青山区已初步形成了以宝武清洁能源有限公司（以下简称“宝武清能”）和中韩石化等企业为上游、钢研楚天和融通汽车等企业为下游的产业链条。其中，上游制氢环节，宝武清能武钢气体焦炉煤气制氢、中韩石化制氢、广钢气体华中气体岛等项目已竣工投产，为青山区氢能产业发展提供了坚实的原料基础；中游储运环节，中冶武勘已实现地下储氢技术突破，同时青山区出台了相关的氢能支持政策，储氢技术与运氢政策均有强而有力的保障；下游应用环节，青山区持续推进白玉山加氢站、群力综合能源站等加氢站的建设，为氢能车辆提供便捷的加氢服务，进一步推动了氢能车辆的应用与普及（图4-16）。

图4-16 青山区氢能产业链图谱

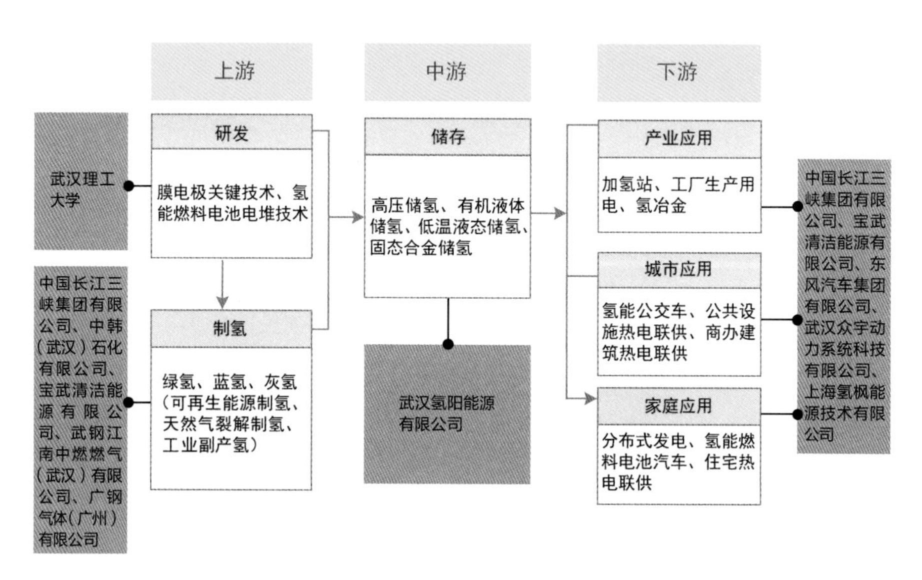

同时，为进一步发挥氢能产业优势，推动产城融合发展，青山区谋划了一座集科技、创新、生态、零碳、人文于一体的北湖绿城氢能产业小镇。小镇以氢能全产业环节展示应用为核心，打造研发和集成应用示范区，未来将重点承担氢能

的应用示范、研发生产、产业服务、生活配套等功能。发展思路上，一方面利用小镇南北联动武钢创新转型区、青山氢能三园，打通全区氢能“生产—研发—体验—展示”的发展路径，打造一条氢能示范单元串联、产业功能集聚的活力环线；另一方面依托长江码头、工业港等临江靠港的区位优势，发展以氢能为动力的绿色航运。同时，以小镇带动周边村落、农田、湿地等农村地区的振兴发展，实现氢能产业与生态环境的和谐共生、城镇与乡村的共富共美。

4.2.2 数字引领，智能转型

目前，全世界已经进入数字经济时代，数字经济已经成为支撑当前和未来世界经济发展的重要动力[26]。青山区突破性发展数字产业化、产业数字化，实施数字新基建、数字新产业、数字新融合工程，促进人工智能、区块链、云计算、大数据、5G等数字经济新兴技术与实体经济深度融合，力争全区数字经济取得突破性发展，建设华中地区大数据产业集聚区。

一是推进传统产业生产流程智能化改造，打造绿色化智能化园区。赋能产业数字化，推动数字技术与二、三产业深度融合，不断提升产业数字化、网络化、智能化水平。以项目推进、工程示范、行业推广为主要手段，推进数字工厂、智能工厂、智慧工厂建设，引导探索大批量定制化生产，提升企业加工效率、生产精度和控制水平。以钢铁石化产业智能化改造为方向，引进和扶持一批流程制造装备和离散型制造装备企业，重点发展高档数控产品、工业自动化生产线、自动化物流成套装备、智能电子制造成套设备。在钢铁、石化、装备、交通物流等领域实施智能化改造和示范应用，加快人工智能交互、工业机器人、智能物流管理等技术装备应用。引导装备整机企业、核心基础零部件企业、原材料企业建立供应链协同平台，实现从原材料、零配件到整机企业间信息共享及业务流程一体化集成。

二是布局软件与信息技术服务业新业态，引进一批云计算、大数据、电子商务等数字经济产业链上下游关联企业。推进武钢大数据产业园项目，加快IDC数据中心区、企业总部商务区、人才配套生活区建设，打造集产、城、人、文、景于一体的国家工业云智造示范园区和武汉大数据生态创新基地。充分利用滨江商务区的临江地块打造“数字产业大道”，依托长江云通集团总部项目，引导数字经济行业龙头企业落户青山，围绕武汉云计算基础设施、政务云服务、企业云服务以及行业大数据应用等方面开展合作，推动智慧出行、软件服务、高技术服务等行业发展壮大。

三是推进服务业数字化提升。加快发展互联网医疗、智慧药房、远程办公、在线教育、网络营销、智能配送、电商平台、供应链等“互联网+服务业”新业态、新模式，大力发展平台经济、共享经济，培育经济新业态和消费新热点，打造新增长点。鼓励政务数据和社会数据融合共享、互动互用，加快智慧城市、智慧社区、智慧政务建设。

四是创新商业模式。发掘消费新趋势，创建集营销、培训、IT、物流服务为一体的电商产业园，逐步占领软件服务、电子商务等数字经济行业高地。适应新经济的快速发展，推动园区盈利模式由传统的物业租售模式向投资共生模式、服务模式转变，通过成立产业投资基金、入股入园企业和提供专业化的服务，共享入园企业的成长收益。加快电子商务与实体商贸相结合，推进“互联网+流通”，推动传统商业向全渠道平台商、集成服务商、供应链服务商、定制化服务商等转型，开展精准服务和定制服务，提升商品和服务供给质量和效率。实现线上线下融合发展，提升青山区商务领域供应链水平。

为全力支持数字经济发展，青山区自2020年以来拨付数字经济补助资金9000余万元，如今已经建设了武钢大数据产业园、青山数谷、滨江数字城等数个数字经济园区，引育了利楚商服、黑芝麻科技、宝信软件、快手多媒体等29家数字经济企业，推动了烽火锐拓院士工作站、武汉商汤创新中心、黑芝麻智能研发中心、青山区国科元宇宙研究院、中科星图创新中心、武大数字经济研究院等众多研发平台落地青山区，2022年数字经济企业营业收入达28.80亿元，数字经济企业纳税额总计7179.97万元，整体展现出蓬勃发展态势[27]。

4.2.3 文创赋能，高质服务

近年来，随着物质生活的不断丰富，我国居民的消费结构逐步升级，精神文化消费进入了我们每个人的日常生活，成为生活的“必需品”。数据显示，2014～2019年，我国文化及相关产业占GDP比例由3.76%增长至4.50%，文化产业呈现出明显的增长趋势，文化创意助推经济发展的成功案例也比比皆是[28]。青山区作为武汉市的老工业基地，拥有厚重的工业文明和丰富的工业遗产，通过工业遗产与文化、创意、艺术深度融合，以文化软实力助推现代服务业高质量发展。同时，进一步深化服务业供给侧结构性改革，加快创新发展和产业融合，加速推进服务业数字化、网络化、智能化，催生新的服务方式、服务业态和服务内容，推动生产性服务业融合发展、生活性服务业品质发展，实现生产升级和消费升级的有效整合，为青山经济持续健康发展注入新动能与新支撑。

（1）推进文化创意产业发展

依托青山区大量的工业文化资源和工业遗存，积极应用互联网、3D等技术，发展动漫和网络游戏、文艺创作与表演等，建设文化创意产业先锋区。以八大家花园等为载体，打造“红房子”创意文化区、主题文化创意商业街区等载体。充分利用工业建筑的特色风貌，引入社会资本发展影视基地、文创空间、动漫制作体验、数字娱乐等文化产业，打造国家级工业遗产文化园区。加快建设国家动漫创意研发中心武汉分中心、国家动漫游戏综合服务平台武汉分平台，吸引大型动漫企业和创意项目入驻，积极开发动漫衍生产品，打造集动漫创作、制作、培训、展示、衍生品开发于一体的动漫产业链。加快新媒体基础设施建设，重点发展网络电影、网络视频、网络广播、电子杂志、手机游戏、数字电竞、移动终端应用等新兴文化业态，延伸网络数字文化产业链条。促进文化与旅游深度融合，推动“红房子”文化创意产业园与青山镇、武钢博物馆紧密合作，打造“游、购、观、娱、宿”一体化的特色文化旅游项目。支持创意设计公司开发文化旅游特色商品。

（2）推动生产性服务业融合性发展

一是工程和工业设计。培育企业品牌、丰富产品品种、提高附加值，促进工业设计向高端综合设计服务转变。依托中冶武勘、中冶南方武钢设计院、武汉科技大学等科研院所，着力打造以工程设计为龙头，“产学研用”为一体的协同创新研发体系，进一步增强钢铁、冶金、勘探等领域的研究特色与研究实力。大力发展相关产业的技术研发、咨询、设计服务、工程总包等业务，支持工业和工程设计企业跨行业多领域拓展业务，为武汉建成工程设计之都提供强大支撑。

二是现代物流业。整合港口岸线、铁路和公路等优质物流资源，大力发展临港经济，形成集水、铁、公、管道运输于一体的多式联运网。策划“武汉工业港”和化工园区智慧物流枢纽项目，盘活武钢工业港、武钢外贸码头和化工区等长江岸线港口资源，构建港产城一体化的现代物流枢纽。立足区位交通和一类口岸优势，着力引进国际国内行业领军企业，发展现代物流供应链管理，布局全国物流枢纽节点。引导企业剥离物流业务，积极发展专业化、社会化的大型物流企业。引导物流资源集聚，推动青山宝湾国际物流园建成运营，重点发展电商物流、大数据中心，积极引进入驻企业的区域总部，打造现代物流产业链和生态圈。

三是节能环保服务业。在城镇污水垃圾处理、工业污染治理、土壤污染综合治理等重点领域探索建立第三方治理机制，大力推进污染集中治理的专业化、市场化、社会化运营，以青山区东部地区为重点，培育环保工程技术方案设计、施工、运营服务的大型工程总承包或项目总承包企业集团。进一步发挥武汉城市矿产交易所的平台枢纽作用，将生活型再生资源作为“十四五”期间重点工作，实现“生产型”和“生活型”城市矿产两条腿走路，走出武汉、迈向全省、面向全国。

四是新型金融业。以街坊改造为契机，完善金融配套基础设施，优化金融法治环境，积极发展新型金融业。推动第三方支付、股权众筹、互联网金融服务公司等多种金融业态在青山设立法人机构或研发中心，吸引社会资本设立天使基金和种子基金、创投（风投）基金、产业基金和并购基金。落实金融创新政策，探索开展“互联网+众创金融”，支持科技小额贷款公司、科技融资担保公司等合法发展。利用深厚的工业基础，支持钢铁装备、化工设备等融资租赁服务发展，建立租赁物与二手设备流通市场，发展售后回租业务。支持企业运用互联网金融等新兴融资平台，为“走出去”企业提供机械装备融资租赁解决方案。

（3）推动生活性服务业品质化发展

重点发展贴近服务人民群众生活、需求潜力大、带动作用强的生活性服务领域，推动生活消费方式由生存型、传统型、物质型向发展型、现代型、服务型转变，促进和带动都市型服务业发展。

一是商贸商务服务业。积极培育外贸新动能，扩大服务业特别是高端服务业开放，支持武汉市申报和建设国际消费中心城市，高水平搭建消费促进平台。畅通国民经济循环，在全区商业网点“两带三圈”商业空间布局基础上，沿地铁5号线、12号线打造多个社区商业中心，沿临江大道布局文化、旅游、休闲购物项目。围绕恩施街现有餐饮业态，在特色餐饮、环境品质、饮食文化、运营服务等方面进行培育提升，形成具有荆楚特色、烟火气息浓厚的美食街区。以临江大道商务带和和平大道商贸带为核心，打造商务服务业聚集区，做精楼宇品牌，做足楼宇增量，做强楼宇特色，做优楼宇管理。培育亿元楼宇，服务锐创中心、印力中心加速打造亿元楼宇。做好现有5.3万平方米楼宇存量招商，服务新增70万平方米楼宇快建优用，高标准打造地标项目。加快推动华侨城青山街、青山滨江商务区等重点项目，打造提升城市品位、聚集消费资源、吸引消费回流、促进消费升级的重要载体。大力发展便利店和社区商业，丰富便利店服务功能。积极推进便利店+餐饮(休闲、药店等)、便利店O2O（线上到线下）模式、无人便利店、智能零售柜等新业态落地，大力发展社区商业，构建10/15分钟生活圈。

二是教育培训服务业。按照“国内一流、青山特色”的要求，推动教育培训产业“双轮驱动”，发挥青山区工业优势，结合战略性新兴产业发展，瞄准高端人才和技术人才（匠人），大力发展创新研发和职业教育；发挥青山基础教育的优势，瞄准小学至高中阶段在校生及家庭，培育发展K12教育、文体特色教育培训，引进一批具有带动性的龙头企业，在青山区建立学校、培训部和分公司，通过优质基础教育资源和教育品牌吸引人口向青山集聚。重点推进“中国匠谷・武汉国际科教城”、中德职业培训学校总部、柏斯音乐集团音乐文化小镇等项目，增强北湖产业生态新城的教育引流作用。

三是健康养老服务产业。依托武钢总医院等医疗机构，借助互联网、大数据的发展，着力构建智慧医疗中心及健康服务机构、医疗养老机构等大健康产业体系，实施大健康城市品牌创建工程和大健康重点企业培育工程。统筹规划全区养老设施，不断健全以居家为基础、社区为依托、机构为补充、医养相结合的养老服务体系。布局中高端养老机构，在社区邻里中心中嵌入养老服务功能。深入推进居家和社区养老服务改革试点，鼓励社会力量兴办医养结合机构以及老年康复、老年护理等专业机构，开发老年公寓、涉老康复护理、疗养院为主要内容的养老服务综合体，开展老年健康咨询、老年保健、老年护理和临终关怀等服务。

4.3 城市更新——聚力城市品质，存量提质增效

城市更新是对城市建成区的空间形态和城市功能进行可持续改善的建设活动，包括加强基础设施和公共设施建设，提升城市服务功能；调整和完善区域功能布局，优化城市空间格局，增强城市发展动能；提升整体居住品质，改善城市人居环境；注重历史文化保护，塑造城市特色风貌等内容，对加快转变城市发展方式、统筹城市规划建设管理、推动城市空间结构优化和品质提升具有重大的现实意义[29]。我国城市更新工作从2004年的棚户区改造开始，2012年改造范围进一步扩大到城中村改造、城市基础设施完善，以及居住、商业、办公、生态空间和交通站点的空间融合与综合开发[30]，2020年棚改结束，党的十九届五中全会作出实施城市更新行动的决策部署，城市更新行动成为国家级发展战略。

青山区作为武汉市的老工业基地，与阳逻、北湖形成了钢铁、化工、机械、物流产业基地。20世纪50年代武钢的钢炉之火燃烧在青山区的长江畔，武汉青山热电厂、武汉石油化工厂、青山造船厂等大型国有企业纷纷落户青山，128个街坊与集中成片的简易工棚陆续建起，为产业工人提供生活居住场所[31]，被誉为“十里钢城”的青山区近半个世纪都处在自给自足的独特历程中。因钢而生、因工而兴的城市建设历史，让青山区长期存在产居空间混杂的问题，城市空间格局不清晰；各类生活服务配套设施与房屋老旧，人居环境较差；武九铁路顺江而过，垂江道路被截断；铁路沿线多为仓库厂房棚户区，城市滨江景观差等。因此，在国家政策推动下，青山区渐进式持续性地推动城区更新工作，经历了“棚户区改造、三旧改造、城市更新”三个阶段。

一是棚户区改造阶段。青山区在“十一五”期间，开展老工业区安居工程，启动了沿江区域13个街坊、武汉青江化工有限责任公司（硫酸厂）地块[32]，以及华中地区最大的棚户区——工人村棚户区改造工作。棚改工作自2007年4月26日正式奠基启动，分为两期实施，历经九年时光，棚户区全部居民实现回迁安置。其中，一期从2007～2013年底，完成81.3%；二期从2014年9月～2016年，全部完成[33]。在棚改工作推进过程中，青山区注重开拓创新，将青山棚户区改造工程打造成为全省棚改示范工程，探索了“拆迁一片、改造一片、建设一片、安置一片”的滚动改造模式[34]，总结出“政府主导、企业参与，统一规划、分步实施，市场运作、封闭运行、总体平衡”的棚改工作方法，创造了蜚声全国的棚改“青山模式”。

二是三旧改造阶段。“十二五”“十三五”期间，青山区在武汉市“三旧改造”政策下，推动旧城、旧村、旧厂改造工作。旧城改造重点是对三环线以西的老旧街坊进行改造，以拆除新建为主要方式，曾经破旧的老街坊、“红房子”如今已然变成现代化居住小区，并沿城市发展重要轴线——和平大道建设了以奥山世纪城、武商众圆广场、吾行里、八大家红坊里、印力中心为代表的城市商业综合体，全面提升了青山区的商业服务品质与氛围。旧厂改造主要是借助武九铁路北环线搬迁的契机，将滨江区域、铁路沿线的老厂房、仓库等进行拆迁，并注入居住、商业、商务等全新的城市品质服务功能，引入华侨城、招商局、融创中国等

知名企业入驻，全力打造青山滨江商务区。与此同时，为延续城市记忆，青山区依托武九铁路北环线建设了武九生态文化长廊城市带状公园，借机打通曾经被铁路截断的垂江道路交通断点，推进青山江滩公园建设，形成了江城融合、业态多元、商业繁荣、现代宜居的青山城市形象。旧村改造主要集中在武钢集团东部、严西湖北岸的白玉山街和武东街两个街道，共涉及12个城中村。青山区为此组织编制了城中村改造规划，系统梳理了12个城中村的“双登”数据，明确了还建规模要求；按照方便生活、就近就地、集中分布、可近期启动的原则，结合全区用地规划布局情况，在武钢东部区域分别选定了还建用地、产业用地。城中村改造分两期实施，2024年已基本完成一期同兴村、努力村、群力村、五星村、芦家咀村、武东村六个城中村的还建安置工作。村民们住进了配套设施齐备的现代化居住小区，严西湖岸腾退出来的部分村庄建设用地进一步复垦、种植花草树木，恢复了湖岸生态空间；部分村庄建设用地通过存量挖潜，注入了旅游研学等新产业新业态，打造成为严西湖生态旅游示范区。这一时期的改造工作以拆除新建为主，进一步强化了青山区“东工西居”的空间格局，品质住区相继建成，配套设施持续完善，空间形态得到逐步优化。

三是城市更新阶段。党的十九届五中全会审议通过《中共中央关于制定国民经济和社会发展第十四个五年规划和二〇三五年远景目标的建议》，明确要求坚持以人民为中心，推进以人为核心的新型城镇化，实施城市更新行动。青山区经过多年的城市改造实践，城市建设与发展已经由外延扩张式向内涵提升式转变。与过去改造中常见的大拆大建不同，新发展格局下的青山区城市更新不再“头痛医头、脚痛医脚”，而是将城市作为一个有机生命体，通过城市体检评估聚焦更新重点区域，按照“留改拆”更新类型分类提出更新改造路径，构建“分区—更新单元—重点地块”三级更新体系，制定面向实施的城市更新行动计划等工作流程与方法，精准识别城市待更新区域，在空间与时间上对城市更新区域开发保护活动进行系统谋划、统筹安排，从而形成内涵式、集约型、绿色化的城市有机更新模式，精准回应人民群众对美好生活的向往[35]。

4.3.1 体检评估，聚焦痛点

城市体检作为全面系统了解城市发展规律、做好城市规划建设管理工作的有效方法，在城市更新工作中发挥着重要引领推动作用[36]。2023年，住房和城乡建设部下发《关于全面开展城市体检工作的指导意见》（建科〔2023〕75号），明确指出把城市体检发现的问题作为城市更新的重点，聚焦解决群众急难愁盼问题和补齐城市建设发展短板弱项，有针对性地开展城市更新[37]。

青山区是武汉市的区级城市体检工作试点区，重点从感知能力、认知能力、行动能力、治理能力四个维度，生态宜居、健康舒适、安全韧性、交通便捷、风貌特色、整洁有序、多元包容、创新活力八个方面开展城市体检工作[38]。构建了青山区“69+3”的城市体检指标体系（包括住房和城乡建设部确定的八大专项指标和根据青山区特点确定的城市住宅建筑安全风险排查比例、大雨后积水消失时间、新建/改建平战结合建筑数量等三项特色指标），生成了问题清单、资产清单、资源清单、需求清单和任务清单“五清单”，形成了全区年度自体检总报告。从而方便找出全区城市建设的“病症”与“根源”，识别现状改造更新条件和发展潜力，聚焦青山民生建设“痛点”，精准推进城市更新工作。

经城市体检评估，青山区的城市建设主要存在以下五方面的问题：一是区域开发强度不平衡。东部工业区占地面积大，开发强度低，空间利用低效；西部传统生活区的人口密度和建筑高度却又双高，尽管生活便利程度较高，但人居环境品质亟待改善。二是全区民生服务水平有待进一步提升。全区社区托育服务设施覆盖率仅为31%，低于2022年城市体检指标体系中“≥60%”的评价标准；托育服务设施的建设不足，导致居民的家庭照护服务需求难以得到满足。同时，青山区老旧社区中累计完成电梯加装的单元数量偏少，既有住宅加装电梯所需资金较大，对推动电梯加装产生了较大的阻力。三是城市避难场所规模有待增加。2021年，青山区人均避难场所面积为0.3平方米/人，远低于规范标准。青山区的各类科研院所和公园较多，但实际上可供使用的有效避难场地面积较少，各类设施的数量相较于辖区内的常住人口而言仍有所不足，相关场地缺少配套设施无法成为有效避难场所。四是慢行车道建设不足。青山区专用自行车道密度为0公里/平方公里，远低于标准值“≥4公里/平方公里”，慢行交通急需补充。五是历史文化资源亟待活化。青山区的城市历史建筑空置率为100%，远高于标准值10%，虽然政府公布的历史建筑全都进行了挂牌保护，但目前均处于空置状态，没有活化利用，城市历史与文化未能得到进一步彰显，城市居民也无法切身感受青山的历史底蕴。

以上述城市体检评估结论作为开展全区城市更新工作的基础，城市更新工作充分对接市区相关规划的重点产业功能区域和老旧小区改造等相关建设计划，全面识别基于公共服务设施评估的品质待完善区域，按照住宅小区、城中村（“绿中村”）、工业区、公共服务设施等功能类型，进一步分析各类功能区域内的现状建设情况、土地利用效率、风貌特征和问题困境，从而精准地识别划定青山区“十四五”期间待更新的低效存量区域（图4-17）。

经识别判断，青山区三环线以西的大部分区域在“三旧”改造阶段已基本完成更新，余下少量区域待进一步完善城市功能品质，“十四五”期间待更新的低效存量区域主要集中于三环线以东区域，现状以工业用地、工业配套居住和商业服务设施用地，以及城中村的村庄建设用地与农林用地为主，总用地面积约42.88平方公里（图4-18）。其中，三环线以西的待更新居住小区多为2000年以前建设，建筑高度以5~7层为主，部分3~4层，建筑密度30%~40%，开发强度1.8~2.5，建筑面积约1100万平方米，建筑立面发霉脱落、破损严重，甚至影响居民安全，有待进一步整治和美化；设施配套缺乏与老化、停车位稀缺、智能化公共服务不足，需进一步补充完善，并向智慧化、便捷化方向提升。同时，小区内的老年人和儿童活动空间、绿化与公共空间也需要结合需求补充完善。三环线以东、基本生态控制线内待更新的城中村（“绿中村”）呈现环湖与沿路分布的态势，现状建筑密度50%~60%，开发强度0.5~1.5，集体用地和国有用地穿插，权属相对复杂。三环线以东、武钢周边待更新的工业区现状建筑以一层为主，用地强度多低于0.5，建筑密度10%~20%，低于工业用地建设控制标准，空间利用

图4-17 青山区“十四五”期间待更新用地分布图

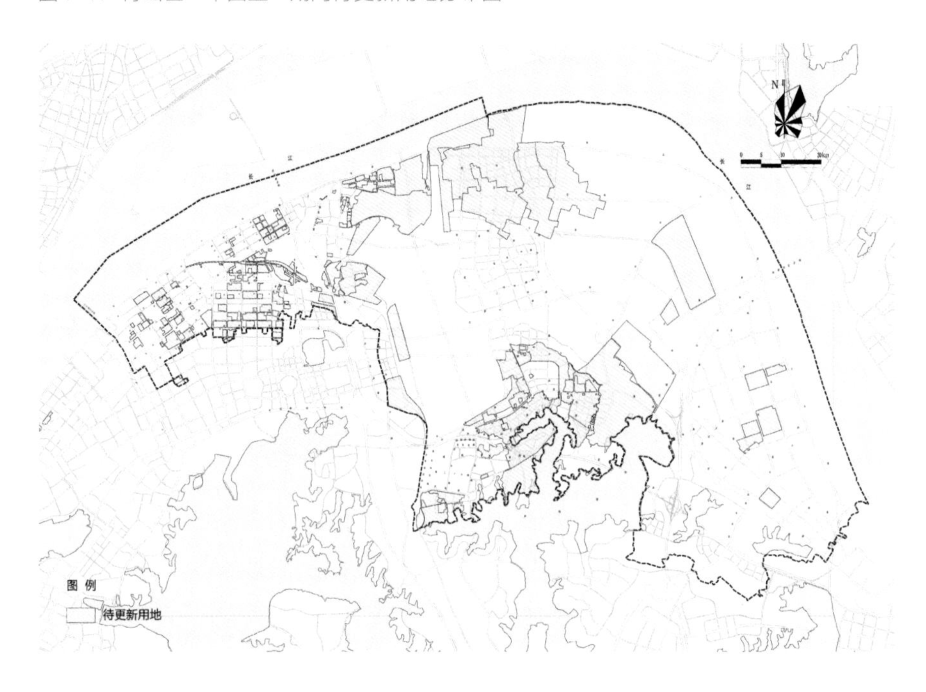

图4-18 青山区“十四五”期间待更新区域现状用地图

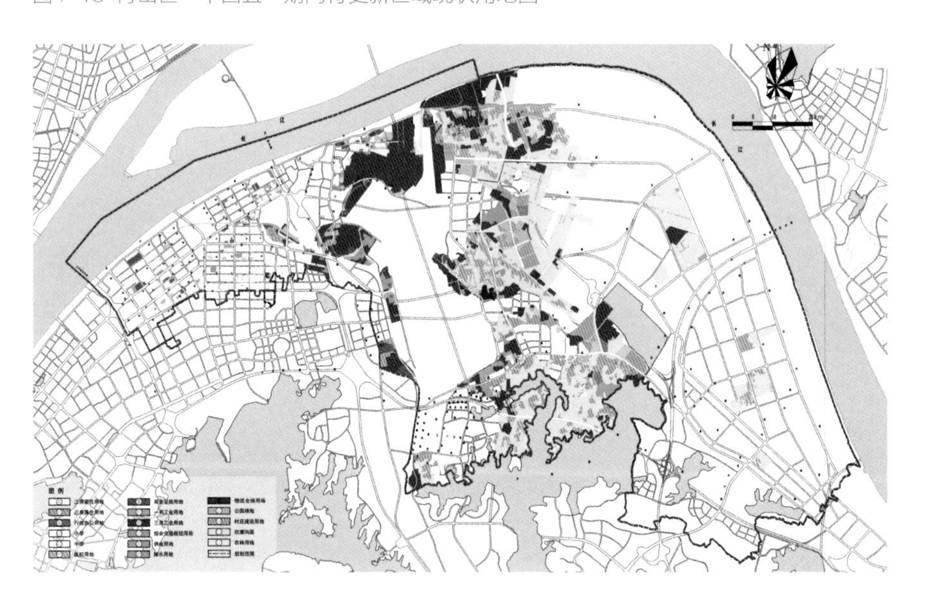

低效，有待盘活。沿和平大道还分布着待更新的公共服务设施，功能以商业、市场和文化服务为主，设施环境品质和利用效率有待进一步提升。同时，考虑到青山区在城市更新过程中，新建居住小区逐渐增多，应同步强化有品质的学校、医疗、文体等民生设施的建设。

4.3.2 分类施策，精准发力

2018年，武汉市人民政府印发《关于坚持留改拆并举深化城市有机更新进一步改善市民群众居住条件的若干意见》，要求按照“留改拆并举、以保留保护为主”的基本原则，突出历史风貌保护和文化传承，用城市有机更新理念，稳妥有序，分层分类推进全市“留改拆”工作。2019年9月，武汉市委通过《关于推进武汉市城市更新留改拆并举的工作方案》，提出要注重城市发展历史和居民意愿，兼顾提升城市品质与彰显城市特色，借鉴先进城市经验，加强规划引领，厘清什么该留、什么该改、什么该拆，坚持因地制宜、多措并举，理顺工作流程，千方百计改善市民居住条件、优化营商环境，推动城市高质量发展。

青山区按照武汉市“十四五”规划关于“主城做优、四副做强、城乡融合”空间格局的发展设想，由过去成片式扩张建新向“针灸式”精致改造转变，将“存量提质”“有机修补”作为城市更新的新思路，按照保障基本、体现公平、持续发展的要求，分类划定保留更新类、改造更新类、拆除更新类三类空间（图4-19、图4-20），并从划定标准、更新策略、实施主体、资金来源等多个方面提出差异化改造实施路径。

图4-19 青山区“十四五”更新区域空间分类图

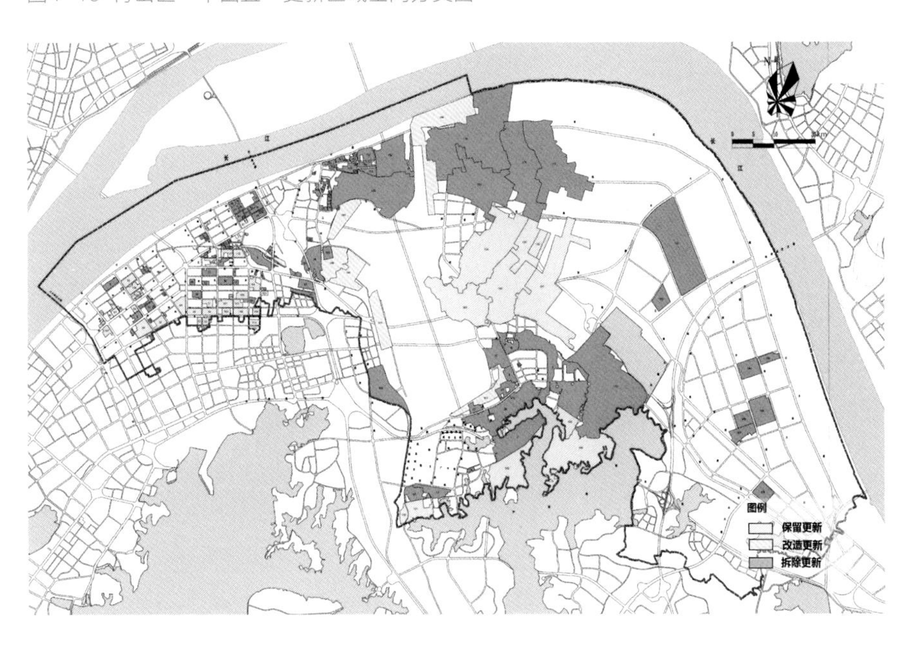

保留更新类。用地总规模约12.93平方公里，占比约30.15%，主要针对建筑质量较好的城市老旧小区和具有保留价值的“绿中村”，采取权属主体和功能性质不变、改善人居环境、提升生活品质的“留房留人”更新策略。①城市老旧小区的保留更新，主要通过对接“老旧小区微改造三年行动计划”，明确实施更新改造的老旧小区范围，即：和平花苑、青年教师花园、120街坊、121街坊等，用地面积约172.5公顷，建筑规模约319.9万平方米。重在解决老旧小区设施配套不足的问题，打造配套完善、功能复合的活力社区，提升社区价值和居民获得感、自豪感。在实施路径方面，明确提出由青山区房管局牵头、相关街道配合，组织改造方案编制和实施，并争取市级财政专项资金和社会资本，强化居民、企业、专家多方共同参与社区改造。②生态控制区的“绿中村”保留更新，主要通过判断城中

图4-20 青山区城市更新差异化改造框架图

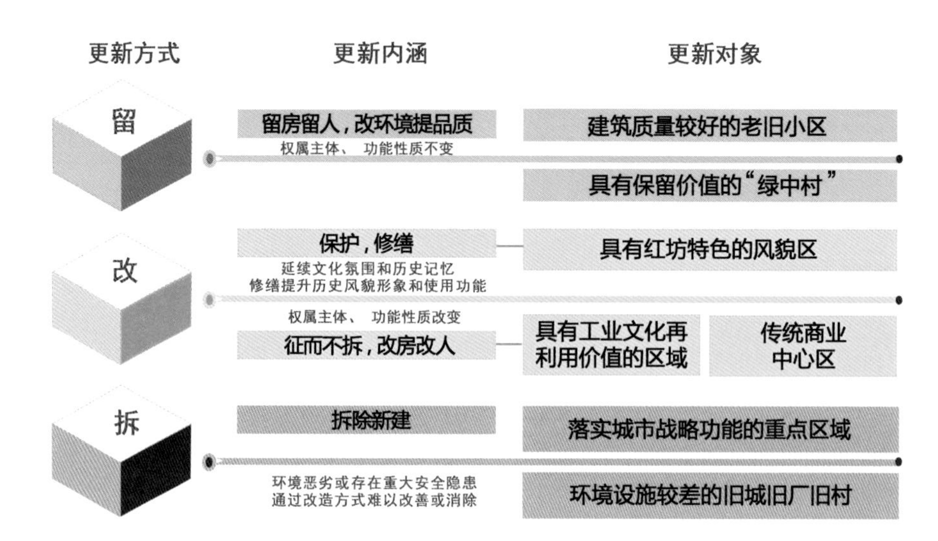

村改造难度和生态控制要求，对接“绿中村”特色化改造计划，划定实施更新改造的“绿中村”范围，即群力村南地块、芦家咀、五星村地块等，用地面积约151.9公顷，建筑面积约26.8万平方米。该更新区域适当保留部分民居建筑，通过存量盘活、功能更新、景观提升等方式，打造生态控制区的特色村落。在实施路径方面，采取政府引导、村民自愿、社会参与、市场运作的形式，通过村集体产业化收益带来的资金和政府产业发展扶持资金来实施土地征收、补偿安置和必要的基础设施建设，为生态控制区配套建设提供资金支持。值得一提的是，五星村已经在青山区与湖北文旅集团的协作下，将村域内的现状村庄建设用地与村居建筑进行存量挖潜，通过建筑整治与改造、景观绿化建设、文旅教育功能注入等举措，建成了武汉市目前唯一的公办研学教育营地——严西湖国际青年营。该营地集餐饮住宿、研学实践、劳动教育、亲子休闲、体育竞技等多业态于一体，并被授予了“湖北省中小学研学实践教育基地”，揭牌了“生活·实践”教育研究院、中国“生活·实践”教育研究院教师发展中心、武汉市港澳青少年实践活动基地。

改造更新类。用地总规模约4.09平方公里，占比约9.54%，针对具有青山历史特色的红坊风貌区和工业遗址区域，通过历史建筑与场地的保护修缮与功能置换活化利用历史建筑，延续城市历史记忆，提升城市历史风貌；针对传统商业中心区，通过改善环境、增补设施加强商业活跃度、提高消费舒适度，鼓励商业与旅游、文化、体育等功能融合发展，让传统商圈焕发全新活力。改造更新类采取“征而不拆、改房改人”的更新策略，即建筑的权属主体、功能性质均发生改变。①红坊风貌区的改造更新，主要对接武汉市城市紫线专项规划和管理要求，明确改造用地面积为7.5公顷，建筑规模8.15万平方米。重在以历史保护底线为基础，以历史风貌建筑为基本单元，保护建筑风貌、建造技艺、空间肌理，传承青山红坊记忆；同时注入博物馆、书店、影院、体育、演艺、咖啡馆等潮流业态，更新建筑功能，以历史建筑的活化利用推进历史文化与经济社会发展的深度融合。在实施路径方面，推动规划设计与招商运营同步开展，编制实施性详细规划，市区联合形成历史保护建设及运营方案。②具有工业文化再利用价值的区域改造更新，主要结合工业用地开发强度和注册企业情况，明确改造区域为工人村都市工业园，用地面积约52.32公顷，建筑规模21.6万平方米。在实施路径方面，按照园区办证及提产扩能要求，积极对接一冶集团、武钢集团等企业，按照尊重历史、有序转型的原则“腾笼换鸟”。有序引导低效工业用地退城入园，进行减量化更新改造，构建形成创新产业、新建住房、便民设施、公共空间复合的功能单元。③传统商业中心区改造更新，主要结合青山区的“三旧”改造计划，将人员流动快、环境卫生较差、有消防等隐患商业区域纳入改造更新区域，划定实施改造传统商业中心区用地4.7公顷，建筑规模11.7万平方米，主要为19街坊。重点通过土地复合化开发提高土地使用强度，并围绕12项生活配套功能增补养老、医疗、体育、文化、商业等服务设施，为周边居民提供“一站式”便民生活服务，打造15分钟生活圈，建设综合化、复合化的邻里服务中心。在实施路径方面，对接所属街道，组织改造方案编制并确定项目建设单位，整合城市配套建设经费等资金以及惠民项目资金，支持邻里中心等社会公益项目的建设运营。

拆迁更新类。用地总规模约25.86平方公里，占比约60.31%，主要针对承载了城市发展战略功能的重点区域，以及环境恶劣或存在重大安全隐患、通过改造方式难以改善或消除影响的旧城、旧村、旧厂区域，采取“拆除新建”的更新策略。主要包括武石化炼化一体转型示范区（青山古镇）、楠姆山、白玉山城中村、化工区等区域。其中，楠姆山片实施拆除新建用地约27公顷，建筑面积约10.4万平方米，主要包括两河区域、红钢城大街两侧等。该片区按照长江大保护政策要求，充分利用区域山水格局，挖掘生态文化底蕴，开展生态修复、旧村拆迁及公园提档升级，按照低密度、低强度、小型化等原则创建楠姆山生态示范区。在实施路径方面，对接区城建局，将规划设计与招商运营相结合，形成公园城市示范效应。炼化一体转型示范区（青山古镇）综合考虑宗地权属、地上建筑、区域相关规划等情况，明确拆除新建用地规模约185.67公顷，建筑规模约87.2万平方米，主要包括武石化主厂区与配套生活区、青山船厂、青山正街等。该区域重点对接湖北省政府与中国石化的战略合作框架协议，加快推进武石化厂区“关改搬转”，打造高质量转型示范区。在实施路径方面，对接园区经济发展处、区发展改革局等部门，通过专项债等资金保障远期实施。

4.3.3 体系构建，系统更新

考虑到武汉市城市更新规划、中心城区城市更新三年行动计划等市级层面的更新规划视角宏观但深度不足，而地块级更新规划却又聚焦在项目而缺乏全局认知。因此，青山区在市级更新专项规划指导下，从宏观、中观、微观三个层面构建了“区级城市更新专项规划+城市更新单元规划+更新地块实施方案”的城市更新规划体系，以分区专项谋顶层设计、以更新单元为空间赋能、以局部地块重点项目塑特色场景，通过城市更新规划上下联动、条块结合的方式，将产业功能、公共服务、道路交通、市政设施、生态空间等方面的更新指引精准传导并落地。

（1）区级城市更新专项规划：市级目标传导下沉化

区级城市更新专项规划是落实市级更新任务的重要平台，也是指导全区城市更新工作的顶层设计，具有承上启下传导中枢的作用，向上承接市级层面的宏观统筹目标调控，向下指导更新单元计划与规划微观系统，从而达到落实上层发展意志与控制要求，实现下层发展诉求与基本保障的双重目标[39]。青山区在《武汉市城市更新专项规划及实施计划》基础上，开展《青山区（化工区）城市更新暨“留改拆”“十四五”规划》，通过明确全区更新发展目标、更新原则、更新规模，确定“留改拆”空间方案，提出差异化改造路径，制定更新行动计划与实施保障措施，将市级更新任务细化并落实到空间与时序安排上，指引青山区城市更新实施方向。

（2）城市更新单元规划：更新策划用地空间化

城市更新单元规划是落实区级城市更新专项规划各项要求的载体，主要任务是以片区为范围，系统评价更新各方面的可行性与必要性，开展片区产业功能策划与空间设计方案，将策划项目落实到用地布局上并进行法定化，形成便于地方政府实施规划管理和行政许可的法定依据与重要抓手——控制性详细规划，从而确保城市更新在市场参与驱动下保持空间正义、维护空间秩序。武汉市在《中心城区城市更新三年行动方案》中，从全市选取了32个近期“可实施、可推进”的特色亮点片区作为城市更新片区，青山区从“引领城市功能发展、民生环境改造集中、城市风貌特色集中、城市未来成片开发价值高、待更新空间相对集中成片”五项原则出发，遴选出青山楠姆片与青山古镇片两个片区作为城市更新单元。这两个城市更新单元按照“强化规划指引、保障项目实施”的原则，采取先规划评估、后实施方案的工作模式，从产业功能业态策划、人居环境品质提升、人文生态特色保护、用地空间规划布局、实施项目库建设与资金平衡测算等多个方面着手开展规划编制工作，并结合更新项目策划调整优化用地规划布局，推进用地法定化，保障更新项目落地实施。

（3）更新地块实施方案：亮点项目实施落地化

更新地块实施方案是城市更新目标愿景最终得以实施落地的关键环节，主要落实更新单元规划确定的用地空间、拆迁补偿、开发时序、监督管理等要求[40]，确定土地供应、环境影响评价、社会稳定风险评估，细化深化项目活动策划、建筑工程与景观设计方案、建设运营模式等。青山区在两大城市更新单元引导下，选择历史底蕴深厚、地域文化浓郁、区位条件优越、生态资源丰富、改造实施难度较小的青山正街、青山船厂、厂边社区等作为更新改造的亮点项目，塑造新旧交融、古今同框的城市公共空间。其中，青山正街注重文化图鉴，依托民居、筒仓建筑改造利用、五岭生态修复，营造青山年轮带、青山书院等历史文化场所；青山船厂注重生机觉醒，依托工业、工人文化与时尚动漫IP融合演绎、体验及创意设计，打造工业遗址体验场所；厂边社区注重内涵驱动、激活记忆，通过传承“红房子”集合式住宅空间肌理及建筑细部符号，营造守望互助的社区人居场所。

4.3.4 面向实施，谋划行动

青山区以“面向实施、系统推进”为准则，制定了功能升级、社区治理、民生提质、产业升级、生态畅游、交通畅达六类更新行动计划，分类落实城市更新的重要任务、重点区域和实施措施，明确改造更新的时序和年度实施计划。

（1）功能升级计划：整体提升功能，实现重要区域服务能级和水平升级

青山区以亮点示范片、特色营造片、站城一体片这三类片区为抓手，促进区域服务能级提升和服务水平升级。

亮点示范片主要为红坊亮点片和滨江商务区片。红坊亮点片重点加快招商、征收和供地工作，强化历史文化遗产的文化彰显和底线保护，塑造“体验式工业文化休闲、创新型工业文化创意设计、特色化健康生活服务”多元复合功能体系，强化“互联网 + ”新消费经济业态的引入，加快推进滨江2-6街坊0.5平方公里建设为“红坊印・生活城”，引入知名企业参与建设。滨江商务区片重点完善生活配套和商业服务功能，持续推进滨江西片0.4平方公里建设为国家循环经济创新服务中心。通过青山滨江两大亮点示范片更新建设，完成15个地块征收和14个地块整治更新，促进青山现代服务业滨江集聚发展。

特色营造片主要为青山楠姆片、冶金大道工业设计片、校企创智片。青山楠姆片重点打通江湖连通通道，梳理沿线水体景观，并结合景观整治，适度补充生活、游憩、休闲、娱乐等配套服务设施，提升两河流域生态文化功能，探索生态底线区内业态功能的植入方式与点状更新的改造模式。冶金大道工业设计片重点依托武钢设计院和武钢研究院等科研机构，进一步提升研发服务和配套服务功能，打造冶金大道工业设计廊，推动青山区（化工区）传统产业升级。校企创智片重点围绕地铁5号线科普公园换乘枢纽站，在功能业态上通过注入创新创业服务和人才公寓等功能，进一步助推武汉科技大学和中钢集团武汉安全环保研究院等科研院所的科创能力提升；在空间形态上，通过大学校区、创新园区、创业街区、创客社区、服务专区五区联动，塑造青山创新之门的区域门户形象。通过三大特色营造片更新建设，青山区可完成21个地块征收和11个地块整治更新，实现约17公顷住区建设、6公顷商业及公共设施建设，21公顷公园功能升级，11公顷商业服务设施和其他公共设施整治提升，以及6公顷住区品质提升。

站城一体片主要对接轨道5号线、12号线和19号线建设，围绕科普公园站、建设二路站、都市工业园站、武东站四个轨道站点，开展站城一体规划研究和土地供应工作。通过系统盘整站点周边可利用土地，启动站城一体规划研究和轨道上盖物业规划设计，明确站点周边地块功能、开发强度、交通联系和一体化景观等建设要求，支撑站城一体开发的区域实现同步规划、同步供地、同步实施。

（2）社区治理计划：精准施策，分类实施老旧小区综合性治理

针对南干渠以南的老旧小区、49-51街坊老旧小区、宝钢冶金建设公司武汉地区职工住宅区、工业四路以东的怡兴花园、现代花园等老旧小区、沿港路以西的20街坊、24街坊、29街坊国营二五六厂住宅区等全区50个老旧小区推行综合性整治治理。引入“海绵社区”的建设理念，以创新的技术和设计方式，重点开展建筑整治（立面整治、加装电梯、加装烟道、改善楼栋入口）、公共空间环境景观提升、停车设施优化、环境卫生和管网改善等市政设施优化；在社区安全、停车管理、水电气等管线运行以及应急处置等民生领域，提升社会服务和管理力度和水平，完善小区智慧化服务。

（3）民生提质计划：以人为本，保障教育医疗福祉工程和优质住区顺利实施

青山区通过公共服务设施完善与品质住区建设两项举措，优化全区居住环境，提升群众幸福感。公共服务设施完善方面，以重要功能片区建设为引擎，着重完善街道/居住区级公益性服务设施，在全区形成市/区级、街道/居住区级、社区级三级配套完善的服务设施网络，实现学有所教、病有所医、老有所养的宜居生活保障。品质住区建设方面，重点推动住宅地块的征收、供地工作，完成4.3平方公里用地收储，推行校区型住区、公园型住区等不同特色的优质住宅小区建设，为青山区本地居民和外来高知人才提供多样化的住宅产品，同时满足原地块拆迁还建安置需求。

（4）产业升级计划：改造提速，助推钢铁化工产业绿色升级转型

青山区以国家级循环经济产业为突破，以武汉站高铁枢纽为支撑，以钢铁冶金生产为基础，借助技术研发创新、互联网流通信息交换，加大产业创造更新，推进新旧动能转换，推动武石化炼化一体转型示范区、杨春湖东片及都市工业园、北湖产业组团改造更新，加快钢铁冶炼、石油化工、船舶制造等12家“国字号”大企业转型升级，引导钢铁、石化等产业向集聚化、科技化、金融化方向发展。武石化炼化一体转型示范区，重点结合武石化“炼化一体”的发展思路，对21号公路以北区域的石化生活区和工业生产区进行更新建设，以新材料、安全环保、电子信息等战略性新兴产业为产业转型重要方向，并配套文化休闲和滨江高端居住功能。杨春湖东片及都市工业园更新区，重点围绕武汉高铁站发展站前经济，在站点北侧工业地块重点置换产业功能为商务服务、公共服务、研发制造业等现代生产性服务业。北湖产业组团重点加快现状城中村征收工作，推动化工产业园区建设，积极引入新兴战略产业、科技研发和生产性服务功能。

（5）生态畅游计划：延续文脉，彰显工业历史和绿城特色

青山区基于人文与自然资源基础、区域生态网络构建要求，推行武九生态文化长廊、青山港与楠姆河、青山古镇、长江北湖生态绿色发展示范区建设，延续城市历史文脉，示范生态文明建设。武九生态文化长廊主要借助武九铁路北环线搬迁契机，对3.6公里的铁路旧址及周边土地进行改造更新，注入创意集市、艺术工坊、火车乐园、花海公园等城市休闲游憩功能，变废弃铁路为城市线性公园，打造青山靓丽的人文景观线。青山港与楠姆河重点开展水体治理、两岸沿线绿化和景观塑造等工作。青山古镇重点开展青山正街更新改造、矶头山—鸦雀山—营盘山公园建设与绿道体系建设，全面提升青山根源、江河连通等文化展示功能。长江北湖生态绿色发展示范区重点启动现状城中村征收工作，充分发挥生态绿楔的农林生产与生态维育功能，以长江大保护的思路维育百里长江生态廊道，打造长江湿地、长江森林等生态景观，建设长江经济带绿色发展示范的先行示范区。

（6）交通畅达计划：内优外畅，完善重要片区的交通支撑体系

青山区强调交通发展由追求速度规模向更加注重质量效益转变、由各种交通方式相对独立发展向更加注重一体化融合发展转变、由依靠传统要素驱动向更加注重创新驱动转变，提出通过实施城市道路建设的“五大工程”，构建安全、便捷、高效、绿色、经济的综合交通运输体系[41]。一是实现屏障跨越工程。为支持青山区东部的北湖产业生态新城发展建设，破解长江、严西湖等自然环境阻隔，新增过江通道，打通原青山区与化工区之间顺江方向的交通联系瓶颈，完善北湖生态新城内部路网，并打通至光谷、鄂州方向联系通道，促进“武鄂黄黄咸”地区协同创新发展。二是实施骨架完善工程，提升全区骨架道路功能，完善次支路网系统，构建道路交通体系，支撑东、西区域协调发展。三是实施园区配套工程，推进工人村、青山镇、红钢城等产业配套区道路交通的改造，持续推进老工业基地转型发展。四是实施次支网织补工程，结合城市更新和老旧小区改造，优化街巷道路建设，打通路网微循环体系，为构建“15分钟生活圈”提供支撑。五是实施品质提升工程，通过对城市道路实施提升改造，优化车行和慢行交通，实现道路出行环境的提升。

4.4 小结

本章从生态修复、产业转型、城市更新三个角度系统阐述了青山区从十里钢城的老工业基地向绿水青山的现代化城市转型的顶层设计思路。生态方面，全区生态框架的构建、工业污染的治理、生态资源一体化的保护与修复等系统谋划，充分展示了青山区加快推进发展方式绿色转型的决心和以高品质生态环境支撑高质量发展的觉悟。发展方面，青山区也深知城市转型的关键与核心在于产业转型，产业能否顺利转型升级决定了城市未来的发展水平与综合竞争力。因此，在产业转型策略上，青山区未完全摒弃曾经辉煌的钢铁产业和化工产业，而是采取多元化产业战略，在推进传统重工产业智能化、绿色化转型的同时积极培育氢能、数字经济、文化创意等新兴产业。同时，青山区始终坚持以群众意愿为本、群众利益为先，将改善民生福祉作为转型之重，推进工人村棚户区改造、“三旧”（旧村、旧厂、旧城）改造，申报市级更新单元、策划产业功能，以片区实施推进城市更新、谋划实施行动，从而保障民生、改善民生，推动城市功能与品质的转型升级。

本章参考文献

[1] 胡飞，黄晓芳，袁建峰，等. 特大城市非集中建设区规划和管控探索：以武汉市为例[M]. 上海：同济大学出版社，2021.

[2] 张永生. 生态环境治理：从工业文明到生态文明思维[J]. China Economist，2022，17（2）：2-26.

[3] 周新华，金太红，谈梦骐. 积极构建大城市老工业基地的生态安全屏障[J]. 党政干部论坛，2020（12）：30-32.

[4] 武汉城市圈空间规划（2021—2035年）[R].

[5] 武汉市自然资源和城乡建设局.《武汉市全域生态框架保护规划》公布[EB/OL].（2017-07-31）[2024-12-19]. https://zrzyhgh.wuhan.gov.cn/zwgk_18/fdzdgk/ghjh/zzqgh/202001/t20200107_602780.shtml.

[6] 苏霓斌. 加快青山老工业基地转型振兴[J]. 政策，2019（9）：32-34.

[7] 武汉市生态环境局. 武汉生态环境这十年|蓝天保卫战为美丽武汉提“气质”[EB/OL]（2022-10-10）[2024-06-28]. http://hbj.wuhan.gov.cn/hjxw/202210/t20221010_2054578.html.

[8] 青山区生态环境分局.《青山区（化工区）生态环境保护“十四五”规划》编制情况[EB/OL]（2022-10-26）[2024-06-28]. https://www.qingshan.gov.cn/zfxxgk/fdzdgknr/ghxx/sswgh/202210/t20221026_2071127.shtml.

[9] 陆峥，涂慧琴. 青山区坚持绿色发展之路，老工业基地实现生态蝶变[EB/OL].（2022-10-11）[2024-12-19]. https://news.qq.com/rain/a/20221011A019OO00.

[10] 孙施文，等. 治理·规划Ⅱ[M]. 北京：中国建筑工业出版社，2021.

[11] 白中科，周伟，王金满，等. 试论国土空间整体保护、系统修复与综合治理[J]. 中国土地科学，2019，33（2）：1-11.

[12] 朱志兵，刘奇志，徐放，等. 市级国土空间生态修复规划编制体系构建与传导机制探索——以武汉市为例[J]. 城市规划学刊，2023（5）：62-70.

[13] 刘奇志，朱志兵. 重视生态修复合理开展规划——武汉的探索与实践[EB/OL].（2022-07-02）[2024-06-28]. https://www.163.com/dy/article/HB8VB63S05346KFL.html.

[14] 招商青山. 腾飞吧！青山驶入长江经济带高速发展黄金水道[EB/OL].（2019-02-18）[2024-06-28]. https://www.qingshan.gov.cn/ztdh/yqsc/201902/t20190227_308085.shtml.

[15] 杜瑞宏，黄晓芳. 非集中建设区规划思路探析[J]. 现代城市研究，2020（2）：67-72.

[16] 杜瑞宏，黄晓芳，胡冬冬. 国土空间规划视角下非集中建设区规划体系构建[J]. 规划师，2020，36（19）：47-51.

[17] 自然资源部. 自然资源部关于做好城镇开发边界管理的通知（试行）[EB/OL].（2023-10-08）[2024-06-28]. https://www.gov.cn/zhengce/zhengceku/202310/content_6908043.htm.

[18] 青山区（化工区）农业农村现代化“十四五”规划 [R].

[19] 张锦翌，彭建东，李志刚．中部大城市城中村的“在地边缘化”问题——对武汉先建村的实证[J]．现代城市研究，2021（7）：112-117.

[20] 刘宝兴．宝钢武钢合并：有利于化解钢铁行业过剩产能[EB/OL]．(2016-09-28)[2024-12-19]. http://finance.sina.com.cn/stock/s/2016-09-22/doc-ifxwevmf1981874.shtml.

[21] 武钢集团．现代产业园[EB/OL]．[2024-06-28]. https://www.wuganggroup.cn/cyyqDetail/265894.

[22] 武汉市青山区国民经济和社会发展第十四个五年规划和二〇三五年远景目标纲要[R]．2021.

[23] 青山区（化工区）工业高质量发展“十四五”规划（2021—2025）[R].

[24] 丁韡韡，李梦欣等.《武汉百年瞬间》第四十一期：武汉石油化工厂的开建和发展[EB/OL].（2021-07-06）[2024-06-28]. https://baijiahao.baidu.com/s?id=1704498479004256453&wfr=spider&for=pc.

[25] 中共中央关于制定国民经济和社会发展第十四个五年规划和二〇三五年远景目标的建议[R]．2020.

[26] 赵俊涅．数字经济发展趋势及我国的战略抉择[J]．通信世界，2022（14）：28-29.

[27] 张潘，史俊哲．一图速览武汉市青山区数字经济亮点[EB/OL]（2023-08-12）[2024-06-28]. http://www.hb.xinhuanet.com/20230812/139a542449344921b0a06304614c4397/c.html.

[28] 曹祎遐．推进中国式现代化，文化创意产业能做些什么？[EB/OL].（2023-03-26）[2024-06-28]. http://news.sohu.com/a/659203586_121332532.

[29] 胡胜泉，王翠．武汉市城市更新政策演进综述[EB/OL]．(2022-10-24）[2024-06-28]. https://zhuanlan.zhihu.com/p/576870902.

[30] 小乐说旧改．2004—2023年，从棚改到城市更新的政策演变[EB/OL].（2023-09-29）[2024-06-28]. http://news.sohu.com/a/724281124_121817880.

[31] 快活大武汉．武汉有个区曾经是工业大户经济效益第一，这些年竟然备受冷落[EB/OL].（2022-09-03）[2024-06-28]. https://baijiahao.baidu.com/s?id=1742959177536829419&wfr=spider&for=pc.

[32] 武汉市自然资源和规划局青山分局．青山区“十一五”空间布局规划构想[EB/OL].（2005-11-25）[2024-06-28]. http://qs.zrzyhgh.wuhan.gov.cn/qs/pc-993-14346.html.

[33] 司琪．一步跨越60年青山棚户区居民讲述幸福生活[EB/OL].（2018-04-24）[2024-06-28]. https://www.163.com/dy/article/DG5MPPTG0514DP00. html.

[34] 张军．“青山模式”：主要内容与基本经验[J]．长江论坛，2015（5）：57-60.

[35] 中国自然资源报．城市更新　规划先行[N]．中国自然资源报，2021-11-26（3）.

[36] 杨梦晗. 重庆：以城市体检推动城市更新[EB/OL].（2021-03-09）[2024-06-28]. http://www.chinajsb.cn/html/202103/09/18399.html.

[37] 住房和城乡建设部. 住房城乡建设部关于全面开展城市体检工作的指导意见[EB/OL].（2023-11-29）[2024-06-28]. https://www.gov.cn/zhengce/zhengceku/202312/content_6918801.htm.

[38] 青山区城建局. 关于《青山区城市体检工作方案》的解读[EB/OL].（2021-09-16）[2024-06-28]. https://www.qingshan.gov.cn/zfxxgk/zc/zcjd_38445/202109/t20210916_1779029.shtml.

[39] 李波，程之浩，高菲. 区级层面城市更新规划的编制探索——以成都市成华区为例[J]. 四川建筑，2022，42（6）：15-19.

[40] 许涛，刘海. 粤港澳大湾区城市更新规划编制体系探索[C]//中国城市规划学会. 人民城市，规划赋能——2023中国城市规划年会论文集. 北京：中国建筑工业出版社，2023.

[41] 青山区城乡建设局. 青山区（化工区）路网和园林绿化建设“十四五”规划[EB/OL].（2021-12-22）[2024-06-28]. https://www.qingshan.gov.cn/zfxxgk/fdzdgknr/ghxx/sswgh/202112/t20211222_1878521.shtml.

CHAPTER 5

Planning and Construction
——Empowering the Transformation of Industrial Zones Through the Promotion of Functional Zones

第五章

规划与赋能
——以功能片区推进工业区转型

为了有效落实、承载和支撑宏观发展战略，将功能区作为主导功能集聚、规划集中建设实施的空间载体，武汉市规划主管部门创新性提出“功能区规划”这一规划类型，用规划统筹城市建设，引领城市发展。以功能片区为载体为区域转型赋能的发展模式，总体经历了两个阶段。其中在第一阶段，秉承“功能性、规模性、主导型、支撑力”原则，谋划主导功能最突出、投资最密集、形象最鲜明的区域作为重点功能区域，并细分历史街区型、生态景观型等功能区类型，构建市、区实施共建平台，引导市场的投资方向和投资力度，推动重点功能区规划与建设。通过统一规划、统一设计、统一储备的方式，统筹产业功能、空间布局、交通组织、人文景观，实现多专业设计协同，并打破过去因零星储备导致城市功能分散、整体形象不突出的弊病，以土地的连片储备实现城市功能和建设时序的统筹安排，为资源配置最优化和土地价值提升提供保障。在此基础上，形成“重点功能区—次级功能区—提升改造区”的三级功能区规划体系，青山“红房子”、青山滨江西片属于武汉市级重点功能区，继而进一步划定了青山江滩、武九生态文化长廊、武钢现代产业园、青山古镇等次级功能区和提升改造区。在第二阶段，以更新单元为抓手，采取共同缔造的模式，居民、企业、政府、投资运营平台共同参与，实行以基层治理促顶层谋划的空间更新与区域自我管理，按照“以产业谋划引领空间布局、以运营思维优化项目抓手、以动态平衡校正实施计划”的系统思维，强化人居环境品质提质和工业遗产活化利用，实现老工业城区文脉、动能、空间、生态多维更新。

5.1 生态绣底色——综合整治，以三生转化融合促进生态修复

5.1.1 滨江生态区升级——青山江滩百里生态长廊规划

（1）总体概况

青山区因江而生，青山矶为长江四大矶之一、军港渡口，是长江文明与码头渡口的活化石。青山区长江岸线约30公里，而青山江滩成为长江主轴的重要组成部分。2015年青山江滩一期开园，2017年江滩二期投入使用，成为武汉市首个“江、滩、城”三位一体的生态江滩、湖北省首个“海绵”江滩，打破了传统堤防、人、水相亲的阻隔，将城市立体空间开发的概念引入江滩建设，2017年，青山江滩获C40世界城市奖“城市的未来”奖。

长江是武汉重要水源地，以长江为水源的饮用水用水量占全市总用水量的60%；长江沿线作为城市文明的纽带之魂，是城市活力的重要载体。武汉市将长江大保护摆上优先地位，但随着城市的快速发展，青山区沿江区域目前面临的形势依然紧迫而复杂：流域系统保护不足，生态系统功能面临退化的危险；长江岸线保护与利用之间的矛盾日益突出，迫切需要统筹协调好岸线功能、设施布局与生态保护的关系；城区发展方式亟待转型，生态保护与重工产业转型、城市综合发展的关系有待加强。

在此背景下，青山区率先提出打造“长江国家文化公园武汉先行区——青山江滩百里生态长廊”的目标，在前期“海绵”江滩的经验基础上，将规划视野聚焦到滨江区域，通过对长江沿线文化资源的全面挖掘梳理与保护，联动生态资源的高水平维育与治理，进一步发挥生态、文化、旅游对长江流域经济社会发展的“杠杆作用”。

（2）绿色生态治理，从自然生态到活力品质公共空间

1. 以长江保护法为引领，明确准入机制和负面清单

在人水共生的理念之下，需要首先明确生态保护的底线，以保障区域可持续的高品质环境。2019年《长江经济带发展负面清单指南（试行）》出台，2021年《中华人民共和国长江保护法》出台，青山江滩百里生态长廊规划将“准入机制”的制定放在首位，明确以《中华人民共和国长江保护法》等相关法律法规、规范指南为抓手，明确滨江沿线产业准入机制和负面清单，保障生态安全。

具体要点包括：明确权责体系，按照职责分工负责长江保护相关工作；明确重点生态保护区、干支流岸线不同保护范围内的产业、资源保护、水污染防治和生态环境修复等方面的负面清单，提出相应的准入机制；明确滨江区域内需要进行升级改造的产业类型，细化不同设施的改造要求，提出绿色发展的举措。

2. 构筑生境堡垒，强化本底“绿色引擎”

考虑到青山东部以武钢、化工区的产业发展为主，故规划提出通过加强公园覆盖率，构建产居分离的生态网格结构，筑牢生境堡垒。

一是延续青山江滩，向东形成贯通本区的沿江生态廊道和生态绿楔，建设不同主题、多样化的城市公园。其中长江湿地是重要节点之一。在规划中，利用武惠堤至乙烯滩的带状生态湿地、石化排污口修复后的大树等资源，以轻度开发为原则，适当导入候鸟保育观测点等小强度项目，通过实景教育课堂的形式，实现生态保护、科研教育的目标；重点发展生态科研、环保教育等功能，可引入长江湿地候鸟保育观测点、湿地森林等文旅项目，并配套建设湿地公园、科研候鸟观测站等工程。

二是强调生态网络的建设，包括构筑环化工园湿地公园群，保留水系肌理，构筑蓝绿纵横水网，持续推动武钢有限公司打造花园式工厂，结合城市多条生态廊道构建森林公园，推广绿色建筑。结合中石化SK乙烯炼化项目自动化生产园区，白鹭栖息保护区，生态修复示范园、北湖大港滨水公园、大树公园等现状资源，以中石化乙烯的产业旅游功能植入为抓手，通过串联化工区内嵌入式的生态修复示范园，结合仍具有生产功能的新材料园区、现代物流园等，全景式地展现产业与生态的交织并存，激发公众环保意识；可引入乙烯滩湿郊野绿道，北湖大港滨水公园等文旅项目。

三是建设重要的防护与生态绿化隔离带，形成产居分离的生态格局；加强非主干路景观行道树种植，点线串联老城区公园游憩体系。长江生态绿楔上的碳汇公园，是融合双碳理念、践行环保与工业和谐共生的典型节点。结合长江花海、北湖生态治理工程、长江森林二三期现状资源，以生态研发中心、水体污染治理示范区等科创项目为引领，以长江森林、长江花海等“环保 + 生态”为示范，以科技赋能为主题串联城市绿楔，重点发展生态旅游、节能环保等产业，可引入北湖碳汇公园等（图5-1、图5-2）。

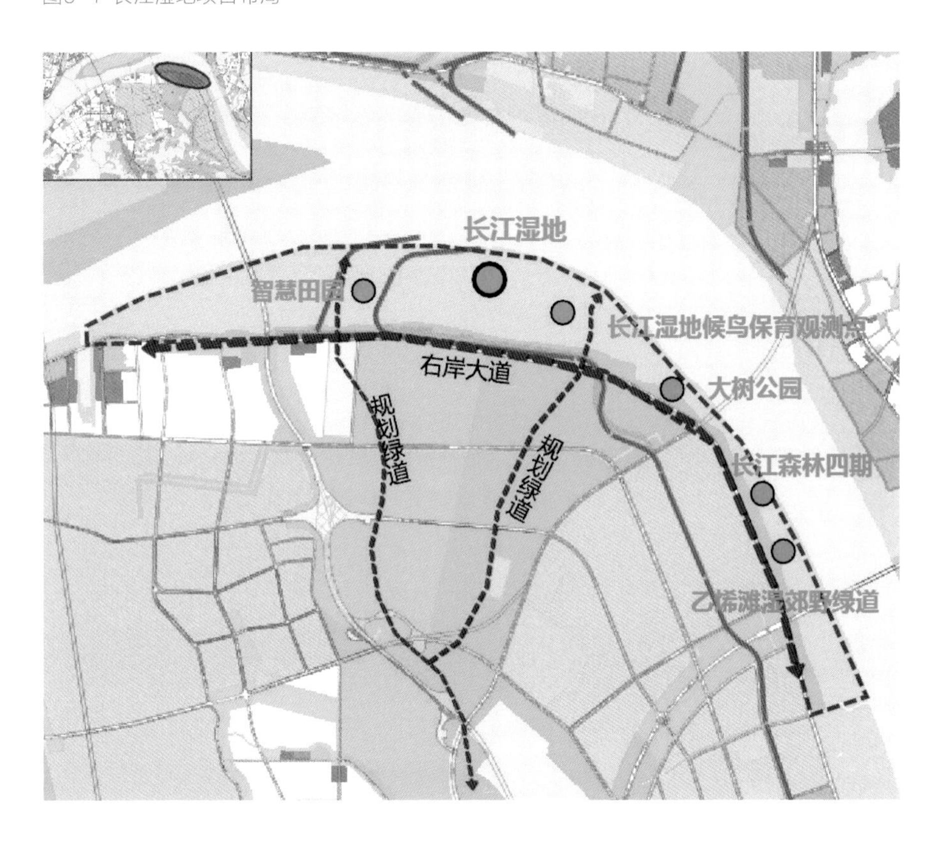

图5-1 长江湿地项目布局

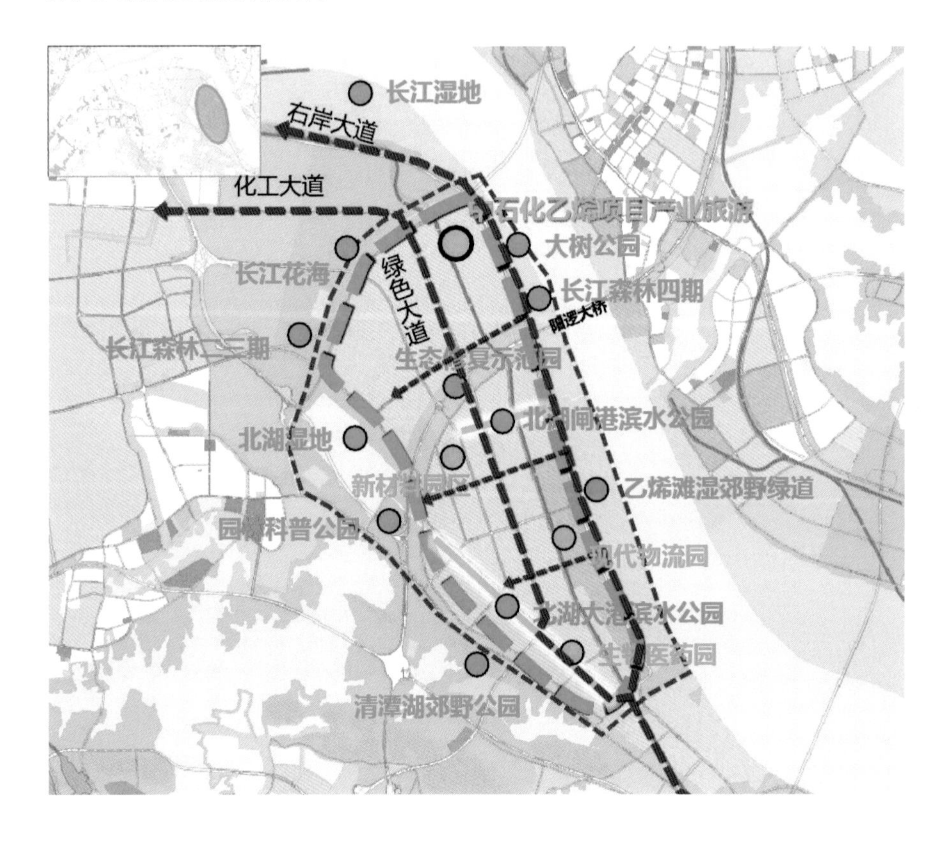

图5-2 绿色化工园区项目布局

3. 优化农业空间布局，以产业发展带动生态环境提升

青山是武汉市中心城区唯一有农业空间的城区，农业区由长江向腹地拓展，紧邻长江湿地公园为建州菜薹和青山萝卜的种植基地。结合青山区万亩基本农田、北湖农场等为代表的农业产业资源，以特色农产品品牌建设、青山萝卜小镇为重点项目，发展崇阳、高潮村蔬菜基地和建设片蔬菜交易市场等建设项目。结合青山区万亩基本农田，以乡村振兴为纲领，通过文化创意与科技创新等新经济手段，实现农业旅游、科普教育的城市功能，打造中部地区农业高质量发展示范区。可引入青山萝卜小镇、建州菜薹生产基地、休闲农业基地（田园综合体）、农业生态+花海科普等项目，并通过郊野绿道进行串联。通过谋划农业产业发展，带动以基本农田为载体的生态本底的修复更新（图5-3）。

图5-3 农业空间总体项目布局

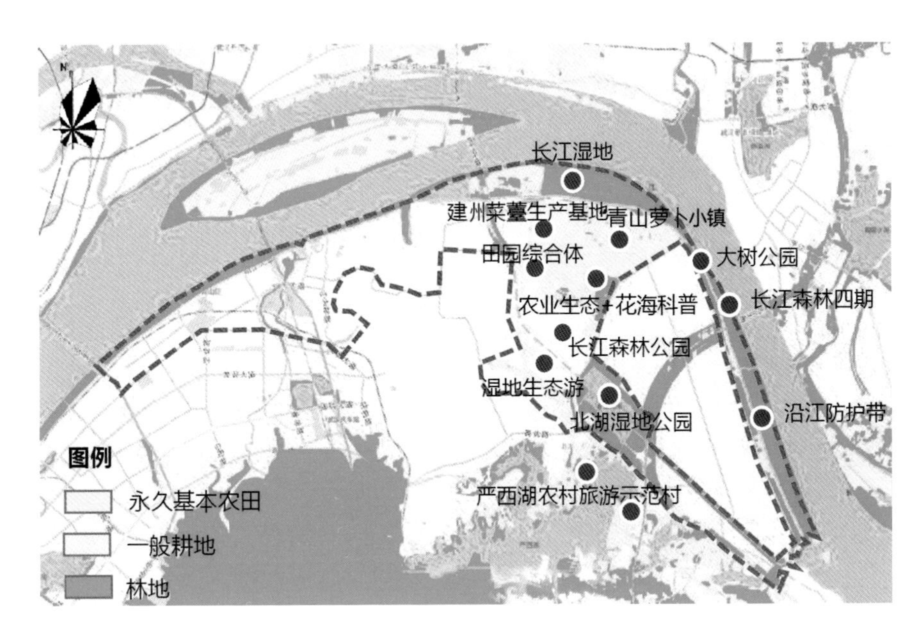

4. 雨污体系保障系统安全运行，河渠治理改善水环境

一是提升岸线品质与安全，着重堤防护岸整治和港口码头岸线清理，包括长江武惠堤沿线闸站改造及水毁修复工程、流域水环境综合治理等治水理水的工程。二是持续开展内涝防治工程，推进沿江排水闸站改造；结合城建计划，对排涝泵站、排水港渠、管网进行提标改造。三是不断改善城乡河湖流域水环境体系，完善污水收集处理体系，加强流域水环境综合治理。

（3）文化生活融合，从工业遗存到文化体验带

1. 深度挖掘历史文化遗存

青山滨江沿线拥有众多工业文化遗存、历史文化遗存和绿色生态资源。其中，工业文化遗存集中在西段江滩公园及中段滨江地区，主要为工业塔吊、信号塔等，体现了青山区独特的工业风貌特色。江滩公园内塔吊已改造为工业景观，工业码头内塔吊部分还在使用中。历史文化遗存包括桃园古井、青山正街等反映

历史记忆的街道和设施，零散分布于沿江区域。绿色生态资源主要为古树名木。每一处遗存都代表了曾经的过往和故事，记录了从自然原生的青山古镇到人定胜天的产业铸城，到公园城市的生态营城，到打造生态智造的城市公园的发展脉络。规划努力探索文化遗存活化利用的路径与模式，长江国家文化公园的建设作为增进福祉民生的重大项目，从工业生产到文旅生活的转换，打造一系列青山长江文化设施地标。

2. 强化补充滨江文化公共设施服务集群

规划重点从文化、体育、文旅商业三个方面，对沿江区域的公共设施提档升级。

一是以新体育运动再造城市活力。依托江滩公园、大型城市公园，建设高水平的专业化大型市级体育设施和场馆，改扩建现有体育场馆建设区级体育设施，创造城市新活力。公益性体育设施要注重提高受众群体、提升使用频率和灵活管理，打破僵化陈旧管理模式，引入多元化的体育活动，比如扩大开放时间、放宽使用人群、建立弹性管理政策。

二是以新文化设施弘扬传统文化，塑造泛博物馆群。通过各级公共开敞空间增设带有长江文化符号的文化小品、展示廊等设施，强化作为长江文化公园的特征，以各级文化场馆为核心，以公共开敞空间文化展示为触媒打造泛博物馆群。另一方面，是激活现有文化设施，全面拓宽文化设施的利用模式，面对公共文化设施利用不足闲置等问题，转变僵化利用模式，打破行政化的文化活动，积极拓展文化活动内容和形式，积极对接市场变化和人民群众文化生活需求，采取多元方式如展览、演艺、宣传、交流、宣教等方式拓展设施受众群体；改建重要历史文化设施（工人剧院、青山区图书馆、青山区文化宫、大冶文化宫、白玉山文化宫），提升现有文化设施的公共文化服务能力，改善文化设施硬件水平，利用改扩建方式传承文脉、积极创新。

三是以新文旅产业引领复合功能。引入全阶层的商业功能，建设主题商业街、区域商业购物中心，作为公共文化设施的配套功能。通过业态升级、功能转型引导提升商业体系头部设施能级，扩大商业服务能力和吸引力。

3. 营造文化故事体验节点

规划梳理了青山区“工业 + 生态”IP游线的空间线路，沿线营造文化故事体验节点。如“青山之根”节点，通过临江的矶头山公园、历史古街等生态空间和历史商业空间的更新修复，讲述青山发展历程的故事，彰显“依江而兴”的城市发展脉络。“工业之窗”节点，通过长江游船码头、长江城市露台、青山船厂文化中心等工业遗迹的改造再利用，塑造转型展示交流互动的窗口，讲述长江持续启迪产业不断创新的故事。“摩登红坊”节点，通过激活“青山红房子”与江滩的文化创意廊道，延续红色青山人的创业精神，讲述武钢人的生活故事。

5.1.2 基础设施改造升级——青山武九生态文化长廊规划

（1）总体概况

武九铁路北环线从南至北穿越武昌、沙湖、武昌北、八大家、楠姆庙这五个车站，总长度约17.1公里，其中青山段约6.4公里。铁路全线用地最宽的段落宽106米、最窄的段落宽6米；宽度在30米以下的段落占全线的60%，宽度在30米以上的段落分布零散。

从历史文化特征方面看，武九铁路北环线经历了三个发展阶段，1936年以徐家棚为终点联系武汉与广州的粤汉铁路，1957年改为武汉至九江的客运铁路，2005年后客运功能转移至南环线，北环线逐渐成为客串公交角色、服务铁路职工和菜农的市郊火车线路。同时，武汉市江南地区近百年的城市建设也是沿着武九铁路北环线自武昌古城向徐家棚、青山方向顺江扩展延伸，串联了现状多处历史建筑遗存。因此，北环线沿线是穿越武汉市城市年轮、见证江南地区发展历史足迹、集中展示武汉铁路文化的重要区域。

从沿线城市功能和设施情况看，武九铁路北环线沿线区域位于两江四岸的南侧段，青山段是青山区城市建设与城市形象集中展示的区域。但同时，北环线将江南地区城市空间割裂，铁路两侧功能连接受阻；同时，铁路沿线现状建筑破旧、城市面貌较差，使得沿线城市空间成为城市的背面，亟待提升其环境品质；市政基础设施配套不足、城中村改造滞后等现实问题，难以满足城市运行保障要求。

从历史文化遗存方面看，武九铁路北环线经历了“铁路兴城”到“铁路围城”的百年发展历程，保留了多处铁路历史文化建筑遗存，见证了武汉市近一个世纪的城市风采。但现存的历史文化建筑遗存大多建设破败、功能荒废、缺乏人气，亟待通过建筑整治、风貌塑造、功能注入等手段，将其历史风貌特色有效彰显。

从生态资源和城市景观方面来看，武九铁路北环线沿线将青山区的青山港、楠姆河、和平公园、青山公园、戴家湖公园与长江江南片的蛇山、凤凰山两山，以及沙湖、四美塘、罗家港、大东门游园、沙湖公园、隧道公园、月光长廊游园、秦园路公园、月亮湾公园、四美塘公园、罗家港公园等城市公园和湖泊水系串联，充分展现了武汉市区的自然之美。但铁路场地内部及沿线生态退化、景观破碎，生态景观环境亟待修复。

从城市交通联系方面来看，武九铁路北环线沿线垂江通行能力严重不足、垂江交通疏解压力较大，亟待通过打通断头路，构建多样化立体化道路交叉模式，引导垂江交通分流、强化垂江通行能力。同时，武九铁路北环线所在区域的城市轨道交通和公交系统发达、站点密度高、可达性高，是长江右岸慢行优先区和轨道慢行接驳区，是践行“轨道交通 + 慢行交通”低碳出行方式的最优区域。但是现状城市慢行功能不完备，亟待提升改善。

武九铁路北环线作为跨越百年的铁路遗址，其客运功能逐步退出城市舞台，其历史使命完成的同时，对城市功能和交通的割裂，对景观产生的消极影响愈发明显，改造势在必行。2012年，按照传承百年文化、追寻百年记忆、建设百年工程的总体建设目标，武汉市政府开始对粤汉铁路武汉段进行更新改造。规划依次历经总体规划、土地利用综合规划、详细规划等多个阶段，重点聚焦消极生境下的保护修复、历史断裂下的文脉传承、功能衰退下的城市更新三个方面，将武九铁路北环线改造为集合生态景观游廊、城市功能走廊、历史文化长廊、地下综合管廊于一体的武九生态文化长廊，探索高密度都市区“城市锈带”的改造方式及复兴路径。

（2）生态恢复：构建与自然对话的城市绿链

规划提出按照“串珠成链、连线成网”的思路，以沿线铁路区域为本底，修复破碎生境、优化景观品质、连通区域绿网，让昔日的“伤疤”蜕变为今日的“绿链”。

1. 构建特色自然游廊

在青山段，通过塑造“绿荫道—繁花道”两个自然主题游廊，串联青山火车乐园、八大家科技工坊等五景，联动武昌区段，形成主城区17公里城市绿链，为高密度的城市空间植入自然气息。

青山火车乐园景观亮点。青山火车乐园位于青山港至武广高铁之间，北侧与青山公园相邻，长约1300米，最宽处125米，最窄处20米，强调与青山公园的融合（图5-4）。该段以生态乐活为主题，设置有火车游赏线路、绿道骑行线路、慢行游步道线路；并运用废旧火车厢、集装箱点缀火车工坊、休憩设施、文创小品等。其中，樱林花坡特色节点是以穿行在樱花夹道中的绿皮小火车，以及结合坡地布置的樱花林和地被花坡为特色；植物布置上以生态为原则，以樱花为主要树种，突出季节性景观效果。

图5-4 青山火车乐园总体布局

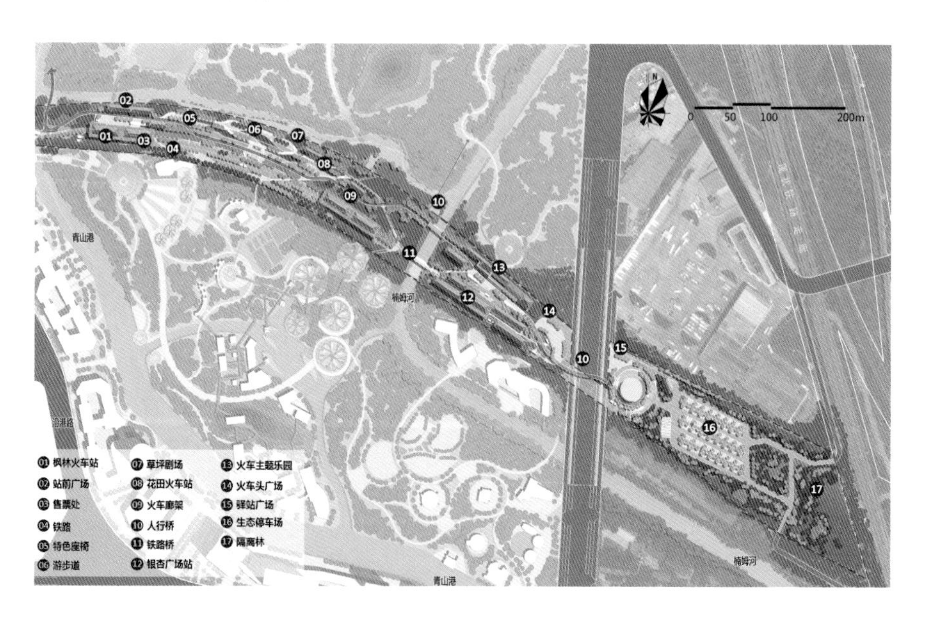

植物景观设计。考虑到银杏有着地球活化石和植物界熊猫的美誉，是中国四大长寿观赏树种（松、柏、槐、银杏）之一，能够体现并展示城市的百年精神。因此，规划选用银杏作为主要植物贯穿全园，强化其绿化景观特征，融入其古韵久深、自强不息、蓬勃发展的“百年精神”，并合理搭配其他植物，将生态文化长廊打造成为一条极具特色的多彩生态廊道，形成“百年银杏金满地，画廊醉游人”的百年景观。

2. 强化区域绿道联系

长廊内按照生态影响最小、尊重基地文化生态资源、经济性和安全性兼具的原则，布局慢行道。慢行道分为综合绿道和游步道两级，综合绿道为贯穿南北的轴线，连接长廊内的绿地、广场，跨过城市道路及港渠，将散步道（人行道包括无障碍道）与自行车道（跑步道）结合铁轨进行设置；游步道为园内游览路及绿道与外部联络通路。在宽度设计上，综合绿道主线宽度不小于6米；自行车道一般为3米以上，最窄不低于2米；散步道最窄不低于1.5米。在线形设计上，人行道形式易灵活组织，设计结合周边环境，凸显特色、形式生动、富有趣味，同时根据场地已有地形及铺装，减少工程量，节约造价；当人行道作为无障碍道时，以坡道取代阶梯式设计；自行车道考虑骑乘的舒适性，纵坡以3%以下为宜，超过8%的按推行道设计，设置推行标志，遇到桥梁、立体交叉处且受地形或其他特殊限制，纵坡大于8%的按推行道设置。

长廊外通过城市联络型绿道，连通长江江滩绿道、垂江绿廊、东湖绿道，织密区域绿道网络，构建江南地区慢行空间骨架。

（3）文脉传承：演绎穿梭百年历史的时空漫道

规划中慎重判别现实空间的“留”与“拆”，识别百年粤汉铁路历史元素，充分融入建筑空间和场所设计，活化铁路历史和复兴城市记忆，让线性空间重焕新生。

一是在工业遗存建筑改造中注重保留原始工业生产痕迹，植入艺术交流、文化展示等新功能业态，形成现实与历史碰撞交融的文化交往空间。具体规划措施上，在梳理基地内现状工业建筑肌理和铁路设施遗存的基础上，通过拆除部分建筑，建立场地脉络；继而分解建筑体量，提供灵活单元，作为未来不同业态的空间载体；重塑街巷空间，打造慢生活聚落，特别是打造空中步道，疏通第二漫游路径；注入商贸、文化、创意产业等主题功能，唤醒历史建筑。

二是链接“过去—现在—将来”，通过记录铁路文化的时光隧道、铁路设备景观重现展现过去历史记忆；通过火车厢沉浸式演出、“铁轨 + 建筑”、“铁路 + 铺地”、穿梭的休闲火车等方式展现当前时代记忆；通过万国列车未来科技体验区展现未来科技体验。注重对铁路文脉元素的利用，形成具有浓郁铁路主题和工业风格的艺术雕塑小品、街道家具设施，激发百年铁路文化与城市生活交融的时代记忆。

1. 时光隧道节点

结合铁轨原有的下穿特征，在260米隧道空间中营造两种不同的体验：一是声光电多维展示铁路历史文化的隧道体验，结合浮雕墙壁等形式的艺术化处理，对隧道入口处护坡加以改造；二是以连续高大常绿植被营造的绿廊隧道，点缀铁制休息座椅和站点牌等景观元素。

2. 沉浸式剧场节点

依托火车站台、多个火车车厢空间等车站场景的布设，引入白天、夜场不同故事的“粤汉号”沉浸式剧场演出，形成更加深度化的文化场景体验；设置连续的铁路轨道，引入活动式火车体验。此外，将铁路轨道延伸至一组新建建筑前，建筑为候车站风貌，内部引入铁路未来科技文化体验服务、时尚美学家居等特色业态。

（4）功能复合，打造立体多元的都市空间

面对高密度都市区土地稀缺的现实问题，集约利用土地资源，构建立体复合的都市线性空间。

一是利用不同区段地势高差的特点，分层次、多样化组织铁路内外空间布局，设置立体公共廊道、公共平台、公共绿地，预留与公共建筑之间的立体化联系通道，联动周边城市功能和景观，通过地面、地上、地下联动形成有机的空间整体（图5-5）。

以艺术天地节点为例。规划顺应铁路线的竖向高度，通过高线步道与建筑二层空间相融合的形式，营造整个场地室内—室外、建筑—绿道自然过渡的体验；建筑内部重点引入创意工坊、画室画廊、艺术展厅等业态，将生态性与人文艺术性融为一体。有条件情况下，建议与地铁站点出入口更新联动设计。

二是利用廊道空间复合共建地下综合管廊，综合布设给水、电力、热力、通信等市政管线，整体提升片区基础设施承载能力。

三是打通原铁路两侧的道路节点和城市断头路，并规划设计了风格特异的步行景观廊桥，基于上跨、下穿的地形高差特征，构建骑行体验丰富的连续慢行游线。

图5-5 立体多元的都市绿廊空间

5.2 功能片区增亮色——以用促保，以工业遗产运营思维引领重点功能区转型

5.2.1 园区升级型——武钢现代产业园规划

（1）总体概况

武钢是武汉市历史悠久、现存产业基地规模最大的现代民族工业企业之一（图5-6）。从20世纪90年代起至今，武钢的产业发展一直是青山区经济发展提升的重要支撑。随着宝武联合重组，武钢正加速融入全国钢铁生态圈，也面临转变产业发展方式、聚焦存量资源积极探索转型发展之路的重要挑战。

从产业发展方面分析，武钢目前定位中高端，应用侧重在取向硅钢、汽车外板、家电板、重轨等。近年来武汉第二产业在城市生产总值中所占比例逐渐下降，钢铁产业对全市二产贡献连续几年下降；从2014年武汉市提出的打造“千亿板块百亿园区”工程、推动电子信息、汽车、装备制造、钢铁、石油化工、食品等六大千亿板块，到如今建设全国经济中心、国家科技创新中心，全面推进新一轮技改，促进钢铁、石化、建材、食品、轻工、纺织等传统产业向高端化、智能化、绿色化转型升级，大力发展网络安全、航空航天、空天信息、人工智能、数字创意、氢能等新兴产业，超前布局电磁能、量子科技、超级计算、脑科学和类脑科学、深地深海深空等未来产业，武钢的产业发展应在创新驱动中寻求与城市产业战略的同步转型升级。

图5-6 武钢建设投入运行

从产城空间发展方面分析，围绕武钢厂区，青山区在其外围及区域范围内兴建了一批城市服务设施和市政工程，提供配套的生活、生产服务功能。但随着多年的发展也逐渐出现了大厂带来的“城市病”：一是行政管理和生态防护带来的厂城隔离，即出于安全、防护和保密等因素导致厂城难以融合发展，以及园区企业发展需求带来的如焦化等设施的安全防护隔离；二是园区外围用地混杂，阻碍与城市互通，尤其是厂区外围用地权属零碎，特殊用地及村庄用地占比约20%，城市市政设施往往止步于厂区外部，武钢厂区成为体系性布局城市交通和市政管网的阻碍；三是园区内外土地集约化利用度不高，园区内建筑密度仅为31%，加之

部分关停设施如二炼钢（4公顷）、一热轧产线（22公顷），空置空间未充分利用。

从城市区域发展诉求方面分析，一是受快速城镇化影响，武钢厂区周边区域已各自形成国际化、特色化的战略功能格局；二是目前武钢厂区占青山区（化工区）面积的比例约15%，按照青山区着力打造战略性新兴产业和现代服务业的总体思路，对该区域的产业升级、一体化发展提出较高的期望，武钢厂区应通过结构调整，实现高质量发展；三是缓解该区域的生态压力，近十年数据显示，武钢厂区及周边区域的热岛效应日趋严重，热岛强度逐渐提升，空气质量优良率57.6%，较全市低7.2个百分点，全区二氧化硫、烟粉尘等主要污染物排放量占武汉市污染物排放量50%左右，环境质量亟待提高。

基于武钢自身发展诉求、产城一体化发展要求，并顺应城市区域发展趋势，规划重点从谋产业、腾空间、促低碳等方面，制定武钢厂区升级改造的系列措施和空间方案，以期寻找老工业基地原址改造升级的合理路径。

（2）谋产业，制定契合城市产业战略和企业发展方向的产业功能体系

1. 契合城市产业战略

在全市层面，武汉市提出“五个中心”的发展定位，应依托钢铁主业，促进先进制造业发展；同时依托工业港发展物流商贸，支撑全国经济中心、国家商贸物流中心建设。按照全市产业地图，青山区重点强化先进基础材料、智能制造、氢能产业竞争力。

在区级层面，《武汉市青山区国民经济和社会发展第十四个五年规划和二〇三五年远景目标纲要》提出推进宝武转型创新示范区、新材料产业集聚区升级，打造国家老工业基地转型升级标杆区、长江经济带绿色发展引领区、湖北“双循环”改革创新试验区、武汉数字经济示范区、城市基层社会治理样板区；在2035年，实现老工业基地转型振兴，建成长江大保护示范区，钢铁、石化等传统产业完成改造升级，建成“森林中的钢厂”；在具体措施上，加快武钢现代产业园建设，以钢铁生产为中心、钢铁周边产业为延伸，做精做强钢铁领域，同时导入大数据、新材料、新能源、新城市发展等新兴产业，打造产城高度融合的花园工厂和新旧动能转换示范园。

2. 响应宝武企业发展战略

为解决钢铁主业和多元产业发展不平衡，宝武集团提出“一基五元”差异化发展战略，打造全球钢铁业引领者；武钢作为宝武集团“弯弓搭箭”格局的中腰力量，产能不低于1600万吨，腾退不少于三分之一空间发展新产业，促进整体转型升级。武钢集团未来将聚焦园区开发运营和城市服务，以主题园区为基础、协同发展城市综合体、组合升级产业新城、延伸汇聚城市服务。

核心包括大数据产业、绿色技术及平台服务、工业服务。一是以大型数据中心为基础，集聚“数据存储、数据应用、数据交换”三个大数据产业板块，打造为全国工业云智造示范园区、中部智慧智能企业集聚高地、武汉大数据生态创新基地。二是重点发展园区服务业，通过建立战略联盟，引入先进酒店管理；通过稳定发展和适度扩张相结合战略发展供餐服务产业；实现产业进一步聚集，进一步向园区生活服务类运营集成商转型；聚焦绿色技术创新研发，构建专业创新研发平台。三是以武钢中冶工业技术服务公司为抓手，打造专业化的钢铁生产协力、设备维保平台，提供工程和技术研究和试验发展、技术推广、工业设计等服务。

3. 武钢现代产业园产业发展策略

契合城市产业战略，响应宝武企业发展思路，规划提出在武钢现代产业园建设钢铁主导产业、钢铁延伸及新材料产业集群、工业数字化及科创类三大产业集群，构筑“核心主导升级、外围创新融合”产业架构。一方面以企业发展诉求为重点，持续发挥武钢现有两万多产业工人的技术动能，明确钢铁基地属性，钢铁产业仍将在较长时期内担当经济重任；同时，兼顾城市发展诉求，围绕产业链创新融合新业态。构筑“核心 + 外围”的产业体系，寻求人口、产业与城市和谐共处的平衡点。

一是强调核心主导产业升级。以钢铁制造提质升级为主导，钢铁主业按“简单、高效、低成本”原则，重点通过创新工艺，升级危废处置等项目，提升硅钢、汽车钢板等精品钢材产品质量，打造现代化的钢铁精深加工基地，持续提供产业就业岗位。

二是突出外围区域创新融合。推动部分产业工人实现技术性转化，发展钢铁转型衍生类产业：通过将新能源、环保、资源循环利用等关联企业贴近钢厂布局，以联合开发、产学研等方式助力钢厂绿色发展，钢铁延伸类产业包括钢铁精深加工、新材料、智慧物流与工业服务、循环经济等。培育工业数字化及科创类产业生态圈：紧扣城市产业诉求，靶向导入贸易、物流、金融等关键服务业态，契合武汉市突破性发展数字经济需求，包括工业互联网、大数据与云计算、数字智造等，尤其围绕武钢大数据中心，吸引自动化软件及系统集成企业汇聚，推进创新驱动发展。

（3）腾空间，构建“近期可行、远景合理”的空间格局

1. 政企联合，整合园区内外存量空间

基于产城融合、功能成片的思路，强化武钢对周边土地的整合置换，实现片区集约开发。按照空间邻近、功能协同、服务重大项目等原则，结合杨春湖副中心、炼化一体示范区等城市功能区，规划整合了范围内可开发用地规模约12平方公里，包括炼化一体转型示范区335.41公顷、环科园周边200.66公顷、白玉山周边550.69公顷、厂前周边42.23公顷、春笋周边21.49公顷。

2.“一基地四组团”的空间布局

依托园区内外存量空间，以产业为支撑，形成“一基地四组团”的空间布局。其中，“一基地”为钢铁制造基地，“四组团”为现代物流组团、循环制造组团、智慧商务组团和综合服务组团。

钢铁制造基地面积约14平方公里，为武钢权属用地。强化钢铁主产业链，通过再投资、再利用优化产线确保1600万吨产能，打造绿色化、智慧化、精品化钢铁精深加工基地。核心项目上以产线优化项目引领，实施烧结、料场环境改造等措施。

现代物流组团面积297.22公顷，涉及武钢权属用地143公顷。依托2公里长江岸线和千万级港口，导入现代智慧物流产业，打造长江主轴东北现代物流门户。核心项目包括武汉工业港、临港国际商贸物流中心。

循环制造组团面积212.69公顷，涉及武钢权属用地99公顷。依托现状装备制造基础及宝武环科循环产业资源，导入新材料和循环经济产业，打造武汉东部组群循环先进制造区。核心项目为循环科创园。

智慧商务组团面积249.08公顷，涉及武钢权属用地142公顷。对接杨春湖城市副中心功能，导入数字经济产业，积极运用新技术、新产品，突出绿色、环保、低碳的发展理念，打造杨春湖副中心智慧引领商务地标。核心项目包括国家超算武汉中心、欧冶云商华中总部中心等。

综合服务组团面积106.83公顷，涉及武钢权属用地46公顷。对接东部城中村统征储备改造，融入白玉蓝城建设，织补城市服务功能，整合武钢集团职业教育资源，建设职业教育集团。核心项目包括宝武科技人才中心、青年创业孵化中心等。

近期为提升土地和产业效能，按照空间集中连片、远近结合、产业工艺提升、产线优化的总体思路，由武钢集团联合青山区，联动社会力量启动十大标志项目。产业园区项目包括武汉工业港临港经济产业园、武汉青山氢能产业园、循环经济产业园和扬光产业园四大项目；产线方面项目包括钢铁主业烧结系统产能提升、钢铁主业精品棒材、钢铁主业热轧高强度精品钢、钢铁主业硅钢产能提升、钢铁主业炼铁区料场环境提升和钢铁主业能源综合利用六大项目。

3. 区域远景一体化格局

北部地区贯彻长江大保护，结合炼化一体转型示范区，整合功能打造南岸新城；中部地区落实高质量发展理念，武钢逐步转型进行高端钢铁研发生产，打造高端钢铁智造基地；外围组团与周边四大组团逐步融合集约发展。在远期整体实现“一城一基地”，形成南北通江连湖、东西绿楔联动，区域开放开发、共融共生网络体系。

（4）促低碳，提升区域共享、环保低碳的基础设施

1. 电力供应资源共享

一是构建可靠智能电网。对接“武汉市电力设施布局规划”，在园区周边新建一座220千伏公用变电站及八座110千伏公用变电站（其中武东变为一流电网建设项目），在园区内新建一座220千伏专用变电站；新建公用变电站均采用双电源或双回路供电；通过建设智能变电站、智能配电网等构建可靠智能电网。

二是加强城市与园区的资源共享。结合园区开发建设情况，同步开展对专用变电站的改造；近期规划将220千伏厂前专用变电站改造为220千伏公用变电站，满足智慧商务园区用电需求。

2. 集中供热资源回用

以青山热电厂、武钢电厂、炼铁厂余热为热源，实现对厂区及周边的集中供热。北线沿环厂北路、宜居路等敷设，主要服务武石化生活区、青山船厂生活区等片区；西线沿冶金大道、建设十路等敷设，主要服务杨春湖高铁商务区、青山滨江商务区等片区；东线沿21号公路、北湖南港等敷设，主要服务北湖生态新城以及白玉山等片区。

3. 雨污分类处理与防治

在污水收集处理方面，结合地块改造，近期建设污水管道与北湖污水处理厂主干通道衔接，远期扩建北湖污水处理厂，收集整个厂区及周边区域生活污水进入北湖污水处理厂处理；工业废水经厂区内部废水处理站处理达标后排放。

在雨水内涝防治方面，疏通北湖南港明渠、白玉山明渠；扩建166泵站、龙角湖雨水泵站。

5.2.2 历史街区型——青山“红房子”重点功能区规划

（1）总体概况

青山“红房子”重点功能区是青山滨江商务区的核心组成部分，也是引领青山区由武汉市工业重镇向宜居宜业城区转型蝶变的重要承载区域和发展引擎。

青山“红房子”是武汉市工业化进程的重要见证。青山区“红房子”始建于1955年，是武汉市现存最能反映“一五”时期武汉历史风貌的活工业遗产。目前保存较完好的“红房子”主要为8街、9街及5街、6街部分区域，现状用地面积约为23.0公顷，现状建筑面积约15.3万平方米。“红房子”保留下来的建筑遗存、空间肌理和庭院环境，成为对艰苦奋斗、无私奉献的创业过程美好回忆的记忆载体。青山“红房子”是武汉市工人住宅建设艺术的重要标本。青山“红房子”按照街坊形制建设，整体呈“囍”字几何肌理、低密度布局，拥有高绿量围合庭院和公共空间，建筑呈现红砖墙、坡屋顶、精构造的风貌特色，其独特的建设形制和建造技术具有不可替代的历史时代特色和艺术价值（表5-1）。青山“红房子”是激活武汉市工业遗产魅力的重要抓手。历经60年多年时间的洗礼，“红房子”面临着建筑安全隐患和空间活力不足等问题，亟须通过“红房子”保护与更新工作，传承“红房子”历史文化价值、彰显“红房子”风貌特色、塑造“红房子”空间魅力、激活“红房子”功能活力。

表5-1 青山“红房子”建筑特色

建筑细部	建筑立面	建筑屋顶	窗花	阳台装饰	入栋门
特色	红砖材质和色彩砖装饰线	坡屋顶形式	墙体立面上有方格型窗花装饰	“X”形通花水泥装饰图案	水泥装饰栏板的门框形式
示意照片					

为传承和弘扬优秀历史文化，促进城市建设与历史保护协调发展，武汉市先后编制了《武汉市历史文化名城保护规划》（2006年）、《青山红房子历史地段保护规划》（2007年）、《武汉市主城历史文化与风貌街区体系规划》（2012年）等系列保护规划，将青山“红房子”作为武汉市历史地段，5街、6街部分区域及8街、9街划入紫线保护范围，纳入武汉市历史文化名城保护体系。其中，8街作为二级优秀历史建筑纳入武汉市优秀历史建筑保护名录；同时，为了保护以“红房子”为代表的历史风貌区特色，进一步将周边4街、7街、10街划定为建设控制协调区。据此，青山“红房子”历史印记得以完整保存。

在此基础上，2014年开展青山“红房子”片重点功能区实施性规划方案编制，规划突出底线保护与合理利用，重点保护“囍”字肌理、绿化庭院和“红房子”典型风貌；强化建筑保护性利用，导入新功能，塑造当代工业文化展示活力区。

（2）制定系统性保护方案，以多元空间实现文化记忆再现

对于保护对象与实施主体多元的滨江工业遗产来说，粗放的管理体系无益于滨江空间形象提升及历史文化内涵的延展，甚至可能使其淹没于现代城镇化的高速进程中，成为无人问津的牺牲品。青山滨江商务区规划中注重编管结合，从管控要素、资金平衡、仿真平台三个方面构建对“红房子”工业遗产的精细化管理体系。

1. 分层级制定差异化管控对象，实现重点要素的有效传导

为有效应对复杂的现状产权关系和多元行政管理主体，规划编制之初即划定“历史地段（街坊）—院落—历史建筑”三个层次。街坊层次对应原宗地主体武钢集团有限公司，控制的重点在于整体风貌的协调，由规划主管部门、土地储备机构作为责任主体；院落层次对应共享院落的部分业主，主要关注的是百年树木的定位与保护、院落传统形态的保持与维护，由园林主管部门作为责任主体负责；建筑单体对应楼栋业主，编制着重点在于建筑元素的控制，由房地产主管部门作为责任主体。管控对象从面向点逐级缩小，从而实现逐级管理。

同时，针对历史街区保护与利用兼具的特点，规划编制中依据不同层次的目标设定管控要素。在街坊层面，主要控制与整体风貌相关的建筑强度分区、高度分区、建筑密度、建筑风格与体量等，以及与公共空间相关的因子；院落层面则注重院落整体形态，如庭院尺度、空间开敞度等；建筑层面主要限制红砖、坡屋顶、方形门框、镂空窗花等特色立面提取与应用（图5-7）。

此外，针对建筑层次，根据历史文化价值评估，区分重点历史建筑和一般风貌建筑，提出常规性和特殊性控制的差异化要求，精细化重要场所的管控要素。根据各层次要素的特性继续细分控制性要素和引导性要素，并进行控制范围设定，增加场所布局、指引条文、指引图示等指引文件，形成指标、坐标相对清晰的规划管控图则。

2. 依招商定制土地出让要点，探索实现资金平衡的保护路径

规划团队在方案成熟后期，紧密配合区招商、发改等部门，参与多轮招商例会并深入对接意向企业的开发诉求，将街坊、院落、建筑三层次刚性管控要素纳入土地出让要点，最终转译成为明确标注有保留历史建筑、院落空间的非净地式土地出让条件，从而指引片区的高品质开发，激发多元需求下的活力呈现。土地征收储备环节，按照综合平衡、长远平衡、片区平衡等方式制定成本平衡思路，形成若干打包供地的片区，以保障历史街区保护及公共设施建设落地。同时，建立分期实施行动计划，探索适应于文化保护和区域复兴的时序安排，包装重点地块，将空间化管控内容转化为项目，有序引导土地出让和建设实施工作。

3. 依需求建立三维智慧运营管理平台，推进实时查询及动态维护

为有效集成现状及规划信息，规划编制后期建立以GIS信息数据为基础，以街

区基础信息作为底图，构建青山滨江重点功能区数字仿真平台（“红房子”历史保护管控平台），为行政管理主体提供便捷查询、交互维护等功能，以实现管理过程中主体、依据与流程的具体化和实时对接，加强对重点功能区规划、建设、管理、运营的数字评估、精准引导和智慧运营。针对不同的管理主体会设置多种登录端口，而根据在管理中所需要执行的管控任务设置相应的编辑功能，相关管理部门的主要职责为管理及监督其相关管控对象，进行合理的调整。其中，规划部门可以负责修改更新特定街区的管控依据；招商部门可及时查看地块规划及产业引导数据；街道主要负责根据现状及时修改调整街区基础信息，协调各部门对街区的管理监督活动，为居民提供咨询服务和疑难解答。除管理部门外，居民及社会公众则作为平台的一般使用者，可以查询所有街区相关信息、各组织和部门发布的通知，咨询相关问题等。

（3）空间与业态一体化设计，以项目清单引导渐进式再生

1）空间与业态一体化设计

规划延续基地的历史发展脉络，提出打造当代工业文化展示平台的主题定位，并通过重点评估青山滨江区域与全市其他重点功能区的比较价值，围绕自身工业遗产资源特色与区域产业链分析，明确文化创意、旅游休闲、工业设计等主导功能。

围绕青山滨江“红房子”工业遗产独有的建筑空间风貌、庭院环境、整体空间肌理等特色，突出对原有建筑特色、庭院空间特色的保护，分类选择、分解并深化、细化业态，形成具有特色的、关联和促进效应的业态体系。一方面，策划契合建筑保护层级与更新要求的可行性功能业态：针对保护类或修缮类建筑，考虑到若将其更新为商业功能则需要采取增加招牌、扩大出入口等较大的结构性改变，因此建议策划以联合办公为主，通过设置多个小型办公空间的方式延续原有的建筑内部格局；其余风貌建筑采取局部扩建等方式引入特色酒店等功能；针对受结构、设备制约的部分空间，可作为博物馆等功能。另一方面，规划基于既有空间肌理尺度、庭院环境、工业文化风貌等特色，集聚美术馆、图书馆等文化创意、科普博览类的灵活多样功能业态，引导中轴线空间上布局核心人文历史空间，串联新旧场所，推动特色工业遗产区向文化创新中心转型（图5-8、图5-9）。

2）以项目清单引导渐进式再生

规划贴合市场诉求，将文化创新与空间更新一体化考虑，采取文脉缝合、产业激活和社区活化等策略，谋划创智工作坊、精品主题客栈等主题产品和项目库，引导功能落实与项目渐进式开发，推动老工业生活区向智造城市的功能转型和形象焕新。

规划谋划了精品主题客栈和文化展示馆两大主题产品：精品主题客栈重在重现工人文化特色，利用“囍”字形布局建筑群中连续排列的建筑及其庭院空间，引入“红房子”特色酒店、工业风商务会议中心、邻里庭院等业态。文化展示馆重在展现“红房子”文化脉络，引入红钢城工人生活体验中心、数字文化创意展示、文化庭院等业态，挖掘并再生文化元素，塑造从历史到未来的文化脉络；通过历史生活场景的重现、文化价值和环境品质的提升，修补断裂的文化脉络、完善城市

图5-7 青山“红房子”核心保护区空间更新

图5-8 “红房子”历史建筑业态更新

图5-9 垂江中轴线

功能体系。以此为触媒引爆项目，后期进一步打造创智工作坊、文化商业街等主题产品，推进历史地段渐进式再生。

（4）规划设计与定向招商全程融合，动态完善规划方案

历史文化类功能区在更新实施过程中往往面临着保护与利用、实施主体缺失、开发周期长等更大的挑战。围绕历史街区保护更新成本较高、新产业导入难度较大、居民搬迁意愿不强等困境，规划通过招商前置等工作方式，形成“招商—策划—规划”全过程联动的模式。

1. 以主题式招商精准服务主导功能落地

规划围绕工业文化更新、规划功能业态体系等主题，立足高水平规划设计方案制定了招商手册。一方面强化特色宣传，提升青山滨江重点功能区关注度，吸引了华侨城、香港置地、招商地产、大华、融创等多家国内知名企业的关注。另一方面，强化标准约束，通过拟定强制性开发要素与指导性开发要求，有选择地对接市场主体，精准服务主导功能落地。

2. 招商工作全过程融入规划设计

规划将招商工作全过程贯穿于规划设计建设之中，项目编制前充分调研，拟定寻找潜在开发业主。项目编制中采用招商策划运营等联动，在总体设计框架下邀请多家企业编制意向方案，并选择性吸纳开发设想融入功能区实施规划，进一步明确更新区域的潜在客群类型、经营性业态和非经营性公共设施规模，进一步确定保护建筑的更新改造模式、建筑层数、历史街巷、历史树木的保护保留方案等重点内容，基于有效促使企业间竞争与合作的思路，合理切分与匹配，分片形成项目包，形成更加精准化的实施性设计方案。后续方案统筹招商和运营，保障设计有效传导落地。

3. 以多元模式提升招商实效

规划编制过程中，一方面采取定向招商、校友招商，完成招商手册制作、前置性土地经济测算、既定项目论证等方式，集中优势资源，针对杰出校友赴企业招商；另一方面通过产业链招商，联合上下游企业开展招商工作，以多元模式提升招商实效。

4. 建立市区联动、部门协作的招商推进工作机制

鼓励以市区联动、部门协作的模式，由青山区政府（管委会）联合市直相关部门组建重点功能区招商工作专班，高位推进招商工作。政府市场业主一体化参与，规划编制与实施需要市区各级政府、土地储备机构、市场投资主体和业主全程参与，调动政府和市场积极性，以走访、座谈、问卷等形式多次征求区政府职能部门意见。

5.2.3 产业引领型——青山滨江西片重点功能区规划

（1）总体概况

青山滨江西片重点功能区属于青山滨江商务区的核心组成部分，是长江主轴上中央活动区向东延展的重要功能节点，以体现青山工业转型特征为切入点，打造为国家循环经济创新服务中心，并通过创造高品质的创新型可持续发展的城

市空间，助推区域经济提升、支持社区成长，与两江四岸的核心功能区协同化发展。

青山区作为一个由武钢老工业基地发展而来的城区，在转型发展中不可避免地面临产业高度依赖及失衡、产业引擎减速、人员老龄化明显且缺乏流动、消费流失等困境。具体表现为：一是高度依赖重工产业，通过选取青山片区主要的出租型办公楼项目（包括青山火炬大厦、中银大厦办公楼、青山广场办公楼、青鹏大厦、江城商业广场办公楼）中134家企业进行行业分析发现，办公楼租户类型为工程技术及科技研发类、专业服务类和销售贸易类，但专业服务类的档次较低且销售贸易也以工贸销售类为主，具有明显的重工业背景下的企业特色，并且有高度依赖的问题。二是产业结构发展不平衡，第二产业占比大，第三产业占比远低于武汉市平均值，第三产业增加值也居于中心城区末位。三是产业引擎减速，随着城市发展，青山区将逐步受到中央活动区功能外溢的影响开始中心化，未来经济发展需要脱离对武钢的依赖。四是人员老龄化明显且缺乏流动，根据第六次全国人口普查统计结果，青山区65岁及以上人口占12%[1]，远高于武汉市平均水平8%，老龄化趋势较武汉市其他区域更为明显。武汉其他区域过去数年内人口数量发生了较明显的变化，各区域间人口交流频繁；而青山区人口数量相对稳定，与外界人口交流较少，人口活力不足。五是消费流失，相较于武汉市的主要区域，青山区的人均可支配收入与主要核心区相近，人均消费支出高于邻近的武昌区，青山区居民人均可支配收入与消费支出近年持续上升，在武汉市内处中间水平，而青山区社会消费品零售总额仅占全市4%，说明居民消费需求外溢现象严重。①

针对青山区产业经济发展上内部封闭、缺乏活力的困境，规划认为青山区亟待打破沉寂、减少依赖、提升活力、凝聚焦点。通过打破青山内部循环的封闭生态圈，引入新居民及新生活亮点；扩大第三产业规模，减少财政对钢铁、化工为主的第二产业的依赖；升级现有产业，导入新兴产业，重塑城市新风貌，使青山重新成为区域经济的焦点、武汉中心城区的增长极。

（2）产业策划先行，谋划核心产业转型项目

规划从区域视角研究产业方向，继而从核心力量带动与辐射、城市演进过程和周边区域竞合关系对产业类型进行细化，并以动态视角审视产业发展时序。

1. 区域视角锚定产业方向

青山滨江商务区位于湖北省东向循环经济产业带上，辐射鄂州及长江经济带。从国家层面来看，大力支持发展循环经济，是推进生态文明建设战略部署的重大举措，是加快转变经济发展方式，也是建设资源节约型、环境友好型社会，实现可持续发展的必然选择。结合国务院在2013年初发布的《循环经济发展战略及近期行动计划》中对构建循环工业型经济、循环农业型经济和循环服务业型经济给出了具体行动计划，提炼出循环经济的组成要素包括技术循环、信息循环、资源循环和资金循环。

① 因规划编制时间为2014年，故文中数据均为项目编制阶段统计。

2.“自身优势 + 产业上下游链条”锁定产业功能体系

规划首先对青山区产业发展核心力量进行鉴别。青山区目前仍是以钢铁、石化等重工业为主，结合武汉新港和武汉火车站两大区域枢纽，组成了青山区目前主要带动力量；2013年青山成功获批为国家园区循环化改造示范试点园区，2014年成为国家首批循环经济示范单位，发展循环经济，已初见成效。

其次，通过对钢铁行业产业链、石油化工产业链、高铁带动产业及新港航运产业链的剖析发现，青山区内第二产业重工业与循环经济的结合主要是在整个重工行业的技术层面、服务层面、资金层面，包括工业设计、节能环保服务业、旅游业、专业服务业、餐饮住宿业、现代商贸、现代物流业和金融业等。通过对武汉市第三产业演进过程进行分析可以得出武汉第三产业在空间上从市中心向外表现为从虚拟服务到实体服务、从广泛化到特色化、从高端服务业到基础性服务业，青山区滨江商务区结合区位及资源优势，应主要承载基础型服务业的高端职能。而通过与两江四岸重点商务区的横向比较，以及与周边城市的产业协同来分析，青山作为“青（山）阳（逻）鄂（州）”循环经济带的起点，应该承担循环带的管理和交易的高端职能。

基于上述分析，围绕循环经济，在青山滨江西片构建以商业商贸服务、现代物流、节能环保和工业设计（初期）为主导产业，以金融服务、专业服务为辅助产业的产业功能体系。

3. 量身定制的产业功能与项目业态

一是商业商贸服务。从市场层面来看，青山滨江商务区位于需求市场和供给市场之间，对于贸易产业来说具有优势的地理区位；从产业链层面来看，青山滨江商务区位于原材料的供应商（武钢、武石化）与原材料的需求商（工业制造企业）之间。目前武汉汉口北以消费品贸易商的聚集为主，而技术、原材料和设备及服务的贸易商在武汉没有聚集地，青山区的商业商贸更偏重于服务商贸，重点以写字楼、展贸中心、要素交易所为物业载体。

二是现代物流。现代物流包含物流总部、物流服务、供应链管理和物流运营，其中物流运营的税收低、需要大仓储空间、地方辐射能级偏低且属于劳动密集型，不适合于本片区，青山区应继续发展物流总部、物流服务和供应链管理中心。结合循环经济发展，提高物流运行效率，青山滨江西片应引入物流总部基地、物流信息交换中心来作为物业的承载。

三是金融服务。武汉中心城区其他区域已形成较为完善的金融产业链，青山区未来发展金融产业需要寻求产业细分差异化突破口，主动填补武汉作为华中金融中心功能上的缺失，青山滨江西片重点发展融资租赁、投资银行、结算中心、物流航运金融等新型金融服务业态。

四是专业服务。青山滨江西片适合引入的专业服务业应具备高附加值、辐射能级强、可为政府带来高税收的特征。重点引入企业管理服务、法律服务、咨询与调查、职业中介服务、会议及展览、知识产权服务和广告业等业态。

五是工业设计（初期）。青山现有工业设计产业资源与冶金工业关系密切，因此未来青山滨江商务区发展初期着重引入冶金相关的工业设计细分产业，实现促进冶金企业节能减排，提高自动化水平、信息化水平，提高企业的效益和核心竞争力的目标。重点引入工业自动化设计、循环经济体系设计等工业产品设计业态。

六是节能环保服务业。青山滨江西片可以依托、科学整合区域内现有节能环保服务业产业资源，如中钢集团武汉安全环保研究院、中冶武汉冶金建筑研究院有限公司、武汉科技大学等，将节能环保服务业产业链进行有效丰富，重点发展环境保护技术咨询、推广与成果转化、环境工程设计、施工、咨询服务、环境监测与服务、市场信息中介服务、项目投融资、清洁生产审核、人才培训、环保产品经销等细分产业，重点引入环保产业总部基地、碳排放交易所和节能环保认证中心等业态。

4.“市场导向 + 规划导向”的产业开发规模估算

规划考虑到市场规律和规划引导均会影响青山滨江西片未来的产业发展，故从这两个方面对产业开发体量进行测算。从实际市场吸纳角度考虑青山未来十年可容纳的体量，同时从规划角度给青山区更长远阶段的产业结构调整和发展第三产业预留空间，以期实现2030年青山区实现产业结构调整，第三产业占生产总值40%以上，2035年青山区第三产业产值达到武汉市主城区平均水平。从市场导向角度预测青山区在2025年办公楼的供应量约为81万平方米，从规划导向角度预测2030年青山区办公楼供应水平130万～156万平方米，2035年为188万～225万平方米。

在此基础上，依据预测的办公楼总体量，结合符合办公标准的人均办公面积12平方米/人，推算出通过办公楼导入该区域的产业人口；导入的产业人口根据区域状况预测40%比例在此置业定居，由此能够推测区域内合理的新增住宅体量；新增的居住人群以及原有的人口共同形成了新的商业需求，结合人均商业面积1.2平方米/人计算出所需商业总体量；依据对不同地区的案例研究，能够推导出区域内办公楼体量与酒店体量的合理配比关系，由此关系测算本地区酒店体量。同时，综合考虑既有控规空间控制容量、交通基础设施支撑容量和资金平衡需求容量，得出青山滨江西片规划新增建筑总量控制为290万～310万平方米，商业占10%～15%，商务占20%～25%，酒店占3%～5%，文化及其他公共服务占2%～3%，住宅占比55%～60%。

（3）土地价值与景观价值共谋，塑造滨江特色空间形象

1. 西片空间设计遵循的原则

一是优化城市空间，增加土地价值。设计中最重要的目标通过优化城市空间，来增加土地的价值和效益，并最终带动区域经济的增长。设计将充分考虑具有特色的城市空间满足不同功能不同人群的需求。

二是尊重本地文化，塑造后工业时代的城市特色。西片具有独特的滨水资源和历史资源，规划注重滨水资源利用和工业桁架改造的机会；谨慎地划定滨水区域的开发强度，利用建设强度或建筑形态打造城市节点。

三是鼓励多样、混合的土地利用，提供宜人的空间和丰富的活动。为所有使用者提供平衡的城市功能，注重宜人的空间尺度，创造居住、工作、购物、休闲、通勤等丰富的空间。

2. 以“城市T台”聚焦最优价值区，塑造青山区综合服务新都心

滨江一线区域与和平大道建设二路地铁站周边，是滨江西片最具土地价值的区域。空间方案以“城市T台”聚焦最有价值区域，通过设计核心公共项目空间，实现土地价值与景观价值兼具的滨江特色空间形象（图5-10）。

图5-10 城市T台

项目之一为“立体城”。立体城选址了T形的两轴交会处，具有最佳展示面，是滨江西片的重要核心及亮点项目。核心功能包括商务办公、物流数据信息平台、现代商贸企业的信息平台、产品交流和展示平台，设计建设大型综合体、办公、零售、酒店及服务式公寓，规划总建筑面积45万平方米，其中公寓式住宅面积15万平方米。在重点建筑造型上，模拟春笋的生长形态，在首层提供更多的商业空间和公共文化空间，在建筑顶部通过多层退台形成丰富的收分造型，并运用了垂直绿化的方式。

项目之二为“廊桥天街”（图5-11）。廊桥天街是重要的垂江纵向轴线，串联立体城与现状的武商众圆广场、建设二路地铁站。核心功能包括精品商业、特色餐饮、创意休闲以及贸易及金融服务等，总建筑面积10万平方米。通过纵向轴线的规划设计，将人群从和平大道引导至滨江的核心项目；在空间设计上，利用现状工业桁架等元素，打造具有特色景观的步行绿道，通过街道上的装置艺术丰富

街道空间，搭配裙楼底商，引入特色餐饮与商业，部分空间作为居民交流活动场所，或作为当地学童的美术或相关作品展示区、老人书画展示区等，强化与邻里的情感交流，设计提供有趣生动多元的空间轴线及公共空间，增加吸引力。

图5-11 廊桥天街

5.3 综合片区焕新色——共同缔造，以系统思维全流程推动片区更新

5.3.1 青山古镇片更新规划项目概况与共同缔造模式

（1）“四清单”式的更新评估体检

片区紧邻武汉三环线，是武昌组团滨江区域与武汉新城的重要链接点，武汉主城的滨江东大门。规划按照“四清单”的更新评估体检方式，确保“清家底、促整合、控底线、明特色”。开展产业聚集型人群特征、资源用地空间，以及产权、建筑、设施等现状调查和实施评估，形成问题清单，明晰人群关系网络断点，确保规划措施对症下药；挖掘历史文化、工业遗产等特色要素，围绕“基础类—工业遗产特色类—低效用地及建筑”，形成“留改拆”资源清单，找准老工业城区文化魅力特色彰显的空间抓手；尊重多样产权，厘清大型国企、中小企业、街道社区等多方主体诉求，了解产业办公、研发、生产空间和配套服务需求，形成需求清单，为区域更新“严选”产业项目、创造优质匹配空间打好基础；梳理既有上位规划，开展设施承载力评估，形成任务清单，把控更新发展底线要求。

印刻在历史记忆里的青山古镇片拥有三大资源禀赋。

一是见证起源的历史价值。青山古镇片见证了青山的起始与发展，其空间发展历程是青山区发展与蝶变的微缩样板。青山古镇历史悠久，在青山的空间格局演变中，从古时候武昌县六大市镇之一，到近代船舶工业重要发祥地、新中国成立后内河最大船舶生产基地，到船厂配套生活服务区以及棚户区改造的青宜居、青和居，再到青山数字经济孵化基地，无不体现青山的发展。

二是复合的文化价值。青山古镇片作为青山文化之根、武汉工业之港，集合了长江文化、商贸文化、红色文化、工业文化和工人文化，创造了青山文化的根源与精髓。

三是生态人文兼具的空间价值。古镇片内遗存了“五山一江”的山水格局、承载千年古镇的街巷肌理，以及展示工业文明的船厂空间印记等价值空间。青山古镇拥有汇聚“五山一江”的山水格局，包括由矶头山、鸦雀山、营盘山、邹家山、祖峰山、长江，拥有得天独厚的生态资产；拥有承载千年古镇的街巷肌理，保留了青山正街、后街及沿河街的历史风貌，新与旧的间杂、古老与现代的交织，红板砖路间，随处可以寻见历史的脉络；拥有展示工业文明的钢铁印记，尤其是青山船厂，虽然厂房车间大多废弃，各种闲置的建筑材料堆积，但船厂正拥抱时代变化，期待涅槃重生。

然而如今的青山古镇片也面临六大现实问题。

一是城市功能逐渐衰落，空间秩序亟待重构。代表经济、产业发展的正街、船厂逐渐衰败，青山船厂营收额从2020年1.5亿元降到2022年0.4亿元。片区内企业按照POI点统计约84个，以机械制造、工程建设、交通运输、环保科技等行业为主，空间分布小而散。现状住宅、学校与工业仓储用地交织，空间秩序混乱。

二是人口老龄化明显，区域吸引力减弱。片区内七个社区65岁以上老年人口均超10%，石化、船厂、青和居三个社区65岁以上老年人口超20%。通过特定时

段的热力分析显示，青山区居民就业目的地和休闲目的地都主要集中在三环线以西，而人口的热力度也呈现相同的特征。适龄人口就学情况显示，片区部分中小学的在校学生人数逐年减少，且片区整体在校生增长速度远低于青山区增速，也就是说青山其他区域的人口吸引力远高于古镇片区。

三是建筑及空间品质良莠不齐，空间价值和土地利用效率待提升。古镇片的空间肌理可以划分为四类：以正街为代表的传统街巷、以青山船厂为代表的大空间厂房、以石化生活区为代表的行列式居民楼和以青宜居为代表的点式高层住宅。青山正街有风貌无功能，青山船厂有特色工业空间但利用效率低，石化生活区建设年代久远、建筑质量较差。片区滨江超65%的区域土地建设强度不足0.5，土地利用效率不足。在实地调研过程中，沿长青街两侧，存在多个具有一定年代特色的公共功能建筑，目前经营业态可进一步提升以满足未来滨江宜居高品质需求。滨江沿线建筑高度低且旧，界面景观较为平淡，缺少韵律。从重要界面的建筑景观来看，滨江沿线自二环线向天兴洲的方向，整体基本形成韵律感的天际线景观，建筑高度呈现由波峰到波谷的趋势，但古镇片相比而言非常平缓。本片区场地中还有一类特色构筑物，是本片区的特色空间元素，包括船厂内的轨道桁架、为石化服务的横跨主要道路的输油管道设施，以及为武钢服务的铁路设施，未来可作为特色景观加以利用。

四是生态景观缺乏联动，生态禀赋维育不足，环境质量阻碍区域发展。包括与区域的滨江岸线、青山公园、戴家湖公园，缺乏互动；与石化、武钢厂区之间缺乏必要的生态隔离；五山之间相互独立，山体植被景观不佳。

五是公共服务及公用设施保障不足，南部区域服务缺口大，特别是为老年人和青少年服务的设施规模和服务覆盖区域均有缺口。同时，燃气、垃圾转运、排水管网等市政设施有待提升。

六是城市道路和交通设施建设滞后，出行品质低。现状顺江和垂江的主干路缺失，客货混行严重；次支路通达性不足；区域内配建停车空间严重不足，且未建设专门的公共停车场，导致私家车被迫停放于居住区外或路边；非机动车道不独立，慢行交通条件较差。

（2）共同缔造工作模式

规划践行“自下而上 + 总设计师制度”共同缔造模式，延续老工业区“大院办社会”自发生长规律。采取“社区广泛建言—大型国企主动谋划—规划师统筹设计—专家精细把控—政府决策支持”的自下而上参与决策模式，在现状评估、更新规划设计、项目招商运营、更新实施建设等全过程中，由社区居民、武钢石化及青山船厂等大型企业、规划师团队，联动由区政府和相关职能部门、规划建筑领域专家、武汉市青山古镇城市更新有限公司（下文简称“区更新公司”）投资运营平台共同组成的城市更新工作专班，实行以基层治理促顶层谋划的空间更新与区域自我管理，提高更新转型效率。

（3）“复兴生态圈”的更新理念

规划围绕单元属于“工厂大院”型综合片区这一独特属性，立足老工业区转型，强化人群社会网络织补、绿色转型与文化、生态复兴，构建“生活服务—产业功能—场景体验”逐级递进的人文生态圈理念，系统制定老工业区“人 · 产 · 魂”更新举措。

以生活服务留人引人，通过适老、适幼服务的高标准增补、公共交往环境更新、院落式生活空间的精细化营造，实现邻里与社区关系延续。以产业功能织补产城，通过传统产业、新兴产业、工业文旅产业的上下游功能业态链条构建、项目业态策划，重塑老工业区功能内核，为空间再赋能。以场景体验延续文脉，通文化型、生态型片区空间布局、具有归属感与认同感的场景空间营造，延续老工业区奋斗创新精神。

5.3.2 “迭代型 + 绿色化”产业功能策划方案

规划坚持“工业遗产运营思维”全周期贯穿，强化产业功能策划和项目招商前置。

（1）产业功能策划思路

按照“规划端—需求端—供给端”思路，将资产增值、运营增效思路前置，重塑功能内核，形成文化引领的更新目标、正负面清单。构建以文旅融合泛旅游产业为引领，以文化创意产业为重点，以消费服务产业为特色的产业功能体系，布局五个差异化发展的特色功能组团。

从规划端层面，主要为明晰区域产业规划协同要求。区域具备武汉打造长江旅游经济带的文化明珠的战略定位，古镇片应持续以文化为基、创新为本，以旅游、创意、服务为载体，将武汉中心城区现存唯一的古镇打造为武汉特色的精神坐标。注重区域产业联动，以文旅融合泛娱乐产业作为区域核心产业，将其与周边天兴洲、红坊等生态文旅资源、工业文旅资源形成良性互动，形成区域聚合力。奠定以青山古镇片为核，东西方向延展长江生态长廊，南北方向打造青山两河垂江生态绿轴和江湖联动发展轴的区域城市微度假目的地。以“文化 + 创意”为重点，融入滨江现代创意产业展示带；以“文化 + 消费配套”为支撑，向南对接环湖科教区，以“文化 + 工业”生产服务型平台与武钢转型示范区、武汉新城等创新产业集群链接，为区域产业发展打造完善产业链条，提供人才吸引力。

从需求端层面，主要为满足目标人群及产业需求。基于人口规模以及现状产业就业人群、本地居住人群、未来拟重点引入的新产业人群、旅游人群的需求特点，重塑产业转型功能体系，推进人口和产业集聚，进一步激发城市发展活力。针对常住人口老龄化的特征，强化升级居住空间品质、增补社区养老类服务和公共活动空间。针对旅游人群应着重景区景点开发运营以及配套餐饮、住宿、交通等服务产业发展建设等。此外，文化和艺术产业也是旅游业的重要补充，创造个性独特的文化体验场所有益于提高旅游体验。对于企业而言，文化创意、科技创新的类型将是兴趣度更高的选择，如“文化 + ”公司、创新科技类公司、联合办公空间、独立工作室、NGO组织等。

从供给端层面，主要是分析现行业态运营情况。现状产业类型较为基础，除日常生活中的购物餐饮等商业服务业外，其余以机械制造、工程建设、交通运输、环保科技企业为主，且企业布局较分散，亟待整合。其中，青山船厂目前以资产租赁业务为主，未来可通过城市级IP产品打造特色工业景观，成为长江国际黄金旅游带的新亮点；滨江数字城已初显规模，但优质写字楼供应不足，未来应通过引入科技体验、科技创意展示、科技孵化企业等实现文化与科技的深度融合。

（2）“1+1+X”产业功能体系

重点强化产业功能上下游链条，总体构建“1+1+X”产业功能体系。以文旅融合泛旅游产业为引领产业，引入城市年轮带主题商业、青山非遗体验、船厂艺文展演、滨水休闲文化旅游、工业观光研学等产业业态，与周边生态文旅、工业文旅资源互动；以文化创意产业为重点产业，重点围绕古镇片及区域范围内的工业产业、工人文化基础，引入工业设计与孵化、工业信息服务平台、文化制作与传播、文化科技等产业业态，强化区域工业设计孵化及产业服务、文旅产业的聚合力；以消费服务产业为特色配套产业，引入幸福宜居、生态宜养、健康宜养等产业业态，为武钢转型示范区、武汉新城等区域创新产业集群提供人才吸引力（图5-12）。

图5-12 产业功能体系

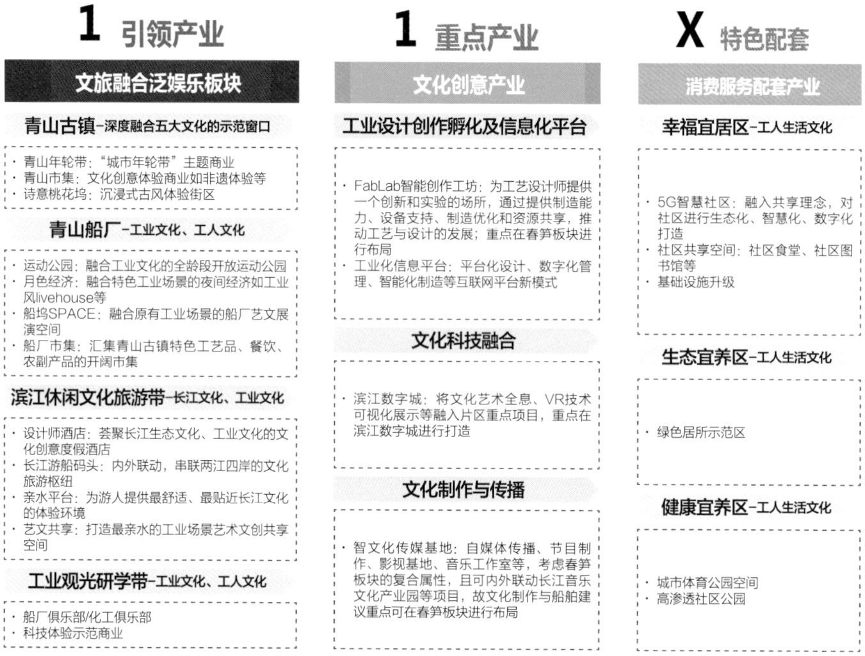

1 引领产业

文旅融合泛娱乐板块

青山古镇-深度融合五大文化的示范窗口
- 青山年轮带：“城市年轮带”主题商业
- 青山市集：文化创意体验商业如非遗体验等
- 诗意桃花坞：沉浸式古风体验街区

青山船厂-工业文化、工人文化
- 运动公园：融合工业文化的全龄段开放运动公园
- 月色经济：融合特色工业场景的夜间经济如工业风livehouse等
- 船坞SPACE：融合原有工业场景的船厂艺文展演空间
- 船厂市集：汇集青山古镇特色工艺品、餐饮、农副产品的开阔市集

滨江休闲文化旅游带-长江文化、工业文化
- 设计师酒店：荟聚长江生态文化、工业文化的文化创意度假酒店
- 长江游船码头：内外联动，串联两江四岸的文化旅游枢纽
- 亲水平台：为游人提供最舒适、最贴近长江文化的体验环境
- 艺文共享：打造最亲水的工业场景艺术文创共享空间

工业观光研学带-工业文化、工人文化
- 船厂俱乐部/化工俱乐部
- 科技体验示范商业

1 重点产业

文化创意产业

工业设计创作孵化及信息化平台
- FabLab智能创作工坊：为工艺设计师提供一个创新和实验的场所，通过提供制造能力、设备支持、制造优化和资源共享，推动工艺与设计的发展；重点在春笋板块进行布局
- 工业化信息平台：平台化设计、数字化管理、智能化制造等互联网平台新模式

文化科技融合
- 滨江数字城：将文化艺术全息、VR技术可视化展示等融入片区重点项目，重点在滨江数字城进行打造

文化制作与传播
- 智文化传媒基地：自媒体传播、节目制作、影视基地、音乐工作室等，考虑春笋板块的复合属性，且可内外联动长江音乐文化产业园等项目，故文化制作与船舶建议重点可在春笋板块进行布局

X 特色配套

消费服务配套产业

幸福宜居区-工人生活文化
- 5G智慧社区：融入共享理念，对社区进行生态化、智慧化、数字化打造
- 社区共享空间：社区食堂、社区图书馆等
- 基础设施升级

生态宜养区-工人生活文化
- 绿色居所示范区

健康宜养区-工人生活文化
- 城市体育公园空间
- 高渗透社区公园

（3）“组团式”产业功能布局

规划注重赋新发展动能，借鉴上海杨浦滨江工业带、北京首钢园区、广州永庆坊等国内成功更新改造案例，从规划战略新兴导向、区域生态历史人文优势导向、区域融合可持续导向三个维度产业分析，初步推导“1+1+X”产业体系之下的文旅休闲、生态游憩、文创产业、生活服务（智慧公共服务设施及生态居住）四类主导产业功能用地和建筑规模总量，其中：文化休闲功能主要布局在正街和船厂区域的商业、商务、娱乐用地，用地规模约21.80公顷，建筑规模约101万平方米；生态游憩功能主要布局在营盘山公园、鸦雀山公园、船厂板块及滨江绿地，用地规模约61公顷；文创产业功能主要布局在滨江数字城、春笋地块及港东水厂

以东的仓储用地和新型产业用地，用地规模约20.29公顷，建筑规模约47万平方米；生活服务功能主要布局在滨江区域长青路两侧及工人村路以西的居住用地，用地规模约93.73公顷，建筑规模约277万平方米（图5-13）。

图5-13 产业功能组团布局

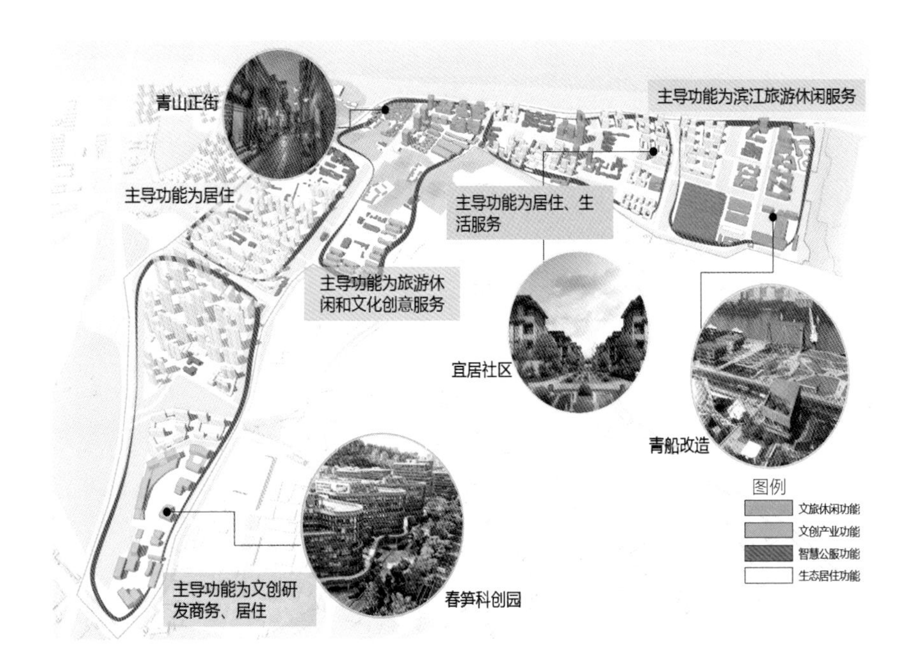

以产业功能体系为基础，因地制宜布局五个功能差异化发展的特色组团，构建文化古镇、创意古镇、宜居古镇，重现古镇活力。其中，青山正街打造以文化旅游休闲和文化创意服务为主导功能的组团；青山船厂打造工业文化体验、滨江生态旅游、休闲运动为主导功能为主的组团；春笋区域打造以文创研发、商业商务、居住为主导功能的组团；滨江生活区打造以居住、生活服务和旅游休闲服务为主导功能的组团；金嘴街南区域打造以居住和生活服务为主导功能组团。

（4）“绿色化”产业正负面清单

在产业正负面清单方面，鼓励青山本地“老字号”“老品牌”、特色旅游业态项目、居住、生态休闲、商务办公、创新创意、M0产业类项目，限制低端、山寨类型文旅项目及二三类工业类项目。

5.3.3“人口—服务—交通”人居环境品质提升方案

（1）人口活力更新策略：织补新旧人群网络

规划评估提出应落实区域功能导向，重塑产业转型功能体系，提升片区人口吸引力。古镇片未来采取集聚型更新策略，重点引入三类人群，一是长江沿线的旅游人群，二是本地居住人群及服务人群，三是产业从业人群。进一步激发城市发展活力，推进片区人口集聚。现状常住人口3.7万人，规划常住人口6.15万人，规划人口密度1.76万人/平方公里。

重点耦合三大目标客群的喜好和需求，创造高品质的产业集聚与生活服务空间，实现以业聚人、以居留人。旅游人群重视文化资源彰显，爱好挖掘城市故事。规划提出创造个性化、独特文化魅力的体验场所，并提供便捷的交通条件、良好的居住环境；沿城市重要脉络策划创意文旅项目，吸引人体验古镇生态、人文旅游产品。居住人群热爱运动与健康生活，关注子女教育及全面发展，创造高品质人文生态和居住环境，提供人性化、综合性服务；针对现存原住居民中老龄化突出的特征，在青宜居、青康居等棚户区内完善社区级卫生医院、“口袋公园”，提供托老介助、健身运动、养生康体等服务功能。产业从业人群重视创造与交流，打造个性化的办公环境和高端的消费交流场所。围绕数字文旅、新媒体、创意设计等产业构建青山古镇片未来产业场景，结合智慧化改造提升产业服务效率与品质。产业与生态协调共生，配套多元完善，空间互联互通，为产业人群提供智慧、多元、开放、舒适的工作环境氛围。

（2）公共服务提升方案：强化适老适幼服务

依据区域人群画像，以老龄人群、青年人群、儿童为重点对象，对标15分钟便民生活圈建设标准，采取提档升级、新建、现状改建等多种方式，结合用地控制和点位控制，强化适老、适幼服务设施配给，重点完善中小学、医疗养老以及文体等公共设施，整体实现5～10分钟步行可达文化、体育、医疗、养老等各类设施或机构。

规划还提出搭建信息交互系统、完善街道共享设施（数字化智能图书报刊屋、共享雨伞等）、智慧监控、环境治理（智慧环境质量监测、感应环卫设施等），提升综合服务水平。

（3）市政设施提升方案：突出低碳与共享

整体打造绿色低碳、源头减量、智慧共享的市政基础设施。在供水设施方面，按照供水普及率100%的目标改扩建现状水厂，推动老旧供水管道更新；在供电设施方面，重点推进区域内110千伏架空线采用电力线缆的方式沿道路迁改入地，为地面空间提供更加安全化、更具景观性的环境；在燃气热力设施方面，充分利用武钢等大型企业的电厂余热为热源，实现对厂区及周边区域的共享式集中供暖，形成低碳舒适的供暖系统；在通信设施方面，完善通信线缆网络，推动新型基础设施建设，构建高速泛在、天地一体的信息网络基础设施，实现5G网络精品覆盖，利用物联网、互联网等技术，推广智慧教育、智慧能源、智慧交通、智慧市政等服务；在排水设施方面，推行污水全收集全处理标准，落实海绵城市建设要求，结合公共建筑、小区、道路、公园广场建设和改造，采用透水铺装、下沉式绿地、雨水花园等源头低影响开发技术构建海绵城市生态网络系统；在环卫设施方面，推行垃圾分类收集，结合住宅、商场、办公楼等按标准配置垃圾分类收集点，并推广湿垃圾源头处理设施应用。

（4）综合交通优化方案：注重客货组织与慢行交通

在道路交通方面，一是增加顺江通道，二是通过改造和新建次支路，实现路网密度由现状5.17公里/平方公里增加到8.0公里/平方公里。同时，将片区内货运码头与下游武钢工业港码头整合，结合三环线禁货措施，改善片区交通环境。

在公共交通方面，结合道路建设及片区改造开发，完善公交覆盖率；通过引入轨道交通及站点，与片区外轨道交通衔接，全面提高区域公交服务水平。

在慢行交通方面，一方面全面连通东湖绿道，高品质打造绿道走廊。结合滨水空间及公园资源，依托现状绿荫道路，形成骨干绿道网，链接青山江滩、古镇五岭和街旁游园，串联古镇片及船厂等公共节点，有效带动周边文旅产业发展；同时，结合片区道路建设，依托人行道和非机动车道打造高密度慢行网络，确保区域慢行空间连续性；通过连接武昌生态文化长廊，建设十一路绿道，连通东湖绿道，形成连续的区域慢行系统。另一方面，构建古镇公共驿站体系。结合主要公交站点布置公共享单车停车位，满足公共交通换乘、漫步休闲停车需求。按照500~800米服务半径，利用游园入口等空间见缝插针式地复合利用建设公共驿站，提供休憩、充电、饮水、应急医疗、游览问询等便民基本服务，提升艺术空间、微型书店、风雨长廊等功能品质。

在交通设施方面，进一步完善公共停车场和公交首末站布局，为片区的慢行空间提供更加安全的环境。

5.3.4 文化生态专项方案

（1）魅力文化空间提升方案：引导工业遗产保护与利用

规划重点保护延续工厂、大院的历史街、巷、坊空间与肌理（图5-14）。对保留建筑、改造更新建筑有针对性地采取业态提升、立面修缮、结构更新、美化户外空间等改造方式，街巷空间控制街宽比、慢行空间、商业店招及商业外摆空间，提升慢行舒适度和体验感；新建区域强化建筑体量、风貌协调和公共空间织补，地下空间结合轨道站点实现地上地下交通一体化、景观一体化。

最大限度地保留老旧船厂的格局及船坞、塔吊、龙门吊、钢轨等工业特色建（构）筑物，注入工业文化体验、工业文艺展演、文创办公、酒店配套等功能，促进内部空间再生和业态提升。结合工业遗产保护要求进行建筑改造，保护延续工业文化，塑造整体风貌协调一致的船坞文化艺术之港。

图5-14 延续街—巷—坊空间特色

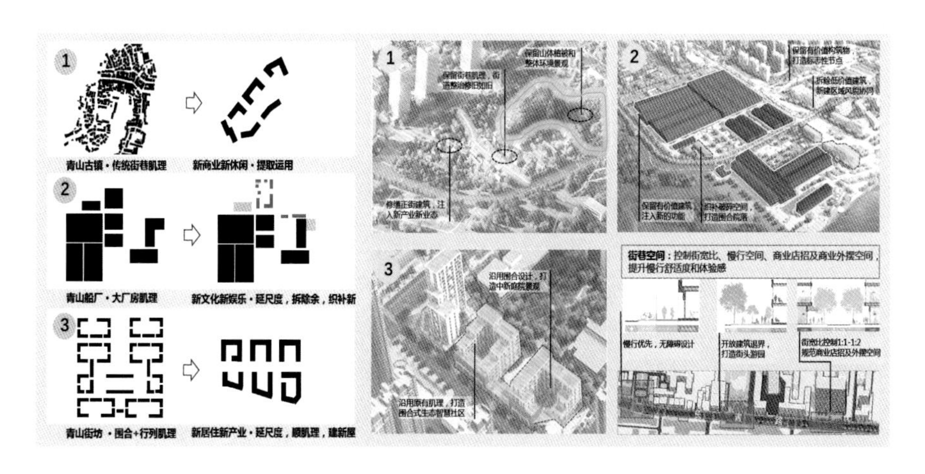

营造滨江特色形象。重点在滨江沿线通过工业文化地标、智慧住区建筑地标、数字文化商务高层地标，在建筑高度和建筑风貌上与片区生态风貌互融，体现人文、生态特色兼具的城市形象。其中，现代建筑地标控制建筑高度不超过120米，建筑色彩强调时代感，局部可采用砖红色强调青山特性，建筑材质以金属面板、面砖、石材为主，控制使用镜面玻璃，注重片区整体建筑材质的协调，营造简洁流畅的风格；文化地标建筑延续青山正街和船厂建筑历史风貌特色；其他新建建筑高度原则上不超过80米。整体塑造主城滨江东大门的天际线景观，融入高低错落、开合有序的区域景观界面。

（2）生态景观修复方案：营造生态休闲复合空间

融入区域生态格局，构建“两廊七轴四节点”生态骨架。“两廊”为右岸大道滨江生态绿廊和工人村路产城生态绿廊，“七轴”为三环线、冶金大道、和平大道、新桃路、向阳路等主干路景观轴及五山山地景观轴、工业港景观轴，“四节点”为五山公园、凤凰公园、下水公园、铁路公园。打通基地和周边优势景观之间的生态廊道和视线走廊，使山水资源相互连通，塑造蓝绿交织、自然和谐的生态空间格局。南部控制50米宽连续生态隔离带，起到美化环境、净化空气的作用。

充分利用绿地打造节点公园以及街巷绿廊，将各片区有机串接，形成完整的绿化网络。通过提升街旁公园广场的景观品质来实现景观海绵化和趣味性；将工业遗迹融入文化场所，使工业遗产在新的环境中焕发出新的生命力；对既有集中植被进行景观再造，创造出更具观赏价值和环境效益的景观。

实施“矶头山—鸦雀山—营盘山—邹家山—祖峰山”五岭公园生态修复和绿道链接，优化现状生态植被景观，通过设立覆土走廊、景观小品、彩虹栈道、台地公园等设施丰富游山体验。

5.3.5 分片策划与用地空间布局

规划结合产业功能策划方案，构建“人字链三心、双廊五片”的空间结构。以长青路、工人村路为“人”字发展轴，传承历史文脉，激活正街人文和生态核心、青船文创核心和春笋科创核心三个功能极核；依托“五山一江”的生态基底，打造滨江生态长廊、产城生态绿廊及垂江绿带，维育蓝绿生境；营造青山之根组团、滨江智慧生活组团、青山船厂组团、工人村宜居典范组团、春笋先锋组团等五个组团聚落，升级生活、生产服务品质。

在此基础上，开展分片策划与详细设计。规划打造文化图鉴（青山之根组团）、生机觉醒（青山船厂组团）、萃取先锋（春笋先锋组团）、离尘不离城（滨江智慧生活组团）和品质提升（工人村路以西宜居典范组团）五大板块。

（1）青山之根组团

1. 功能定位与更新思路

定位为文化图鉴板块，是古镇文化展示体验的核心区域，重在传承文脉底蕴，再现老青山繁荣街景。以青山正街改造、鸦雀山及营盘山生态景观修复为抓手，依托历史建筑、滨江码头等特色资源，发展生态旅游、文化遗迹旅游、文化体验等功能。策划引入青山年轮带、桃花坞、青山市集与会展中心等核心项目，打造青山古镇的精神图谱。

2. 空间详细设计

可以归纳为“理格局 + 延肌理 + 显界面”三个部分。

“理格局”即注重根脉保护传承，保留青山正街、后街街巷为肌理骨架，延续街巷布局逻辑。依据历史卫星影像图，该地块在20世纪五六十年代有青山正街、青山后街、沿河街、新民街、金嘴街等主要道路，有青山矶、鸦雀山、营盘山等自然山体和武泰闸、青山古井、桃园古井等历史遗存，商业和民居建筑依山而建，工业建筑临江而立；近年来，因为城镇化进程、棚户区改造、城市道路建设等原因，该区域仅存有青山正街、后街和少量历史风貌建筑，故本次规划提出保留青山正街、后街为街巷骨架，延续历史格局，织补破碎空间。

“延肌理”即基于现存建筑尺度，归纳总结建筑布局单元，织补延续古镇院落肌理。延续青山正街城市肌理，建设青山古镇历史风情商街和青山古镇非遗文创产业基地；塑造青山之根文化地标，守护好青山精神的“根”与“魂”；梳理现在遗存的历史风貌建筑特点，总结出青山传统建筑存在的“中小尺度、生态院落、网格街坊”特点，提炼出四种青山传统建筑尺度、三种青山正街两侧建筑尺度以及两种院落肌理，构建“4 + 3 + 2”的古镇肌理修复单元。运用微改造的方式，延续蜿蜒的正街肌理，将街和坊的空间特色延续到新的青山市集、青山书院、桃花坞的空间中；通过连续的覆土廊道将两口古井、鸦雀山、营盘山、街巷坊市集进行连接。

“显界面”即消解干路的割裂现状，沿路退线塑造连续展示界面。青山正街地块虽然紧邻长江，但是因城市主干路右岸大道和工人村路的建设，将优质的滨江景观资源与场地割裂。规划沿右岸大道打造水街文化景观，复现沿河街城市记忆；沿工人村路规划具有地域特色的树阵景观，减弱干路交通负面影响。

基于此，形成以绿地、文化商业、娱乐服务为主的用地布局。对保留建筑进行修复改造，复现20世纪60～80年代工业时代场景，打造沉浸体验；在组团东入口依托入口大树、现状院落，空地织补，围合入口广场置入IP形象、LOGO等形成古镇地标；正街西段依托现状老工商银行改造，打造彰显青山本地文化的非遗体验工坊；西段朝向江堤看台，引导视线对景，同时通过建筑立面改造、整体地面铺装、交通管控，打造活力滨江街口；以保留建筑为基础，延续楚地传统建筑风貌、现代主义风貌两种风貌，衔接南北两大风貌区，共塑青山古镇特色风貌（图5-15）。

控制新建建筑高度原则上控制为不超过60米，标志性建筑高度不得超过120米。

3. 重点地块锁定规划设计条件

为有效引导更新实施建设，规划从用地性质、建筑功能、建筑规模、建筑高度、城市设计要求等方面，对重点地块制定了规划条件，作为后续实施的强有力管理依据。

例如，针对青山正街地块，控制为商业用地，容积率不超过1.0，新建建筑檐口高度≤9米，局部为12米。城市设计要求上，延续青山正街、青山后街等街巷肌理骨架，保留青山正街两侧多元特色风貌建筑及特色厂房建筑；保留地块内大树、

图5-15 青山之根组团空间布局

古井等历史环境要素；新建建筑应与正街风貌相协调；鼓励通过建筑拼接、建筑屋顶一体化设计等方式，形成界面连续、立面风貌、色彩、材质协调的街道界面。

（2）青山船厂组团

1. 功能定位与更新思路

定位为生机觉醒板块，侧重长江文化、工业文化、潮流文化的融合与创新。通过长江文化、工业文化、工人文化与动漫IP融合的演绎、体验及创意设计，重点发展工业文化体验、工业文艺展演、文创办公、酒店配套等功能，远期建设游轮母港主题旅游服务设施，策划引入船厂市集、动漫不夜城、开放式运动公园等核心项目，打造长江国际黄金旅游带的新亮点。

2. 空间详细设计

可以归纳为“塑长江岸线 + 改厂房空间 + 造活力空间”三个部分。

重塑长江新生态岸线，打通城市与长江之间的绿化廊道。青山船厂拥有2270米的水域岸线，在长江和运河岸线各建有一座舾装码头。利用现状景观资源，打通“工”字形滨水景观主轴线，打通城市与长江之间的绿化廊道。形成下水公园、游轮集散中心、塔吊公园、船坞广场等一系列活跃节点，建立多元连续的开放空间，成为城市地标级休闲游憩空间。

利用船厂的历史遗产塑造强有力的城市形象。梳理青山船厂现存的厂房建筑功能与尺度，匹配不同的改造手法和新业态需求。基于现状建筑梳理，总结出“XL—L—M—S”四类不同厂房建筑尺度：对于超大尺度的钢构低跨/高跨厂房，其进深较大，内部采光往往不能满足新功能的需求。对于这类建筑，设计提出首先为引入自然光，把建筑屋顶局部设计改造，让厂房内部也能获得充足的采光。其次加入新的技术与功能，创造标志性的展演空间。对于大尺度的钢构低跨/高跨厂房，20～30米跨车间、室内拼装场地，首先是增加联系可达性，对厂房立面进行改造，增加入口与透明面，方便人行到达与自然光线引入，其次是重新利用结构，对厂房的结构进行保留，重新利用结构体系，创造新的创意研发空间。对于中等尺度的涂装中心、电装车间、装试车间等，设计提出保留原来的主体结构，重塑厂房建筑的屋顶与形体，引入自然采光，满足新的功能，同时成为文化剧场和新型创意空间的标志，可以在厂房主体结构上加入全新的功能和材料。对于小尺度的员工食堂、科技楼、综合楼等，为了满足新的建筑功能与较大空间的需求，在厂房建筑外包裹全新的立面与材料，将多个建筑整合成一个较大的建筑。用顶棚结构将多个建筑联系起来，在建筑之间形成活跃的灰空间，可作为展演中心。

打造区域产业升级的重要引擎、塑造充满活力的体验场所。营造三个功能互补的多样化社区。其中，文化展演片，结合轨道站点对四个厂房空间进行再改造，轨道站点与厂房建筑改造、公共空间改造相结合，引入船坞博物馆、文创图书馆、艺术传媒等；滨江娱乐片，充分利用临近工业港的区域，形成室内外结合的娱乐中心、区域游轮集散中心和运动空间；滨江居住服务片，结合现状较好的植被资源，打造生态住区（图5-16）。

图5-16 青山船厂组团空间布局

（3）春笋先锋组团

1. 功能定位与更新思路

组团定位为萃取先锋板块，延续区域“独立自主、自力更生”的工业文化开拓创新精神。侧重创新文化科技研发，并联动东侧钢琴产业园，建设文化传媒基地、科技体验商业示范区等核心项目。

2. 空间布局

临北面段延续居住氛围，围绕片区数字文化创意属性及生态属性建设绿色智慧居所示范区；中间段通过“产学研商”基地、科技体验商业示范区与南面FabLab智能创作工坊形成有效间隔与衔接，既可服务居民，也可展示、宣传、推介智创工坊中的孵化企业，从而将整个春笋片打造为创意无限、面向未来无限自由生长区（图5-17）。

图5-17 春笋先锋组团空间布局

（4）智慧生活组团

1. 功能定位与更新思路

定位为离尘不离城板块，传承和谐邻里精神，聚力探索具有示范引领效应的全龄友好公园社区、新型智慧社区。

2. 空间布局

侧重延续多元共享的集体生活文化，建设新型智慧社区、社区文化公园、管廊改造最美步道，扩建现状医院、学校和养老设施，配套绿道建设、公共停车场、公交首末站等工程，聚力探索具有示范引领效应的全龄友好公园社区（图5-18）。

图5-18 智慧生活组团空间布局

（5）工人村路以西宜居典范组团

1. 功能定位与更新思路

定位为品质提升板块，升级完整社区，聚焦地缘精准供给，将互助共享理念植入社区中心，增强社区归属感。

2. 空间布局

侧重以简约适度、绿色低碳的方式，实施社区基础设施升级、环境品质提升和社区品牌打造，按照每百户居民拥有综合服务设施面积不低于30平方米，60%以上建筑面积用于居民活动，完善社区健身、社区医疗、物流快递、便民小超等生活服务设施配套。加强智慧社区微基建，建设智慧物业管理服务平台；推进设计师进社区，建立健全社区共商共治机制，建设工人村路绿色风景带、邻里中心等核心项目。

5.3.6 实施项目库与资金平衡方案

规划遵循长期运营和动态平衡思路，开展工业存量资产更新的一、二、三级联动资金测算，并与项目分期、分包实施方案相互校正优化，以基础设施改善、公共空间提升拉动准公益和经营性项目的持续升值。

规划按照“近期激活古镇文化引擎、孵化新兴产业功能，中期持续激活古镇活力、营造优质环境以吸引产业人才回流，远期整体提升滨江城市形象，打造区域型旅游旗舰项目，夯实古镇片核心竞争力”的分期实施思路，制定了近、中、远期实施项目库初步方案。近期项目主要为文化类引爆项目，将核心文化体验类设施，与相邻的生态绿心修复共同建设，快速形成古镇片的文化IP；中期重点推进城市道路、公共服务设施和市政设施的建设，并持续启动文旅项目的实施；远期开展生活社区更新和区域型旅游旗舰项目建设，助力区域旅游节点的打造。

对应近、中、远期开发时序，明确公共设施和生态型、开发新建型、改造升级型、业态提升型这四类项目类型，按照项目包均具备一定开发亮点，且公益性项目与经营性项目搭配的原则，划分了五个项目分包。与此同时，规划对每个项目分包开展了一、二、三级资金测算。在基本满足一、二级联动可平衡的思路下，对项目分包、项目分期进行微调。

5.4 小结

本章探讨了青山区的功能单元规划编制重点和内容要求。该类规划是承接顶层设计、战略布局，引导和保障单个项目在实施建设中功能相互协同、景观协调的重要环节和规划层级。围绕顶层设计中谋划的总体生态框架、产业战略格局，对接城市更新板块，以1～3平方公里的片区作为空间载体，从文脉、动能、空间、生态等多个维度，制定可持续的存量价值空间更新布局与建设指引。不同的功能单元有其规划重点，从强功能、显特色、补短板等不同侧重点，差异化地制定功能单元的规划策略，确保每个功能单元在功能和景观等方面有其特色，功能单元里的每个地块相互之间明确协同的方向；同时，产业策划和项目招商前置，通过长期运营、动态平衡的思路，进一步保障后期项目落地的可行性，最终实现以单元更新为空间赋能。

CHAPTER 6

Action and Practice
——Promoting the Transformation and Implementation of Industrial Zones through Key Project Practice

第六章

行动与实践
——以重点项目实践促工业区转型实施

青山区高质量转型发展，最终是要通过一项项实际建设项目予以实现。如何彰显地域历史底蕴与资源特色、促进历史文化优势转化为创新发展优势、促进生态资源优势转化为绿色发展优势、促进近郊区位优势转化为枢纽链接优势，是老工业城区转型面临的突出问题。本章继续探索青山区转型发展过程中，高度重视彰显青山地域滨江滨湖生态特色与工业历史文化价值，探索工业街区复兴、湖区生态转型、工业遗址重塑、危房自主改造、社区智慧赋能、文化价值赓续等方面的更新治理实践经验。

6.1 工业街区复兴——青山正街规划实践

6.1.1 如何促进人文生态资源特色优势转化

2021年，青山区发表《贯彻新发展理念、推动高质量发展、为建设现代化青山绿水红钢城而努力奋斗》工作报告，明确坚持以推动高质量发展为主题，以改革创新为根本动力，让曾经的开拓者和引领者加速重振、再现荣光，持续改善生态环境，完善功能品质。2023年，武汉市印发《武汉市城市更新行动方案》，青山区编制《武汉青山古镇片城市更新实施方案》，按照“显特色”的更新目标，以先行实施青山正街及周边地段作为亮点示范项目，探寻活力新生的城市更新新路径。

青山正街位于青山区中部沿江带，北邻长江，三面环山，邻近武汉站、三环路、武钢、红钢城，自古即为兵防要塞、商贸市镇，是历史上青山区的政治、文化、商业中心，有“青山之根”之称。其地处厂城交界，西临柳林公园与居住区，北与天兴洲生态岛隔江相望，南抵21号公路，涵盖青山正街、滨江片区、青山矶等五座山岭以及青山钢谷电子产业园、宝武培训基地等用地，总用地面积1.1平方公里（图6-1）。整体虽滨江环山、历史悠久，但当前尚未能体现青山根脉的地段价值，场地风貌与环境有待提升。

图6-1 项目区位示意图

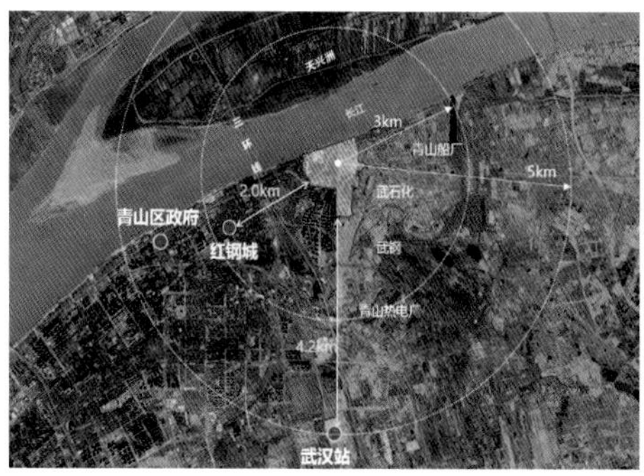

6.1.2 凸显特色根脉的历史文化价值

青山古镇古称青山矶，又名青山铺，属旧时江夏县。清康熙五十三年(1714年)

《江夏县志》载：“青山矶在县北三十里，尾亘长湖，首枕大江，其下有矶，往来舟多避焉。”由于长江青山岸边多矶石、小丘，此处形成天然的避风港口。早期为军事良港，贸易重镇，西周时为鄂国要地，后逐渐形成商贸集镇，至清同治八年（1869年）走向鼎盛，为武昌江夏县六大市镇之一。

青山正街是青山根脉，具有自然地理、悠久历史、工业记忆三大价值（图6-2）。通过青山古镇历史文化价值的提炼和对古镇文史线索的梳理，青山古镇核心片区尚存一定资源载体，保留历史文化、生态文化、工业文化三大类文化资源，是古镇的精华与基底。为更好传承古镇现状价值与特色，保留与保护现状不可移动文物、多元风貌建筑、大树、古井、历史街巷等重要的历史环境要素以及非物质文化遗产，基于对青山古镇片区历史文化价值的全面研究，规划将青山根脉文化概括为：悠久历史之根——青山古镇历史悠久，底蕴深厚，依江而生、因江而盛，是青山发祥繁盛之本；工业文化之根——改革开放后，青山古镇与青山区工业发展相互支撑，是推动武汉城市发展的根基之地；自然生态之根——场地重要资源青山矶，作为长江岸线的重要锚点，是青山落实长江自然保护与生态治理最佳源头；可持续发展之根——面向未来，更是对外展示与支撑青山转型与高质量发展的最佳窗口。

图6-2 项目历史文化价值分析示意图

价值一：地质条件稳定。奠定了青山镇连续悠久的历史、重要的工业地位及优良的生态环境基础。

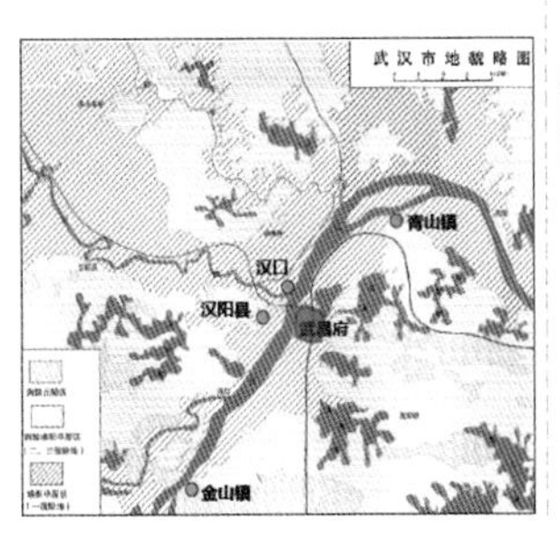

历史
文化

价值二：历史丰富悠久。青山古镇自古是军事要地，长江沿线重要的商贸驿站。

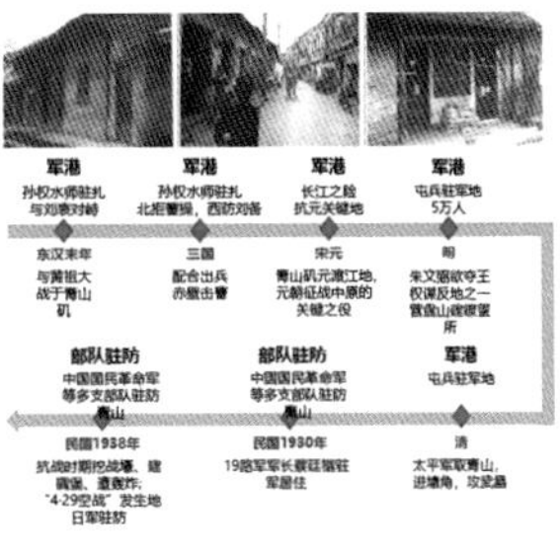

价值三：工业发展兴城。青山区发展建设是新中国工业建设发展史和厂城互塑发展史的重要缩影，是讲好新中国发展历程故事的重要篇章。

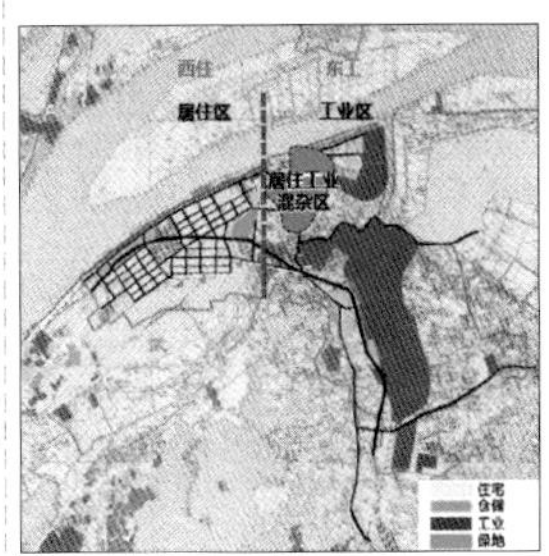

规划基于文化资源要素，打造青山对外文化展示窗口。一是根据梳理的各类文化资源禀赋，确定规划的文化展示目标为——打造青山对外的文化展示窗口。在规划范围内讲好时间脉络上连续的青山故事，从过去到现在链接未来，全方位展示青山的特色文化，重点彰显“八大特色文化主题”：悠久历史、商贸繁荣、新中国工业、工业时代记忆、现代艺术、长江生态文化、青山可持续发展和产业高质量转型。二是构建系统展示利用体系，形成“2区1带2馆”的文化路径。其中，“2区”为青山古镇文化展示核心区和滨江文博艺术展演核心区。沿青山正街营造特色时代氛围，选取既有建筑改造为非遗技艺馆、时光影像馆、生活场景体验馆等特色文化空间，复现20世纪60～80年代工业时期生活风貌氛围；选取青山正街南侧街办厂旧址改造为街办厂文化馆等，专题讲述武汉市、青山区与青山工业相互支撑带动的厂城互塑关系。“1带”为沿工人村路工业文化集中展示带，形成面向城市的、可观赏、可体验、可感知文化的沿街线性公共空间；活化利用沿线厂房等建筑遗存，改造为文化和经营性空间，使其成为连接场地内外的纽带。“2馆”即选取钢铁剧院打造青山企业转型文化专题展馆，选取现状武丰闸市场打造青山城市规划展览馆，与青山江滩和滨江文博艺术展演核心区隔路相望，形成开放姿态的城市界面。该展馆主要展示青山区城市规划、历史沿革、长江大保护、生态治理、高质量发展等。三是以青山古镇为核心，融入青山文化展示体系，构建青山区最具差异化特色的“青山根脉”文化名片、形成一系列区域级的文化游线，包括青山江滩—天兴洲—青山古镇—青山船厂游线、“红房子”—武钢博物馆—青山古镇—武钢工业文化区游线、“红房子”—青山古镇—杨春湖城市副中心游线。四是针对城厂割裂的状态进行织补，从青山根脉变为城市滨江新地标，整体定位为新中国工业文化记忆传承地、长江中游文化生态活力客厅、根脉保护与转型发展示范区，形成临江、垂江两轴，青山古镇一核，江滩与五岭蓝绿两带，周边形成文博、教育、商务、产业四大片区。

6.1.3 突出资源活化利用

（1）打造青山1公里滨江展示带，做好“江滩—五岭”生态保护利用，融入长江国家文化公园

保护五岭、古镇、滨江筒仓轮廓，通过地标建（构）筑物和肌理织补，在滨江1公里范围内，形成以地标建筑和青山五岭为主体、错落有致的、高辨识度的天际线轮廓：商务会展中心—营盘山—青山古镇—鸦雀山—矶头山—水泥筒仓。同时，突出青山特色，打造工业文化+生态的特色水岸。通过景观手法建设特色文化江滩，将工业遗存作为景观场所、布设工业文化景观小品，通过改造既有工业建筑和码头为文化艺术空间、提供趣味公共空间。

（2）五岭生态景观复现，擦亮青山根脉文化名片

依托长江优势岸线资源，恢复现状因城市建设而割裂的五岭，重塑连续、完整的山水景观格局、形成连通江滩—古镇—社区连续完整的开放空间体系。依托矶头山公园和工人村路景观带等的优良步行环境和人文、生态氛围，建立健身步道系统，提供完整的景观体验。充分尊重山体地形条件，开展生态修复，针对现状山体边坡和台地存在裸露、水泥面等非生态坡面，规划将五岭划分为山体本体范围和生态修复区。在山体本体范围内，严格管控建设行为，守住生态底线；在生态修复区内，对边坡覆土复绿，山顶台地营造生态草坪或林地景观。

（3）五岭布局特色主题，擦亮青山根脉文化名片

青山五岭是青山重要的地理与人文标识，是青山自然生态之根的重要体现，规划针对性提炼五岭各自的文化主题，植入适合的功能内容。根据五岭的生态禀赋、人文资源禀赋和交通区位，设置不同文化主题。①矶头山：观江澜、探历史、缅怀英雄。对局部树冠进行修整，登邻鹤楼可观江澜，一览长江延绵画卷。②鸦雀山：望古镇、迎发展。作为古镇休闲漫步的重要地，感受古镇风貌、青山转型发展。③营盘山：寻古迹、享文艺。结合历史文物桃园古井，打造诗意青山桃花坞，重塑古镇悠久的历史景观。④祖峰山：乐亲子、享研学。结合生态修复，打造儿童自然游乐公园。⑤赵家山：慢生态、享生活。打造自然花海台地景观，将自然生态融入城市生活，提升居民幸福感。

（4）充分发挥山体地形优势，形成多点互望、多条视廊交织的视线系统

利用五岭的地形和滨江筒仓的片区制高点优势，形成多点互望、多条视廊交织的视线系统，望山、望江、望古镇、望城市的连续完整观景体验。

（5）面向文旅活力、产业办公、户外休闲、亲子研学等不同人群营造多元体验

文旅活力人群在时代怀旧场景下，深度体验青山根脉文化；产业办公人群向往环境整体开放，感受浓厚商务氛围的舒适；周边社区居民及工业区员工人群、户外休闲狂热人群更青睐五岭到江滩天兴洲，全面体验青山新生态；亲子研学人群希望拓展自然和人文知识边界，感悟青山魅力。规划衔接上位规划用地控制，根据地段禀赋，布局多元功能：滨江片区空间体量大，标志性强，可实施性高，适合布置大型文化演艺、展览展示，具有标志性，再利用成本低；青山正街片区街区氛围感强，有文化和空间基础，适合布置文化展示体验、商业、商务办公；五岭片区串联打造多样主题公园；围绕滨江和正街，周边片区依托可再利用存量建筑具有再利用潜力，布置会展酒店、教育研学、产业办公、文旅配套功能（图6-3、图6-4）。

图6-3 总体方案设计意向

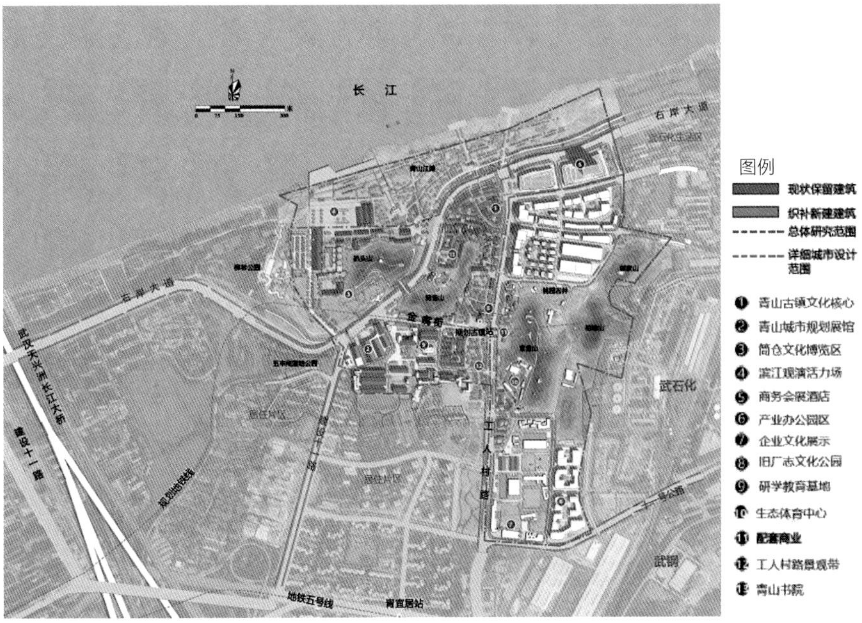

图6-4 总体方案鸟瞰效果图

（6）加强保障，优化道路交通及停车设施

针对现状道路对地形要素缺乏细致考虑的问题，规划局部改善优化交通体系，增补地上地下停车位。交通方面，建议交叉路口采用交通稳静化措施，曲线转弯段采用限速及铺装提示措施，道路断面优化，增加人行道和绿化，增加人行斑马线及艺术廊桥，增强片区联系。静态交通方面，结合区规划馆、青山老镇、滨江商务酒店、产业园区、雅雀山公园和滨江文化艺术创意区新增7处停车场，地上停车场规划为生态停车场形式，结合车行流线和主要公共空间布置落客区。

6.1.4 营造“文商旅产”融合发展活力芯

（1）根脉保护传承，审慎重塑肌理体量

规划总体营造“山—正街—后街”错落有致的天际线形象，延续对青山根脉的重点保护。一是保街巷，延续历史街巷骨架以青山正街、青山后街以及工人村路为主干街巷，连绵山体与古镇、长江和谐共存。二是精尺度，建筑组团尺度总体延续，沿正街、山脚延续传统建筑单体与院落尺度，形成完整的古镇肌理修复单元。三是增广场，增加公共空间，汇聚人群活动，促进公共活力，主要包括入口广场、青山后街广场、滨江广场、公园广场。四是活利用，建筑适配现代功能需求，灵活组合布局。正街两侧及南侧建筑延续其依山而建、小尺度、院落布局形式的传统肌理，青山后街两侧建筑延续中尺度院落肌理尺度，形成肌理整体协调的自然多元型组合建筑组团。规划串联场地历史底蕴深厚的文化资源，形成“一环串联，两带环抱，多片联动”的规划结构。“一环”为青山根脉传承展示环；“两带”为五岭生态休闲体验带和滨江活力休闲带；“多片”为青山古镇、青山书院、滨江活力演艺剧场、青山长江文明馆、旧厂志文化公园和会展酒店中心。

（2）服务多元人群，精细混合功能布局

结合现状特色资源建筑，分散混合布局功能场景，包括青山古镇故事馆、非遗技艺体验馆、青山工人时光影像馆、旧厂志文化馆、新中国工业发展展示馆、青山长江文明馆等文化功能，营造连续的活力吸引空间，形成片区发展的文化核心。围绕文化功能核心，补充布置商业、办公、旅馆等功能：依托古镇本底，沿青山正街、青山古井、滨江筒仓处集中布置商业零售与文创功能。临近干路的青山后街周边，总体价值高，集中布局接驳华侨城科技园与商务地块布置产业办公功能，延续鸦雀山下特色院落，布置生态观景体验民宿功能。功能布局方面，首层及二层连廊动线可达性高建筑，以商业零售、文化、文旅配套等功能为主；三层及四层以产业办公、SOHO等功能为主，在核心区域人流密集处，局部可做旗舰商业；同时预留弹性空间，预留近远期功能可变的需求。

（3）基础设施保障，顺畅衔接城市片区

规划注重人车分流，实现乘客的快速换乘。人行动线沿青山正街—滨江文创街—筒仓文博区—青山城市规划馆—鸦雀山脚—旧厂志文化公园，形成一条完整的步行环线，片区以慢行空间整体串联，主入口布置在青山正街东入口与西入口、滨江文博区南入口丰富行人的游览体验。车行动线片区采用人车分离的交通模式，以右岸大道、工人村路为车行主干路，共设置两个地上停车场、两个地下停车场，停车场入口与人行入口分开设置，避免流线交叉，保证行人安全。规划充分利用地下空间，严格遵守并避让文物保护单位保护范围，合理运用工程技术措施（托换法）进行地下室开挖，设置地下公共停车空间，符合人车分流的设计模式，保留更多地上文化、商业、景观、生态空间。

（4）重点聚焦近期首开示范区，营造活力城市空间，形成四大分区、十二大子项目

青山正街通过追溯古镇历史，强调保留建筑修复改造，复现20世纪60～80年代工业时代场景，打造沉浸式体验，形成有围合感、导入性的入口广场等重要节点，总体形成有文化、有体验、有调性的老街新貌。正街东段结合现状特色建筑，打造20世纪六七十年代场景打卡地；正街西段老工商银行变身非遗体验工坊，街道复现工业生活场景；正街中段则保留改造体现楚地特色的传统民居建筑，植入现代商业零售功能。

青山后街活力产业区注重延续历史街巷肌理，同时为了满足现代使用及消防道路需求，打造以青山后街为主干，内部成环的街巷体系，织补新建建筑延续院落肌理布局形式，内部形成产业活力广场，承载休闲、活动举办等功能，邻近东侧华侨城生态科技园区以及干路，布局新型产业办公功能，同时布置厂区的转型VR体验馆、青山故事馆、民宿、餐饮等多元功能，联动青山正街形成综合活力片区。

青山书院通过保留现状丰富地形、大树及依山而建的学堂建筑，营造沉浸式传统文化传播空间，传承与延续研学教育、文化体验功能，展示青山百年学堂的书院文化与历史文脉底蕴，并在青山书院设置“名师故事馆”，以历史旧物、照片等展现青山小学教师助力青山教育事业蓬勃发展的光辉历程，延续研学教育、文化体验的功能，建筑织补和环境改造形成文化传播节点。

旧厂志文化公园整治更新街角等低效用地，修复青山五岭山体连绵延续空间格局，形成连续的城市公共绿地。通过对现状厂房建筑的利用、植入工业与五岭文化主题，形成具有休闲游憩、户外自然教育、服务配套等功能的户外活动地，集“集散+生态连通+体育运动+休闲”消费于一体的活力公园（图6-5）。

图6-5 近期首开区方案设计意向平面图及效果组图

图片来源：北京清华同衡规划设计研究院有限公司遗产保护与城乡发展研究中心

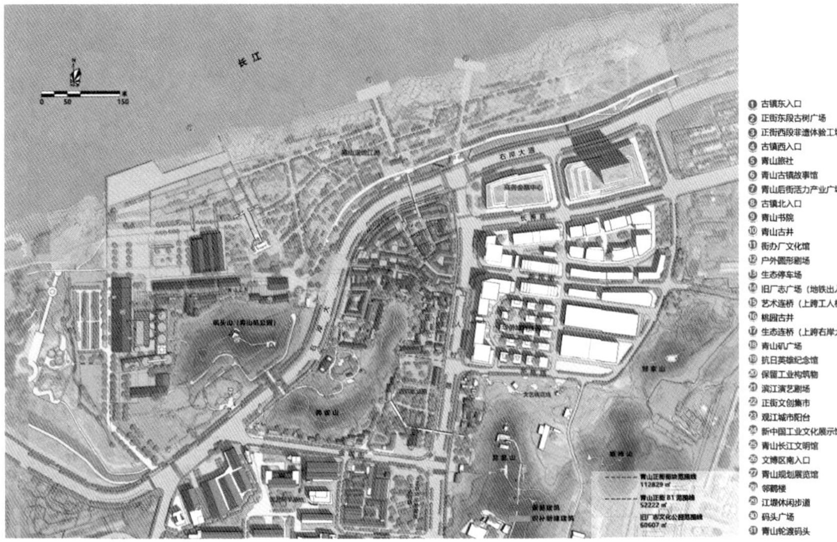

青山古镇
百貨商店

中國工商銀行

6.2 湖区生态转型——滨湖蓝城启动区规划实践

6.2.1 如何重整零碎空间提升滨湖空间价值

2021年，为推动长江经济带发展，中国共产党武汉市青山区第十二次代表大会提出以“一轴两区三城”为发展战略，全力打造老工业基地新旧动能转换示范区和生态文明引领转型创新试验区，着力发展青山区北湖产业生态新城，编制《北湖产业生态新城空间发展规划（2019—2035）》，力争将北湖产业生态新城107平方公里区域打造为“创新之城”“蓝绿之城”“宜居之城”。其中，滨湖蓝城伴湖而生，是北湖产业生态新城的综合服务中心，定位为具有创新引领作用的生态科技新城，是青山区生产、生活、生态“三生融合”的关键所在。

滨湖蓝城启动区主要位于武汉市青山区东部十一村中的五星村，基地紧邻严西湖，三面环水，自然景观条件极佳（图6-6）。基地地处青山区生活服务轴和生产服务轴交点处，是区域重要的生产生活服务中心，作为武鄂高速进入武汉主城区的门户核心区域，地理交通位置十分优越。规划范围内现状建成区分布较为零散，呈现“湖泊 + 大片农田 + 零星村庄”的组合形态，一派自然景象。大部分处于待开发状态，开发潜力巨大。现状建成区对外联系不便，内部道路等级较低，主要内部交通道路为星力路和星岭路两条4米宽的水泥路，五星村通过地块东北角往北延伸向城市主干路青化路，贾岭村通过地块西北角往西延伸通至城市次干路武东路。根据适建性评价分析，项目区南部以基本农田、水域为主的区域，生态适宜性较低，特别不适宜用地占总用地的54.85%；启动区北部区域以较适宜建设用地和适宜建设用地为主，占总用地的37.72%。

图6-6 启动区区位示意图

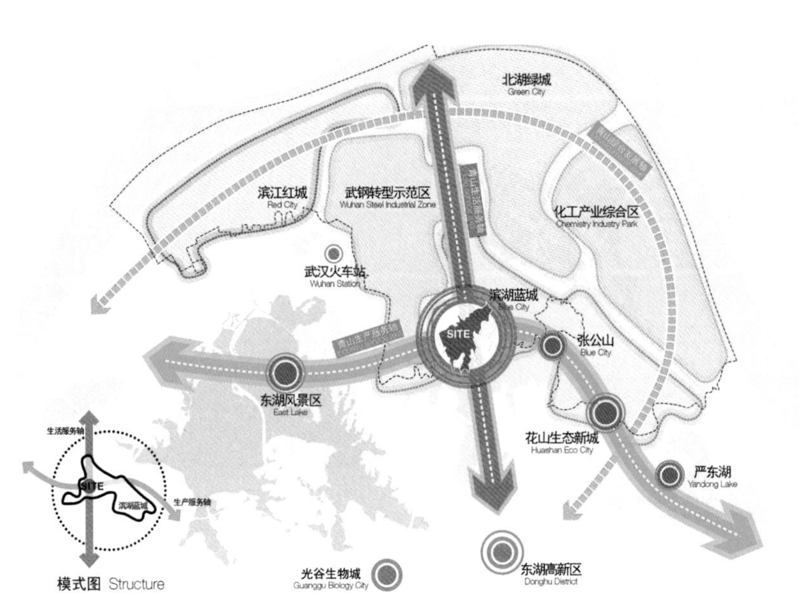

6.2.2 立体链接，变孤立滨湖半岛为枢纽型滨湖新城

现状武鄂高速对于项目是一把双刃剑，伴随武鄂高速收费站迁改至基地东侧，武鄂高速从场地横穿而过，其利在良好的昭示性和带动性，其弊在将场地割裂为南北两块，场地连贯性被打断。对此，规划首先立足解决现状最迫切的高速交通穿越、用地被切割问题，建议一是维持武鄂高速的位置现状，将武鄂高速项目段改造为城市快速路并设匝道与之接驳，充分利用武鄂高速的交通带动效应提升项目土地价值；二是结合高速两侧高差关系，设计多组生态织补上盖，形成丰富多维的慢行系统，使地面各功能板块联系加强，连接成一个整体，形成立体接驳，变割裂为融合，转孤岛为枢纽。

同时，现状共有七条高压走廊穿过项目用地，无序地割裂了场地空间，且由于高压走廊的建筑退线要求，导致规划区域的可开发建设范围受到较大的影响。规划建议分近、中、远期三个阶段，将现状高压电缆逐渐改造成埋地的地下电缆，腾退出城市空间，方便规划范围内的地段未来的开发。近期为“架空腾挪，释放西岛”，将原穿越可建用地的架空线路迁改至南侧严西湖沿岸，全面释放西岛的可建用地，通过相对低成本的高架线路迁改，实现近期启动发展的建设需求；中期为“搭车市政，全岛可建”，结合主骨架路网铺设工程，利用武鄂高速穿越地块路段的生态上盖和地块北侧轨道交通路段，将原途经地块北岸的多条架空线路分流至地块内武鄂高速生态上盖下部和北侧轨道交通路段，将最主要的几条横向高压线组同步随路管缆化，进一步释放地块北岸的可建地块、重塑城市天际线、提升北岸沿线生态环境。远期为“净网行动，退绿还蓝”，将穿越地块南侧严西湖生态区域和北穿至北岸的三条架空线路进行全面的电缆化，实现整个启动区的高架线路全面净网，充分释放地块的生态和景观资源，塑造品质绿岛新城。

通过与“三区三线”规划相呼应，采用棋盘式方格网路网形式，道路建设与各类公用管线建设共同进行，科学制定实施步骤，道路等级体系布局采用主干路—次干路—快速路—支路四个层次的建设等级，将半岛空间合理划分为尺度适宜的街区，确立了以“公交 + 慢行”为主体的交通系统，鼓励和引导居民选择步行 + 公交或自行车 + 公交的绿色出行方式。一方面，通过规划大力发展快速公交和常规公交，调整公交路网的线路，在人员密集场所和汇集的地点区域布控公交枢纽站，全方位布局公交站点以构筑居住与商业片区的联系走廊，同时推广依托青山氢能产业基础就地推进公共交通公交使用清洁能源。根据滨湖水网密布的特点，以现有道路网和水网为基础，打造滨湖慢行路径。利用自行车、步行为主要出行方式，逐步实现慢行交通出行比例达到40%的指标（图6-7）。

6.2.3 生态涵养，构建富有魅力的严西湖湾自然风

启动区南面望山，三面临水，湖湾浅丘，群绿围绕，资源优越。滨湖面视野开阔，岸线蜿蜒，长约8公里，但岸线未经过统一规划打造，岸线利用率不高；内部坑塘众多，水域面积共18.83公顷，存在一定富营养化。规划以原生态、多样性、均质化为纲领，营造以居住的直接舒适感与适于长远发展为标准的

图6-7 交通市政优化意向

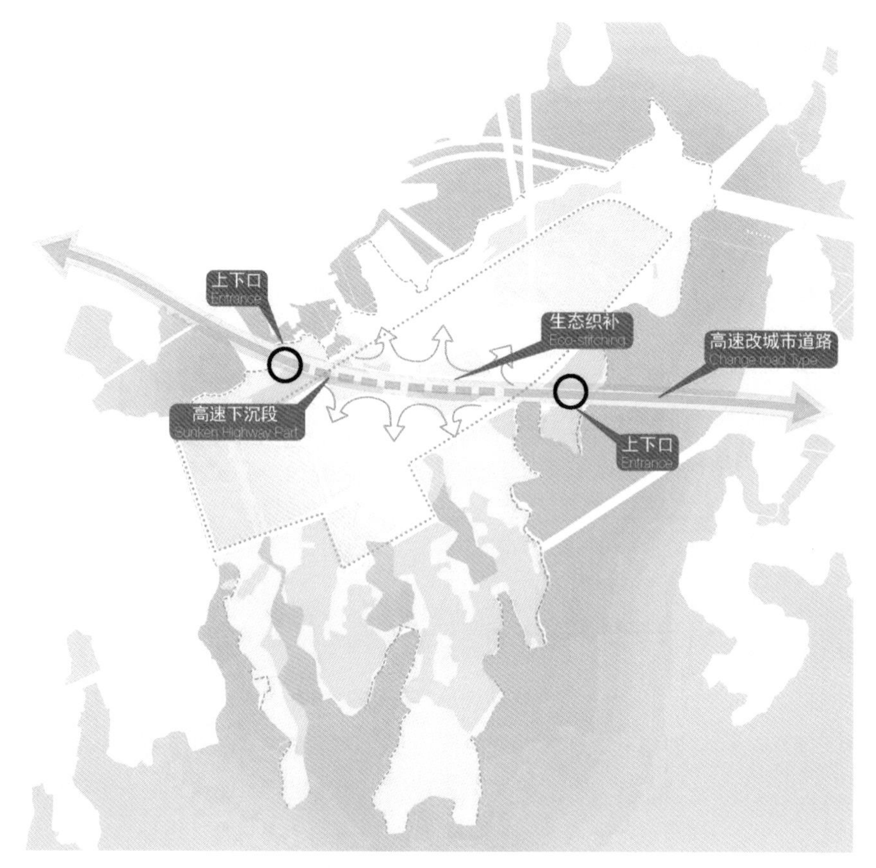

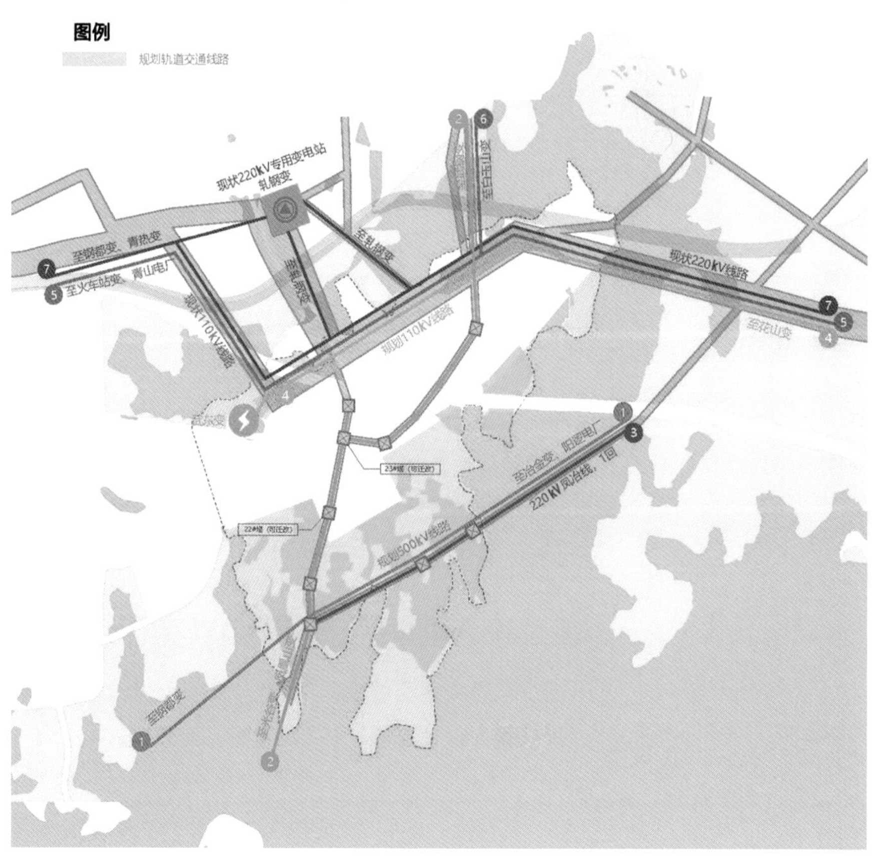

生态环境和大气、水资源、噪声控制均优异的城市居住环境，减少热岛效应，控制风速形成良好的城市微气候，维护原有生态的自然环境，设立城市公共绿地，吸收二氧化碳。建设具有相当规模的湿地系统，以藕塘、鱼塘和其他田间溪流等为补充，将多样性的生态布局作为城市的开放景观，为居民提供优质的公共空间。

规划首先立足消除现状基本农田对生态环境的农业污染，设计多条南北向生态水系廊道，以多池塘耦合系统净化水体中富营养物质，通过滨水二级净化后排入湖内净化水体，保护生态。其次，基于景观生态学的生物多样性格局评估，选取可以反映湿地生态多样性格局的雁鸭类作为指示种，划分区域为高、中、低三个价值区间，由湖岸向内依次为：临近水岸的自然生态区，为高生态价值圈层，须严格保护动植物栖息地；中部以农田湿地为主的区域，建立半人工半自然的生态景观区，为中部生态圈层；离岸线较远的人工生态区，为生态价值较低的内部圈层，布置部分服务设施，提供生态休憩功能。此外，规划重点关注水体治理，保护物种多样性，构建生态廊道，建设生态社区。西侧与大东湖生态绿楔相衔接，创造“城湖融合”的大格局；向东与严东湖绿地系统相呼应，建构连续性与通透性的环湖景观廊道，为居民提供公园亲水休闲空间等公共场所。立足生态涵养发展休闲旅游度假，通过以山水资源为依托，以慢行交通为载体，以休闲健身和生态旅游为根本，打造市民好去处。

6.2.4 功能引领，构建地缘型产业体系和蓝绿空间

项目位于青山区生产、生活、生态三轴交汇处，既是武汉东部副城序列纵向轴的中途站，也是大东湖生态绿楔的横向衔接点，同时还是青山未来北湖产业新城生产服务功能轴上的重要支点。项目产业定位从区位层面上要主动融入光谷科创大走廊，加快培育新兴产业和新动能，打造集创新研发、高端居住、生态休闲于一体的生态新城。

项目从地缘禀赋层面看有两大主题，其一是承接青山宝武+化工两大工业IP资源，可布局从“制造”走向“智造”的新工业产业，由此梳理出“会议展览、总部经济、服务配套、现代生活服务、孵化平台、示范基地”六大主题产业；其二是得天独厚的蓝绿资源和约一平方公里的农业生态空间，可结合微度假、夜经济、强配套、多维度、重禀赋等近郊旅游优势，系统发展“科普教育、休闲娱乐、健康疗养、文化创意”四大文旅产业。

项目产业布局策略总体来说分三大策略：一是充分承接项目的门户铰点区位属性，规划接待展示服务功能；二是充分承接武东工业IP和涅槃突破，规划科创研发示范功能；三是充分承接地块得天独厚的蓝绿资源，规划康养农旅文化功能。基于这三大策略，规划结合项目的地理特征划分出两个功能集群。分别是布局北岛的以智慧、创新作为片区功能主题，以城市综合服务、创新创意孵化、研发、展览、会议为主要功能特色的“蓝色功能集群”；以及布局南岛的以生态、健康为功能主题，以健康、文旅、体育、文化等为主要功能特色的“绿色功能集群”，并由此形成“蓝港+绿岛”的总体产业结构。

根据基地实际情况，规划将其沿武鄂高速分为结构对称的两部分，东部形成以创新智慧为主要功能的产业组团，西部形成以生态、文化、健康为功能特色的组团。东西两部分各有一处核心，作为区域性的服务核。南部区域和北部滨河区域，顺应自然肌理和生态价值，将绿色渗透入城市内部，实现自然和人的和谐共融共生。整体打造“蓝港绿岛，孪月共融”的空间意向，概念灵感来源于诗句“月下飞天镜，云生结海楼”，取其中月牙与倒影的“孪月”意象，西侧为以生态文化为主题的“绿岛”，东侧为以智慧创新为主题的“蓝港”，形成孪月式城市格局（图6-8）。

图6-8 启动区产业空间设计意向

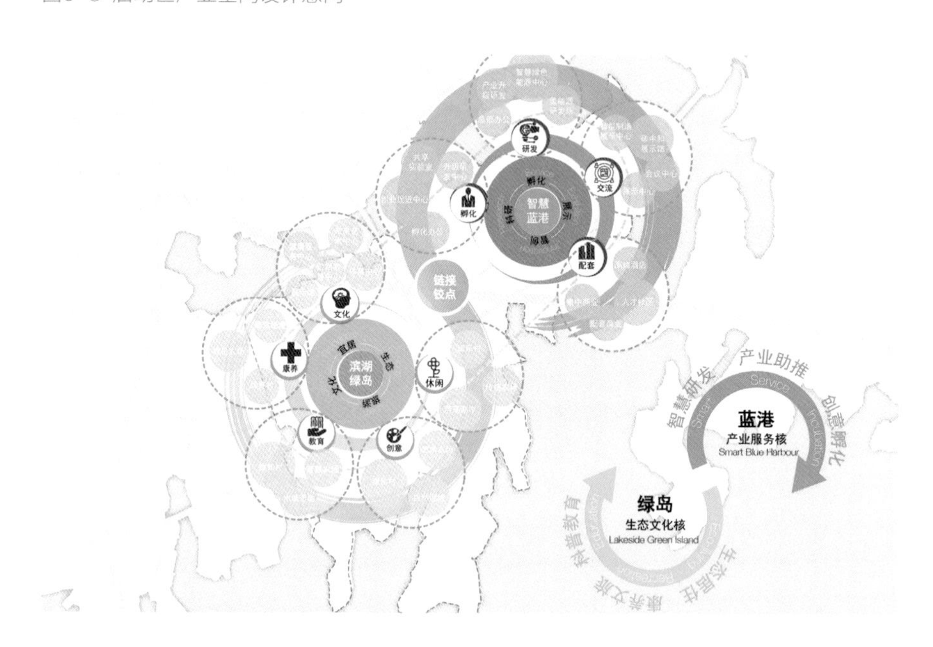

东部蓝港对接北部城区，建立起城市服务+科创孵化为主的主要功能，空间构型上采用圈层结构，以中央港心为核，依次展开智坞扇面、创坊组团和蓝居板块。其中，将围绕港心的扇形区域打造为活力智坞，营造区域地标门户形象，承接北部武钢区域、化工区和生物医药区域功能组团的服务职能，其构建理念为“从城市边缘到蓝城地标的转变”，功能上打造智能智造展示中心、碳中和展示馆、生物医疗展示中心、配套商业中心、蓝港论坛会议中心和总部办公，形象上逐级旋升，形成商务群组地标建筑群。创坊组团通过三个科创孵化坊的设计，充分发挥产业互通共享的空间设计，其构建理念为“科创园区3.0科创邻空间”，功能上置入绿色能源、智慧孵化、产业升级中心、共享实验室、智慧研发办公、绿色能源中心等，提升头部企业配套，带动小微企业发展（图6-9）。

西部绿岛区域对接南部丰沛的蓝绿资源，规划以生态文旅休闲为主导功能，空间构型上采用“柠檬形”结构，以中央绿核为本底，以多条绿廊进行渗透，将绿岛划分成多个“绿瓣”，每片绿瓣又以不同主题的绿村、绿园、绿滩构建成别具特色的文旅生态空间。其中绿核的构建理念为“超级文化艺术超级聚核”，是衔接城

图6-9 蓝港空间设计意向

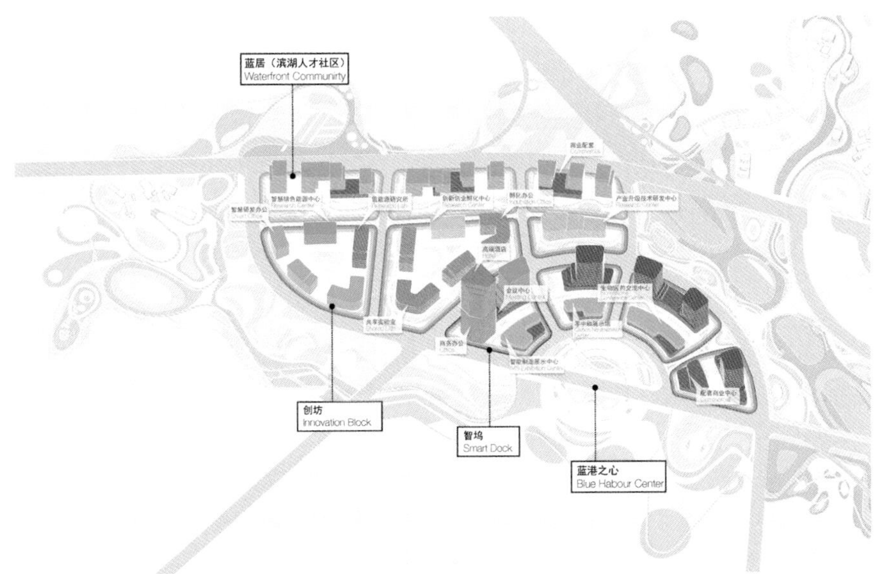

市区域和生态乡村区域的核心，功能上分为未来艺术中心、健康服务中心、自然教育研学中心、休闲度假酒店等综合文化模块。绿廊为结合现状洼地、梯田等地形肌理，梳理出的四条渗透廊道，既丰富了环湖岸线形态也形成了科学有效的生态过滤系统。绿村为整合现有村庄民居，打造成四个主题文旅村落，补充特色配套设施的同时也活化了生态空间价值。绿滩的打造是整个严西湖环湖岸线的一部分，设计采用公共活动型驳岸、景观营造型驳岸、生态保育型驳岸三种形式进行立体塑造，强自然、弱人工，打造原生态的滨水空间（图6-10）。

图6-10 绿岛空间设计意向
图片来源：中信建筑设计研究院有限公司、HPP建筑事务所

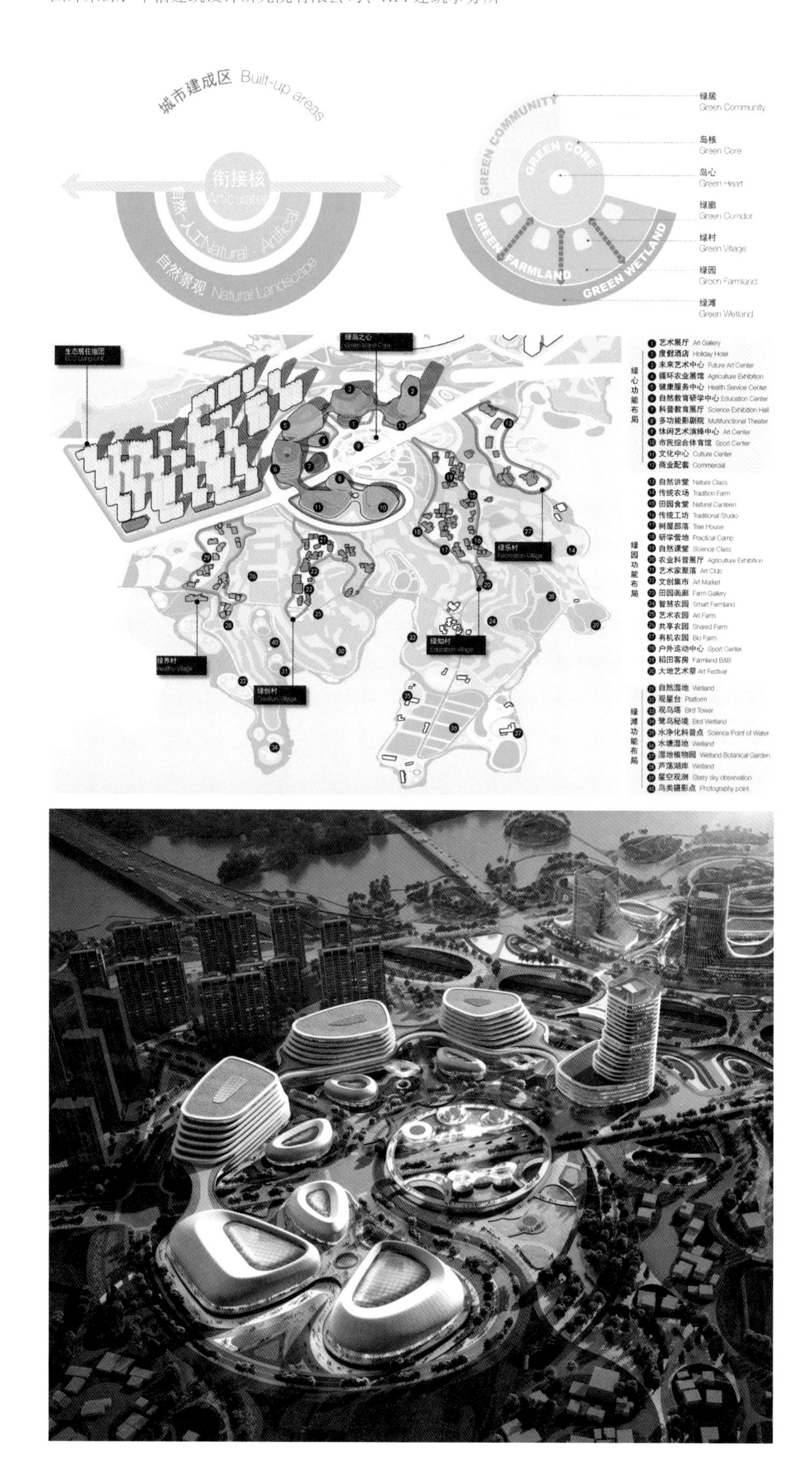

6.3 工业遗址重塑——武钢一号高炉工业遗址改造更新实践

6.3.1 如何变废为宝彰显工业历史遗存价值

1958年9月13日，武钢一号高炉建成投产，投产初期年产量即达75万吨，居世界一流水平。2018年，武钢一号高炉因保存了我国钢铁工业从无到有、从弱到强的历史记忆，见证了从实业救国到实业兴国的历史转变，被纳入中央企业工业文化遗产名录。2019年10月14日，伴随着最后一炉铁水成功出炉，服役长达61年的武钢一号高炉圆满完成历史使命，武钢一号高炉永久关停。在其投产61年间，累计生产生铁5420万吨，为国民经济建设发展作出了巨大贡献，已超额完成了它的民族工业振兴使命，被誉为“功勋高炉”，是武钢乃至全国钢铁产业的重要文化遗产。2021年，为落实政企合作、产城融合工作部署，武钢加快推进厂区景观提升综合整治，制定现代产业园“三不减、三提升”战略，塑造十大标志性项目，以一号高炉工业遗址为核心打造武钢文化旅游区，按照“修旧如旧，传承历史”原则，打造国家工业遗址公园。其中，一期规划用地面积约6.14平方公里，以一号高炉、硅钢为依托，融合钢铁工业文化、红色基因文化、绿色生态文化、蓝色科技文化于一体，展示老工业区“钢铁长子”高质量绿色转型发展的精气神（图6-11）。

图6-11 武钢一号高炉改造前后示意

6.3.2 文旅引领，多节点串联织补产城绿链

围绕一号高炉，规划注重整合厂区内外的历史工业遗存，通过主厂区环形工业铁路绿廊和纵横交错的棋盘式路网连接武钢大门、毛主席雕像、一号高炉、凤恩广场、2250厂线、红钢绿园、石山公园等资源。规划提出传承研学工业文化脉络，按照“江—港—运输廊道—工业产线—厂房建筑”的生长逻辑，遗址公园设计了“1+3+6+N”旅游规划，即“1个服务核、3个功能片区、6条主题链、N个吸引点”的旅游规划，设计了“红色旅游、智慧旅游、钢铁工艺游、休闲旅游、运动旅游、综合旅游”六条主题参观游线。

同时，规划注重工业与自然融合，利用厂区现状闲置地、废弃专用铁轨等植入高品质绿色景观，将传统老工业厂区打造为“厂在林中、路在绿中、人在景中”的景观公园，使员工能够开窗即景、出门见绿。立足现状树龄大、品种单一、密度高的特征，分条线、分区块打造绿地系统，亮化特色建筑、管线、道路及开阔草坪空间，形成识别性、趣味性强的休闲游赏空间，促进厂区环境品质提升（图6-12）。

图6-12 武钢一号高炉周边建设实景

6.3.3 以保促改，本体保护与环境擦亮并行

规划重点对一号高炉遗址本体、出铁场景和配套绿化等进行改造提升，划定保护核心区、风貌传承区等不同层次保护范围，并提出分类改造方案。其中，核心区内开展针灸式修旧如旧保护与利用，尊重原冶炼工艺要求下的平台梁、柱和板的建造工艺，邀请老工业设计师参与研究划定留、改、拆具体范围，通过精准测量勘验，拆除多余、失效的外挑构件，对炉芯部位采取了“怀旧式修缮、静态式保存和作品式存续”等基础性工作；风貌传承区内开展生长型修补，重点实施工业遗产环境擦亮工程，建设铁路观光火车线，整治环凤恩广场周边环境，提升天际线及厂区颜值，整体与一号高炉风貌相协调。通过系统梳理慢行交通网络，塑造工业文化实景体验和交往魅力场所（图6-13）。

图6-13 武钢一号高炉内部炉芯改造实景

6.3.4 智慧赋能，红色教育与科幻艺术集成

规划注重新技术应用和新场景营造。面向5G和人工智能转型趋势，规划明确将一号高炉打造为传统向智慧转型的现代样本。紧邻一号高炉建设炼铁集控中心，通过智控系统建设和升级，对厂区内所有高炉实施智能化生产。同时，依托VR（虚拟现实）、元宇宙等现代技术，在一号高炉外表皮上应用全息影像技术打造科幻灯光秀，在室内场地通过数字化模拟，一键触碰再现第一炉钢水出炉场景，让游客在进入传统生产场景中沉浸式体验“钢铁是这样炼成的”的工业文化（图6-14）。

图6-14 武钢一号高炉内部数字化改造实景

6.4 危房自主改造——青山 21 街坊危旧房合作化改造实践

6.4.1 如何精准谋划危旧房改造市场化实施路径

作为中国式现代化湖北实践的代表，青山区积极响应全国住房城乡建设工作会议关于构建房地产发展新模式、实施三大工程建设、下力气建设好房子等相关工作部署，率先探索基于人民群众住上好房子目标的合作化危房改造路径，并选取青山区21街坊作为危旧房合作化改造工作试点，由政府主导转为居民主导，政府兜底转为政府补贴、政府支持；培育新型市场主体，转变传统开发模式为多主体参与改造的模式，打造全湖北省首个市场化改造实践标本。

青山区21街坊南邻冶金大道，西邻武科大医学院，北邻武钢华润总医院B2医技楼，东邻武钢华润总医院主院区，建筑面积约8780平方米，用地面积约0.64公顷，距离青山公园和南干渠公园500米，距和平公园1500米。项目为单独院落，原为武汉钢铁（集团）公司的住宅用地，共计4栋建筑，包括3栋住宅、1栋托儿所。其中，3～8门两栋房屋共78户，是1957年建成的三层砖木结构住宅楼；9～12门一栋房屋共56户，是1974年建成的四层砖混结构住宅楼；托儿所为武钢产权，为生活区配套同步建设的二至三层砖混结构建筑，建筑面积约907.24平方米。整体容积率约1.4，现状住宅户型面积段30～90平方米，其中30～60

图6-15 青山21街坊现状实景

平方米小户型占比为59%。经历青山老工业城区的发展建设，该项目房屋建筑年限均超过50年，主要建筑承重构件陈旧、损坏，存在房屋地坪开裂，地面渗漏水等情况，存在较大的安全隐患。项目未纳入政府收储计划，未纳入老旧小区改造计划，改造需求迫切（图6-15）。伴随当前青山楠姆片单元城市更新行动及周边两河生态文化区转型建设，区域城市风貌亟须改善，居民幸福生活满意度亟须提升。单纯依赖政府财政投入解决老百姓住上好房子、好小区、好社区的路径存在较大困难。

2023年12月18日，青山区21街坊地块被武汉市住房保障和房屋管理局纳入危旧房合作化改造试点范围。2024年1月，市政府专题会议明确要抓紧推进21街坊危旧房合作化改造试点工作。2024年1月22日，市卫生健康委员会原则同意该地块用地性质由预控的医疗用地调整为居住用地，且在青山辖区内另行选址地块调整为医疗用地划拨给市武东医院。

6.4.2 一体化规划好房子、好小区、好社区

依据总体规划、详细规划、更新单元规划的相关管控要求，规划范围内用地控制为医院用地，且在范围内控制一处社区级养老设施，采取点位控制。在空间管控方面，一是控制东侧楠姆公园周边区域的建筑高度、建筑密度，形成良好的建筑界面；二是提升规划范围至公园、绿道的可达性，构建多层次的步行可达系统，连通周边公园、商业、商务等功能区；三是注重品质魅力街道营造，提升整体城市形象。

规划从空间重构、生活场景、文化传承、视觉记忆、文创传递五个维度解析建筑空间布局。空间重构方面，营造舒适的街道空间感知，控制冶金大道街道高宽比约1:1，人步行感受的空间保持平衡状态。街坊建筑高度上与周边住宅建筑相当，控制在100米以内。扩大人行空间，为停留和活动创造更多的机会，同时串联22街坊特色建筑空间、青山港、楠姆公园等资源要素，形成活力多元、舒适宜人的步行空间体系。生活场景方面，注重建筑前区空间的场所营造，打造全龄段的生活场景。通过新材料及夜间灯光设计的运用，联动街面商业的艺术再造和活动空间预留，为夜生活和夜经济注入新的活力。规划轻巧、创意、有趣、全龄可参与的游戏设施，打造全龄段的生活场景。文化传承方面，提取“红房子”建筑细部符号，将人文元素融入现代商业语境，拼贴新旧融合的地域特色。视觉记忆方面，塑造形象色与VI标识，建立街区的完整品牌性和视觉记忆。以钢城红和科创黄作为区域形象色，并赋予属地化的特征活力，融合形象色的统一街区VI标识系统构成街道连续的视觉线索。文创传递方面，塑造艺术微空间与文创衍生产品。在地面铺装、基础设施等微空间中，创造永续的情感链接，让公众可亲近、可参与，让街区故事可展示、可传递，在更新中引入艺术微空间，作为后续各类文创的运用展示。

规划通过危旧房现状人员、房源构成的基底梳理，建立以人定房、以房定钱、以房定地的“人、地、房、钱”要素联动机制下的业主居民、联合社、设计方、实施企业、街道社区、相关部门共同参与的合作平台。通过精准实施体系设

计，确保一张合作蓝图干到底。由联合社民主决策选定的第三方企业统筹，同步开展土地规划、立项备案等多维度工作，全盘梳理危房改造涉及的“地上—地面—地下”建设要素，明确升级版品质标准，制定了多类的实施计划，统筹责任主体、时间安排等，整合社群力量，协调医疗设施平衡、单元开发强度奖励、地域特色建筑形态等关键事项，将共改共建共治的需求引入规划设计、施工建设和招商运营的过程。基于市场主体改造需求，规划重点开展3项工作。

一是立足设施专项评估，以升级版标准调整片区医疗设施布局，保障青山东西部医疗平衡。规划对接《主城区 A0801编制单元控制性详细规划导则》《武汉市医疗卫生设施空间布局规划（2021—2035年）》等上位规划及《城市公共服务设施规划标准》等相关要求，按照武汉市控规升级版0.6平方米/人的用地标准、0.08平方米/人的建筑面积标准，将21街坊医疗用地指标调整至东部城中村改造片区，以实现老工业区东西部医疗卫生专项布局平衡。

二是立足区域综合平衡，以单元化开展容积率奖励及集约建设。规划对接《武汉市青山区21街3～12门危旧房合作改造项目资金平衡方案》，在规划空间形态、功能布局、开发强度、设施配置时，同步考虑土地集约、绿色交通、绿色基础设施、能源和水资源利用等方面的需要，在确保更新单元转移及奖励总量不突破上限的基础上，在21街坊所在的青山楠姆片更新单元中进行容积率奖励以满足本地块建设需求。

三是立足场地文脉特征，以多方案比选营造文化空间形态。规划注重延续青山红钢城传统的红砖墙、坡屋顶特色，通过分析红砖纹理及色彩，提取与21街坊地域空间肌理、邻里喜好相匹配的元素符号，在保护和传承地域特色建筑工艺的基础上开展场景营造。根据场地条件，设计两种方案：方案一，住宅建筑整体后退与南侧商业分离，形成城市空间的进退关系，弱化沿主干路的压迫感，通过内部景观体系和外部消费场景，打造活力社区、生态社区。方案二，南北错动布置两个单元楼栋，并形成4个边户产品；北侧部分区域布置为绿化活动空间，南侧商业配套形成社区化氛围的家园中心形象。在充分征求居民意见的前提下，结合场地条件，最终选定了方案一。

公共空间设计上，利用建筑生态架空层、建筑退距空间等布局多维度活动空间，打造私密、半私密空间，实现社区共享共生。交通组织上，结合场地环境，在地块东侧两侧各设置一处地下停车入库口，打造高效的人车分流系统和交通组织，结合建筑功能及间距设置人行步道，构建安全便利交通体系，保障既有规划“一张图”方案高峰小时交通量与调整方案后高峰小时交通量基本相当，周边道路交通服务水平基本维持不变。功能业态布局上，利用建筑裙房，结合全龄人群需求，设置商业服务、共享中心、社区配套等设施，建立复合的配套功能业态配置，实现便利的社区生活。景观设计上，通过不同功能的划分，打造适宜的公共空间，积极应对老龄化、少子化社会变化，营建住区全龄友好整体环境。文化符号上，保留片区的历史记忆与文化特征，使片区与城市风貌协调统一，通过分析红砖纹理及色彩，将之传承至建筑形体中，成为项目独特的形象特质，将旧韵的东方智慧运用到当代设计之中，用简单的建筑语言进行新与旧的拼贴，缝合传统

图6-16 片区城市设计总平面图

生态
ECOLOGY

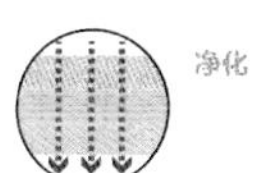
净化

可再生

生活
LILE

社区

医疗

城市
URBAN

地标

艺术展示

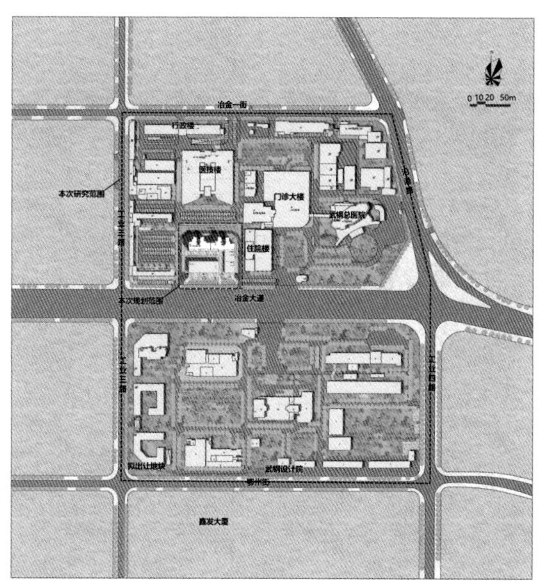

图6-17 街道开敞空间分析图

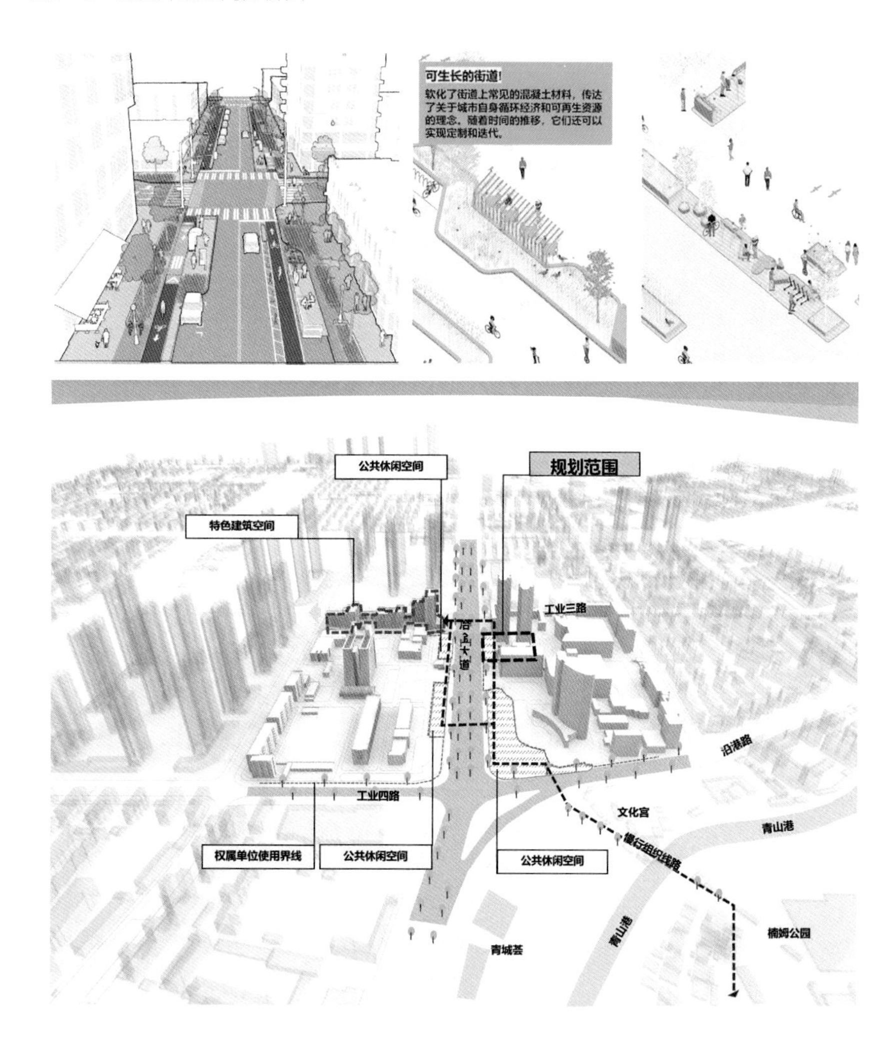

图6-18 公共空间分析图

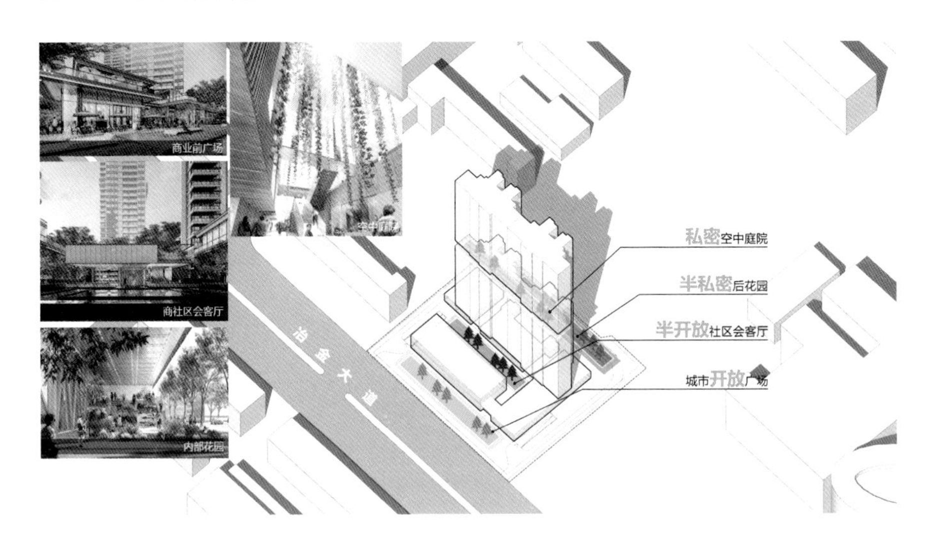

图6-19 交通组织分析图

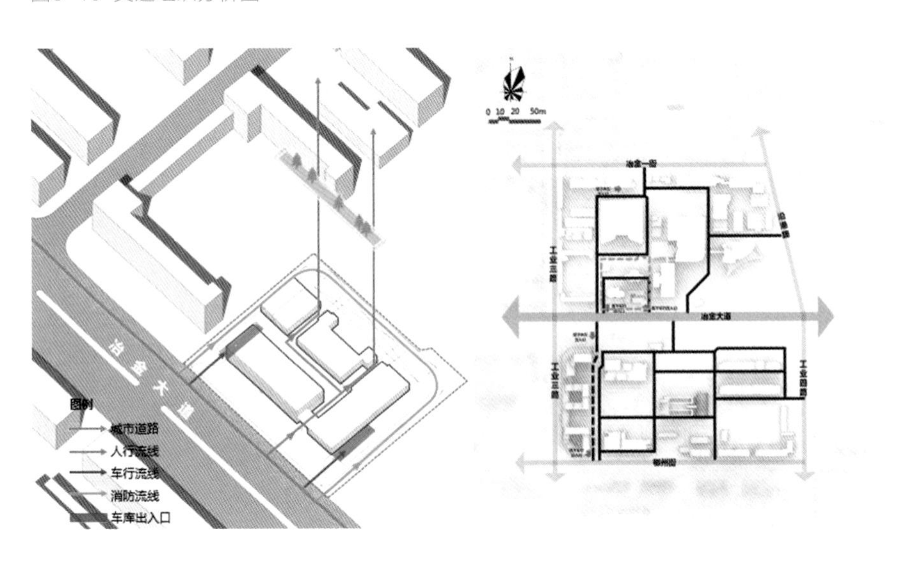

图6-20 功能业态分析图

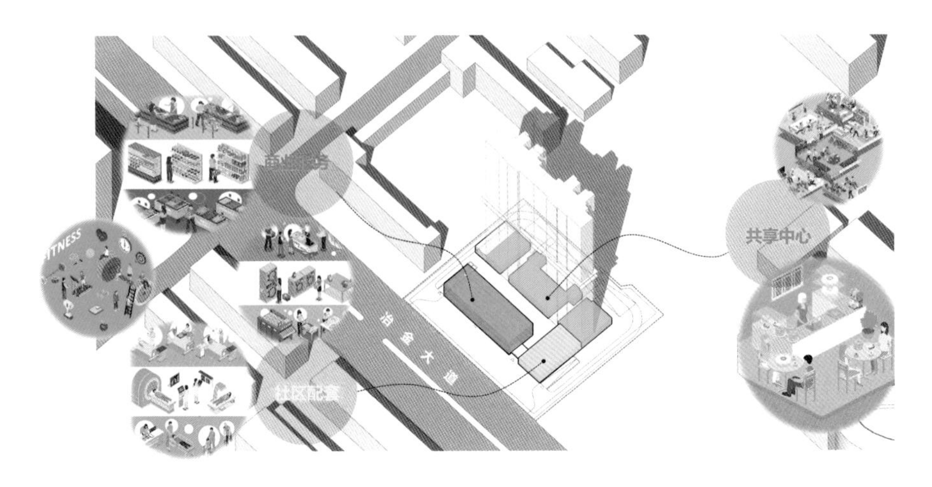

图6-21 景观设计示意图

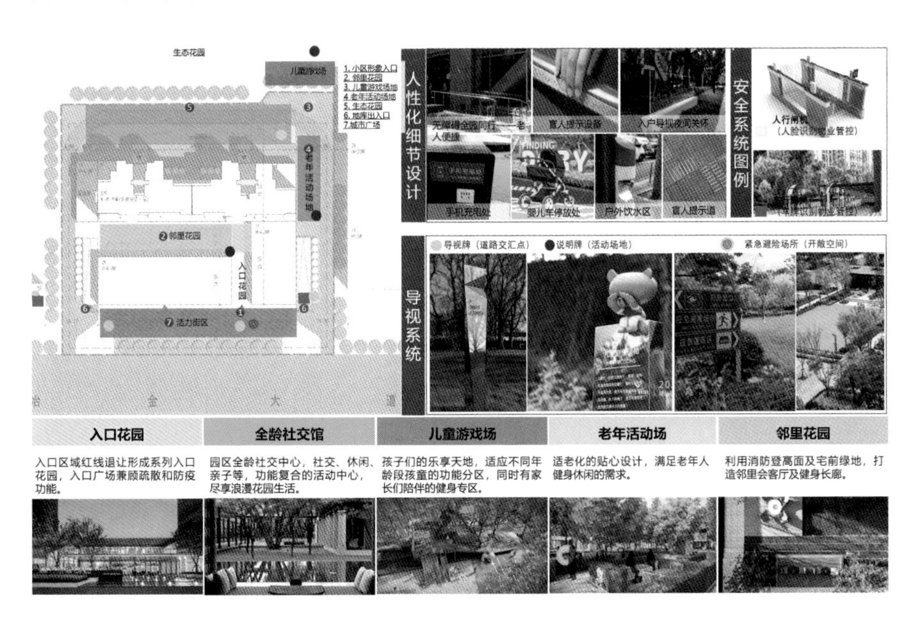

图6-22 青山21街坊立面设计意向

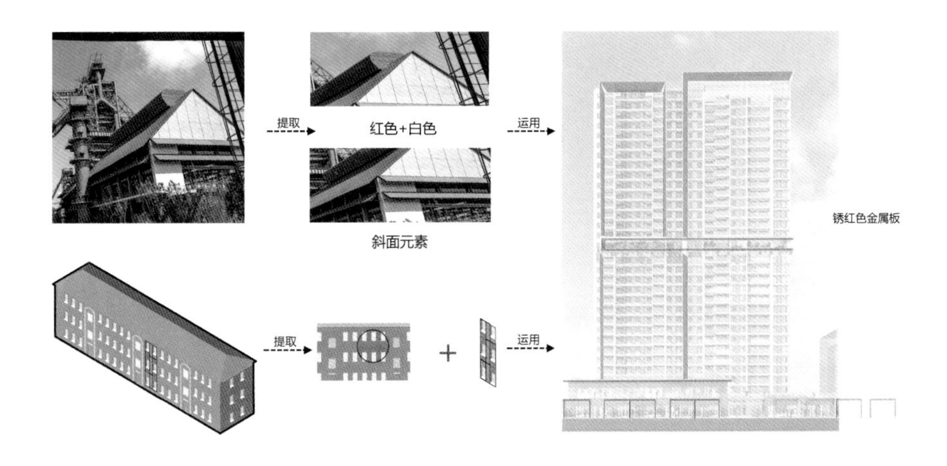

表6-1 青山21街坊多方案设计意向

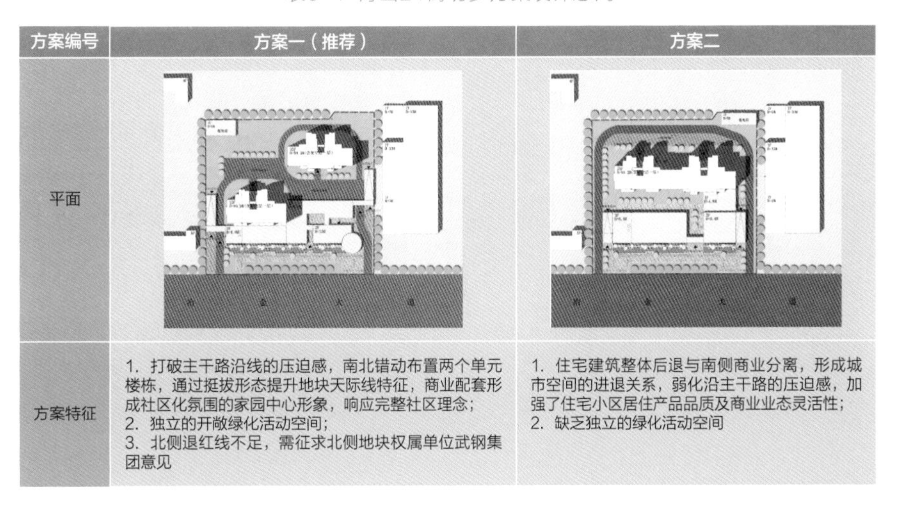

方案编号	方案一（推荐）	方案二
平面		
方案特征	1. 打破主干路沿线的压迫感，南北错动布置两个单元楼栋，通过挺拔形态提升地块天际线特征，商业配套形成社区化氛围的家园中心形象，响应完整社区理念； 2. 独立的开敞绿化活动空间； 3. 北侧退红线不足，需征求北侧地块权属单位武钢集团意见	1. 住宅建筑整体后退与南侧商业分离，形成城市空间的进退关系，弱化沿主干路的压迫感，加强了住宅小区居住产品品质及商业业态灵活性； 2. 缺乏独立的绿化活动空间

文化和现代时尚（图6-16～图6-22、表6-1）。

6.4.3 实施合作化“支持政策方案—实施方案—规划方案”

规划注重探索形成土地规划、住房、税费、审批、专项补贴等支持政策。在土地规划及住房层面，支持原业主将土地使用权属在联合社统一指导下以合作改造方式交易至承接单位，土地出让金按国家规定的最低标准核定；鼓励房屋户型创新，增加居住舒适度；允许按最新标准配建停车位，可不配建保障性住房等。税费层面，按棚户区改造相关税费政策执行。在行政审批层面，享受审批绿色通道，允许分期实施、分期验收，依法简化相关审批程序。在资金支持层面，金融机构提供长周期低利率贷款，产权人及亲属可提取公积金支付改造费用，设立专项改造基金提供过渡性资金支持。

同时，项目将资金平衡思维前置，基于可持续运营思维分级剖析土地开发成本与收益，形成合作化改造资金平衡及实施方案。基于静态盈余测算，项目可市场化运营联动取得微盈利。后期在稳定现金流基础上，导入更多金融机构投融资等方式，形成更长效发展的改造模式。依托政策方案及实施方案，同步开展控规方案编制并按程序报批，形成功能布局、建筑形态、市政管线、交通体系、景观风貌、便民服务设施等要素集合的规划总图，确保不同维度、不同环节的工作高效率衔接。

6.4.4 构建合作化“改造联合社 + 治理共同体”

一是成立项目危旧房合作改造联合社。采取共同缔造的工作方式，深入调研居民意愿，了解居民需求，并将其作为本项目合作化改造的核心导向，充分征求居民对于改善房户型的需求，明确不同户型面积的需求户数，以及对采光、房间布局的需求喜好。依托“楼门栋长—小区网格员—居委会”形成三级征集意见平台，通过调查问卷、交流访谈及社区微信群等方式引导居民关心和参与合作化改造事宜，充分征求改造意见，以居民人数过半、有效数据过半的双过半形式，依法依规履行民主程序，召开社区业主大会的方式选举联合社负责人，并按程序登记注册形成有法律效力的独立机构。邀请居民对于方案提供的户型提出意见建议，征求街道社区关于还建户型与商品房户型是否混合布置的意见，征求居民对于方案中的集中绿化休憩空间临街布局或位于楼栋北侧布局的意见（图6-23）。

二是成立项目行政机构决策并直接参与治理的共同体。由青山区人民政府牵头，依托武汉市住房和城市更新局、武汉市卫生健康委员会、武汉市发展和改革委员会、武汉市自然资源和城乡建设局等市级行政机构共同参与治理，通过市级规划委员会专题决策，形成“联合社吹哨、共同来报到”的及时响应机制。

图6-23 青山21街坊社区共同缔造参与决策方案
图片来源：武汉市规划研究院

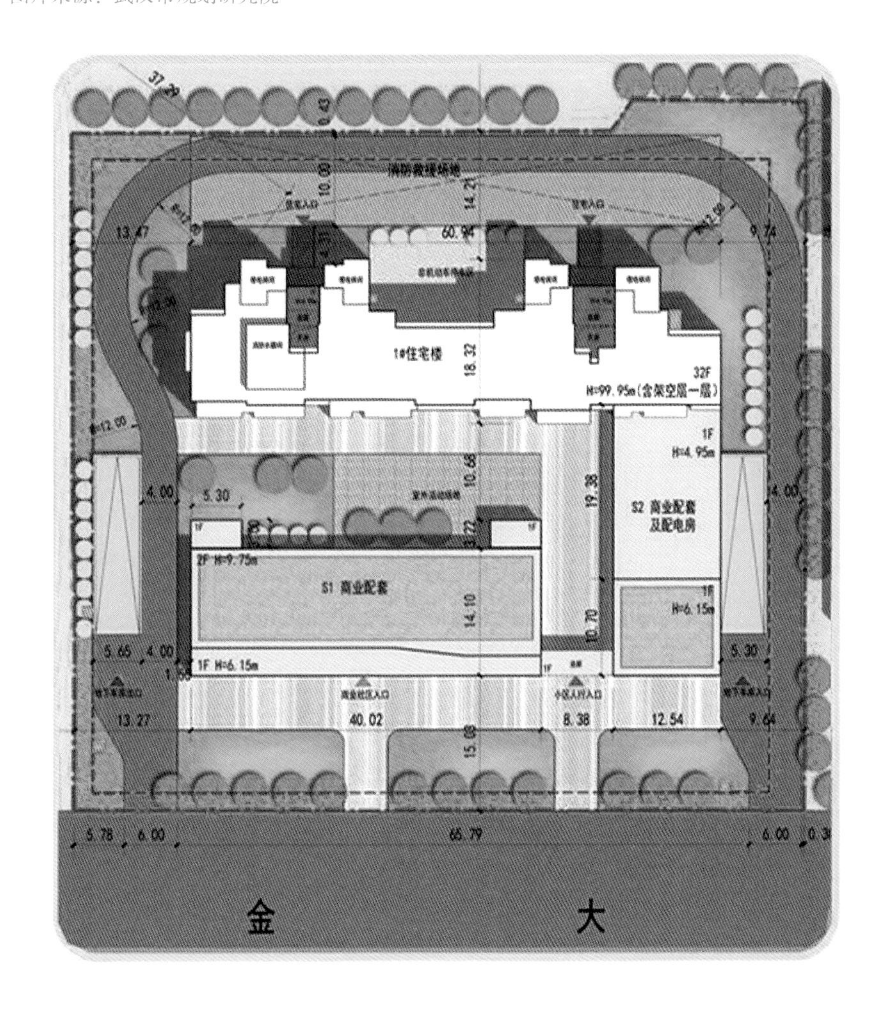

6.5 社区智慧赋能——青山区青翠苑老旧小区改造实践

6.5.1 如何利用新技术辅助复杂社区调研分析与共同规划

面向社会治理重心下沉社区，强化共同缔造、共同协商的时代要求，青山区开展转型期老旧社区规划试点工作，以“微规划”“微改造”“微治理”为切入点，探索规划部门、区政府、街道、社区、居民、规划师等多群体“共同缔造”的治理方式，以实现规划、建设和社会治理无缝对接。其中青翠苑社区作为全市首批十个共同缔造社区规划试点之一，尝试利用多源大数据为规划设计赋能，全面、科学、精准分析社区各类设施及空间环境问题，了解各类群体的规划诉求，提升设计方案的可实施性，践行存量空间改造新模式。

青翠苑社区位于武汉市青山区友谊大道和工业一路延长线交会处，用地面积约19万平方米，由四个院落组成，共有43栋居民楼，169个门栋，2509户居民，总人口约7500人（图6-24）。社区包括小学、幼儿园各一所。社区建于1997年，是青山区最早的经济适用房之一。随着周边品质更高、设施更齐全的商品房小区逐步落成，原住于青翠苑内的大量居民外迁，仅留下一些老年人和低收入群体，社区开始逐步走向衰败。其中，青翠苑北部的2号院为红色物业小区，院内环境质量相对较好，南部的3号院、4号院和工安院目前没有物业进行维护及管理，社区环境质量较差。

图6-24 青山青翠苑社区区位及院落范围图

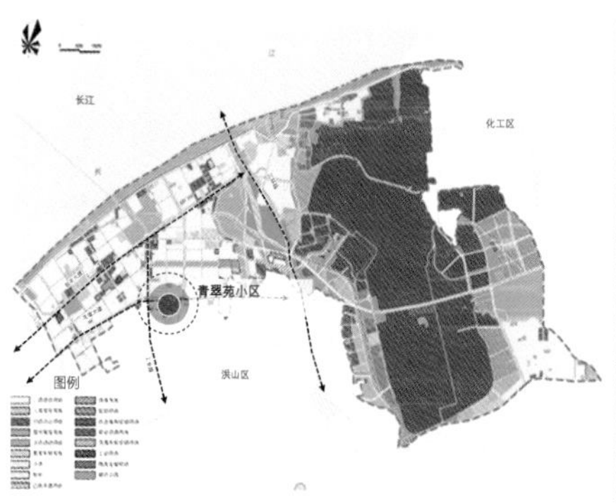

6.5.2 开展多数据、多时空和多要素的居民活动规律认知

社区被划分成多个院落，存在多处活动空间、出口，社区本身居住人群类型也较为复杂，若仅依靠传统的现场调查方式会花费大量时间，且不一定准确。因此规划师提出利用大数据，围绕人群活动、交通环境和空间环境等现状要素，量身定制多项量化分析方案。

首先，利用手机信令数据，站在区域视角分析社区人口的分布和活动特征。社区居民活动热点地区统计结果显示，居民活动轨迹以“短距离、休闲交流活动”为主，除在社区周边5～15分钟生活圈内活动，也会去15分钟生活圈以外商超和市场（结合后续调查确定是进行买菜和购买日常生活物资）。再对15分钟生活圈内的各类POI设施进行统计，发现15分钟生活圈内平价型商业购物设施不足，这可能是导致居民外出的重要因素（图6-25）。

图6-25 周边生活圈内公共服务设施分布图

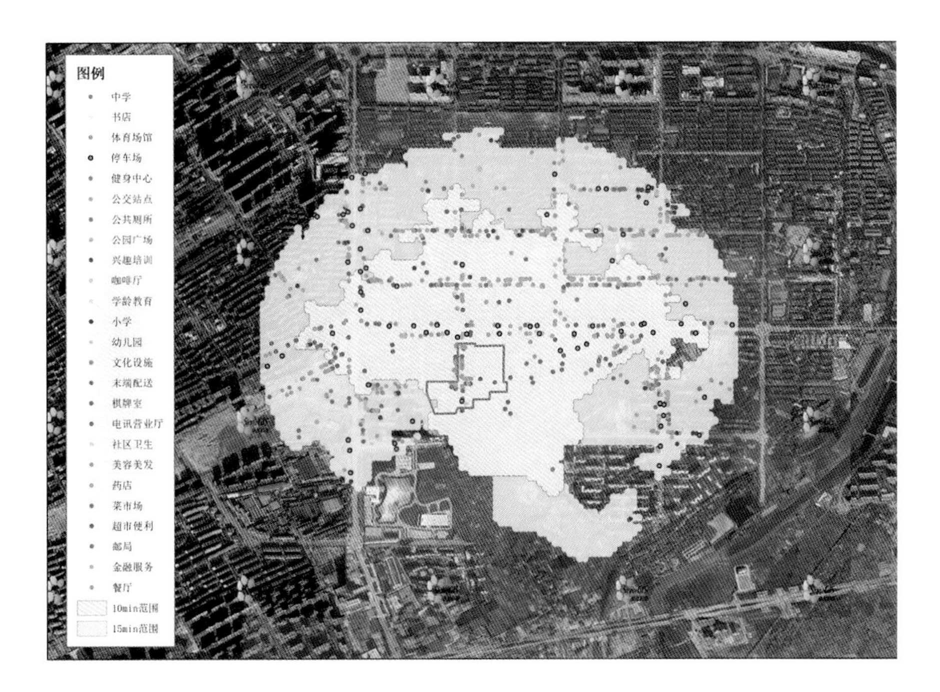

其次，通过实地收集拍摄的方式，分类记录社区内居民活动内容和坐标，从而更加精细地研究居民的活动类型和热点区域。结果显示社区内部居民主要开展聊天、文娱、亲子、健身四大类活动行为。其中社交聊天活动在社区内分布较为广泛，是居民间的主要互动方式，经常可见两名及两名以上的居民进行超过半小时的交谈（图6-26）。聊天活动主要集中于社区中的2号院风雨走廊，以及其他各院落的社区中心广场中设有座椅和遮挡设施的公共区域。

图6-26 社区居民聊天活动空间热力及实景图

青翠苑社区作为20世纪90年代建成的居住区，并未配备地下停车场或地面集中停车场，导致社区和其他同期社区一样，存在大量的不规范停车现象，人车混行、人车争地现象十分严重，加上社区门口集中布局了小学和幼托出入口，上下学期间家长扎堆开车接送，进一步恶化了社区的交通环境。因此社区治理的首要内容是优化停车环境，释放被无序停车所侵占的社区公共空间，而全面有效地统计停车数量及变化情况变得十分有必要。

传统的“数车位/车辆”方法毫无疑问会非常低效，因此规划师尝试利用无人机、摄像头（视频流）进行拍摄统计获取图像“厚数据”，再结合图像语义分割技术对其进行计数，实现高效统计。规划首先提取了小学和幼托门口摄像头的视频流，并利用yolo模型，统计全天候人流数量（在视频界面划定界线，一旦穿越界线会自动计数）。结论显示：社区交通潮汐现象明显，高峰期小学和幼托校园门前最大人群数量超过50人/分钟；超过58%家长采取非机动车接送小孩上下学；超过71%的家长接送小孩停驻时间超过1分钟以上；最终街道人流拥堵时间持续时长达到早晨上课前1小时，下午放学后2小时，超出其他类似校门区域拥堵时间半个小时以上。

其次，规划针对社区内部的不规范停车现象，尝试利用无人机定期扫拍和识别，实现对全社区停车状况的快速化统计，研究选取了工作日和休息日的五个固定时间段作为社区停车观测时间，具体为早上（8:40～9:00）、中午（11:10～11:30）、下午（14:10～14:30）、傍晚（17:10～17:30）和晚上（19:30～19:50），并在其余时间对个别重点区域进行了停车观测。结果显示：社区内部真正划线停车位仅11个，但实际停车位需求为180～250个，休息日停车需求高于工作日，供需比约为1∶20，停车位缺口基本通过部分公共空间和道路空间进行填补，严重影响社区内部空间品质（图6-27）。

图6-27 社区内部停车总量变化及沿街车辆识别示意图

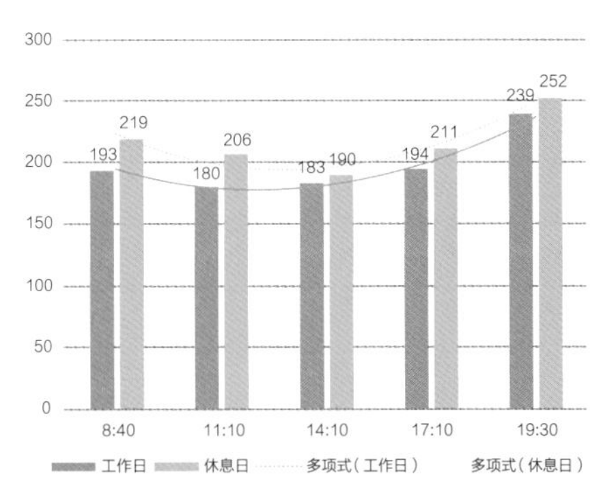

除了对于人群活动和交通停车等“动态”要素进行识别分析，对于社区公共空间的人居环境这种容易被忽略的所谓“静态”要素分析也十分重要。规划师尝试采用多种场地量化分析技术，对社区场地进行风、光、水、绿等多维度分析（图6-28～图6-31），判断社区空间存在场地集中度不高、日照不足、绿化效果不佳等问题，约有7300平方米空间存在不同改造需求。规划师利用Ecotect软件对社区内现状建筑进行三维建模并开展日照和通风效果分析。结果表明：由于社区建造年代较早，住宅建筑南北向间距不足，导致公共空间日照时长普遍不足，但社区内建筑呈行列式布局、排布整齐，通风环境相对较好。较差的日照条件使

图6-28 社区建筑日照分析图

图6-29 社区建筑风环境分析图

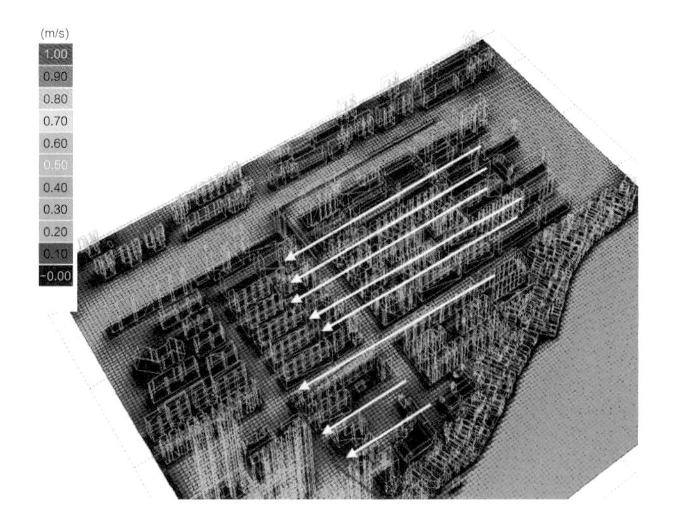

图6-30 社区雨洪分析图

图6-31 基于人视角照片图像识别的社区绿视率分析图

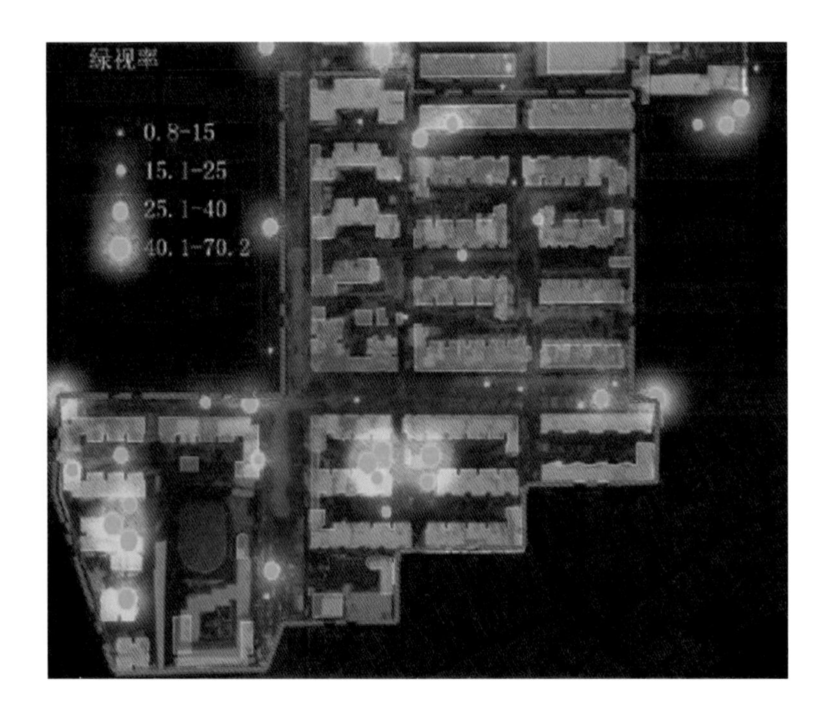

得社区居民的晾晒需求增加，良好的通风条件要求社区公共空间设计考虑应对秋冬季寒风。规划师运用SWMM软件，开展社区降雨环境下的排水条件模拟，发现社区在中雨环境1小时内开始出现较大面积渍水，会影响居民生活出行。此外，规划师还对社区植被绿化环境进行统计，包括利用ENVI软件的植被覆盖指数统计功能，对社区的卫星影像进行分析，判断社区的绿地率为22.1%，略低于周边社区。以及对社区人视角照片绿视率（绿地要素占图像比例）统计，判断社区的平均绿视率为23.9%，在周边社区同样处于较低水平。

6.5.3 构建全人群、全流程、多方式参与的社区共同规划模式

共同缔造理念下的社区规划最大特点在于，其设计方案的制定不再是规划师“闭门造车”形成，而是通过“开门迎客”，不断地与社区各类群体进行交流互动、反复沟通而成，使其能真正地体现社区相关利益群体的实际意志、满足实际需求。同时，设计方案也并非“一锤子买卖”，而是需要在后续的实施运营中不断激发和鼓励居民对其维护管理，实现长期使用。因此，规划师从“共同调研、共同设计和共同运营”均提出了相应的“共同缔造”方案。

一是在共同调研阶段，规划构建“广撒网—精挑选—补漏洞”的共同调研路径。其中“广撒网”是通过利用填写规划卡片的参与门槛低、自由度高等特点，最大化征求居民意见，并对本次规划公众参与工作进行宣传；“精挑选”指结合青翠苑社区居民群体特点，在社区干部帮助下，精心挑选覆盖社区各类人群的社区代表，与项目组进行访谈并完成调查问卷填写，全面详细了解居民诉求；“补漏洞”指结合访谈结果，针对社区实际情况，借助专业调研软件，针灸式定点详查调研，进一步补充完善访谈结果。

二是在共同设计阶段，规划构建“意见咨询—方案公示—民主投票”的共同设计流程。首先在草图阶段，项目组就多个比选方案与社区居民、街道管理人员等进行研讨。深化设计阶段，针对局部微改造深化方案开展公示，在现场与社区居民进行沟通，以期满足人群不同需求。建设项目库阶段，就近远期改造项目与社区及实施方进行沟通，开展民主投票，将成本最小化，效益最大化。为了突出社区规划的多维度，规划师组建多专业群体深度参与的社区工作坊开展创新联合设计。工作坊每两周集中研讨一次，针对关注问题和设计方案进行研讨。联合设计的具体流程包括“1+N”两个阶段（图6-32）。其中在第一阶段，联合设计工作坊会集中进行一次规划讨论，实现所谓“两明”，即明确社区现状的核心问题和急迫程度，以及明确解决问题的规划思路（概念方案）。而第二阶段，联合设计工作坊重点通过面向社区居民、社区干部进行多轮滚动讨论和设计意见反馈，实现“两定”，即定改造方案（设计草图）、定具体项目建设时序。在实施项目过程中，通过发动居民对现状问题急迫程度投票，居民选出公共厕所、集中晾晒场地、社区内部停车等若干项急需重点解决的问题。通过“会议讨论+现场核对”，则进一步确定了社区规划方案思路：以“交通疏导”为切入点，释放被交通占用的低效空间，用于增补社区公共服务设施 、提升社区公共环境。具体的解决思路为“三步走”：第一步从交通和停车入手。社区的交通和停车是社区的主要矛盾之一，通

图6-32 共同设计流程示意图

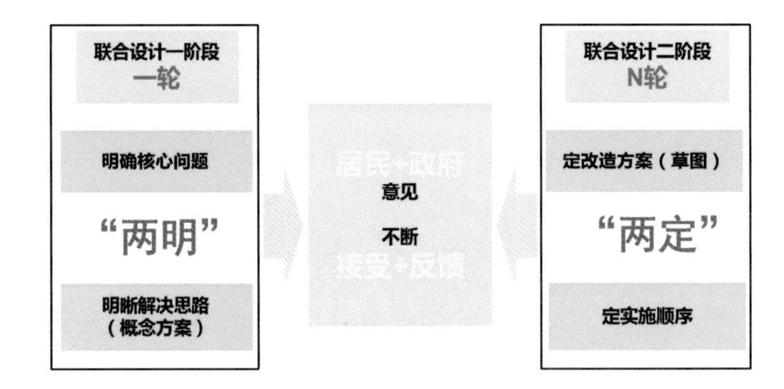

过解决人车争地矛盾，可为其他空间设施改造腾出空间，并支撑物业管理运营，反之若不解决交通和停车，社区其他改造则无从谈起。第二步是增补公共设施，改善公共环境。根据相关设计标准，增加社区服务用房，满足社区居民的养老、文化等功能需求；结合投票结果，重点补充公厕和晾晒设施两大紧缺型设施，并考虑将亲子、健身、休憩、海绵绿化等其他多种空间及功能进行综合化、复合化设置。第三步构建设施保障。对资金造价、物业运营、居民激励等内容进行规划和制定，保障规划的有效实施和实现。在单个项目中，规划师会根据具体项目的造价、居民意愿和实施难度，提出“高、中、低”等多种方案，供工作坊内部成员讨论，必要时还会扩大讨论范围，征求居民意见。同时青山区自然资源和规划分局、街道委员会等上级部门也会进行介入，共同讨论方案的合理性。以进行过广泛讨论的“工安院宅前空间改造”为例，联合设计工作坊提出两个意向方案，其中意向方案A是将工安院宅前空间进行重新设计，打造为一个半地下的双层立体空间，地下作为停车，地面进行阶梯式的景观设计，从而最大化利用现状有限空间；意向方案B则是对现状场地进行优化，靠近入口一侧作为停车，另一侧作为游憩空间。经过工作坊、群众和上级部门的联合讨论，认为意向方案B实施难度较小，更为可行，建议可作为下一步深化设计方案。

三是在共同运营阶段，规划师探索了“项目成库—物业覆盖—居民参与”的社区长效治理的路径。包括加强政府引导和投入，建立政府、产权主体、居民责任共担的资金筹集机制；对小区内文化活动长廊、社区公共厨房等引入一定的市场化运作，形成长效收益回报机制；通过有偿停车等形式反哺物业，布置多处自动零售机增加物业收益，逐步实现物业服务全覆盖和有效运转；制定社区服务换取物业费的激励机制，设置志愿活动积分奖励机制，让居民积极参与帮扶老人、清洁家园等活动，提升居民参与积极性；对社区进行责任划片，并确定每个片区的责任人，统筹对设施的日常管理、维护、保养等事宜。

6.5.4 制定可操作、便实施的改造方案和图则

在交通微循环方面，对于外部道路交通，规划提出通过梳理外部车行交通，实现有序接送。按照精细化交通管制的思路，规划设置分车道栏杆和机动车禁停区，并预留接送空间，从而实现对外部车行流线进行梳理。另外，规划根据学区

范围及上学、放学的主要交通流向，建议将义和路南段设置为机动车禁停区，引导接送学生上放学的机动车在高峰期至东西向青翠路及西侧练车场停留，非机动车引导至义和路南段停留，提升接送学生效率。同时将学校和幼儿园门前划为禁停区，为校区上学、放学的高峰期留出疏散空间，避免形成交通堵点。

对于社区内部交通及停车，规划通过清理社区车行通道，畅通消防通道(图6-33、图6-34)。经过梳理，2号院北侧消防通道过于狭窄，存在阻塞情况，规划建议将其扩宽形成贯通的消防通道。另在3号院、4号院中建议新增两处消防出入口，在紧急时刻为居民提供消防疏散安全保障。同时围绕社区现状停车难的问题，规划主要对社区内部空间进行梳理，充分挖掘地下停车空间，以解决老旧小区停车难的现实问题。规划提出按照停车规范要求，重新划定地面停车空间，并实施停车有偿服务，在保障停车需求的同时维持物业的运转。同时，建议在远期设置青翠苑小学操场地下停车库，进一步满足停车需求（图6-35）。其中2号院现状停车位116个，规划设置80个停车位，以基本支撑其现有的物业门禁管理和停车收费系统运转；3号院、4号院和工安院现状停车位需求为140个，但尚未实行停车收费制度，规划结合场地进行重新设计，合理安排3号院、4号院和工安院的停车空间，调整后可设置60个停车位，并且设置门禁自动收费，以保障各院物业正常运转。青翠苑小学结合操场设置地下停车场，规划140个停车位，可以覆盖青翠苑社区迁出的116个非正规停车位并保障学校教职工停车需求。

图6-33 步行空间示意图

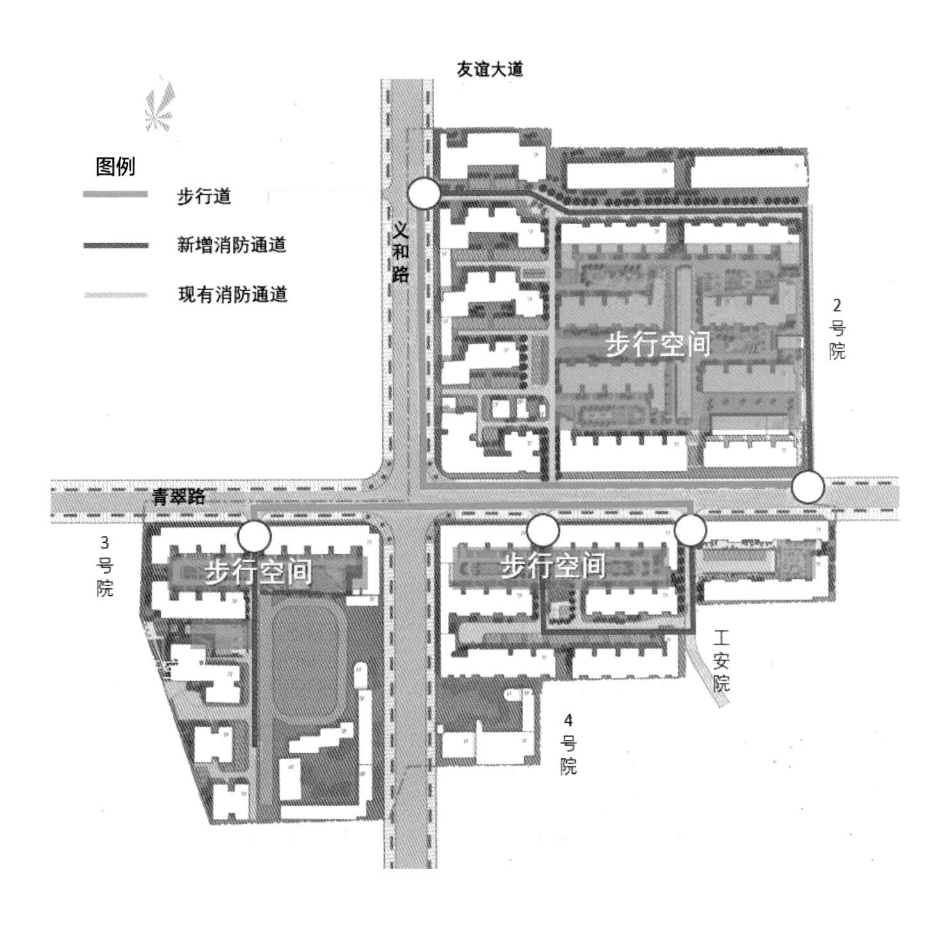

图6-34 车道流线示意图

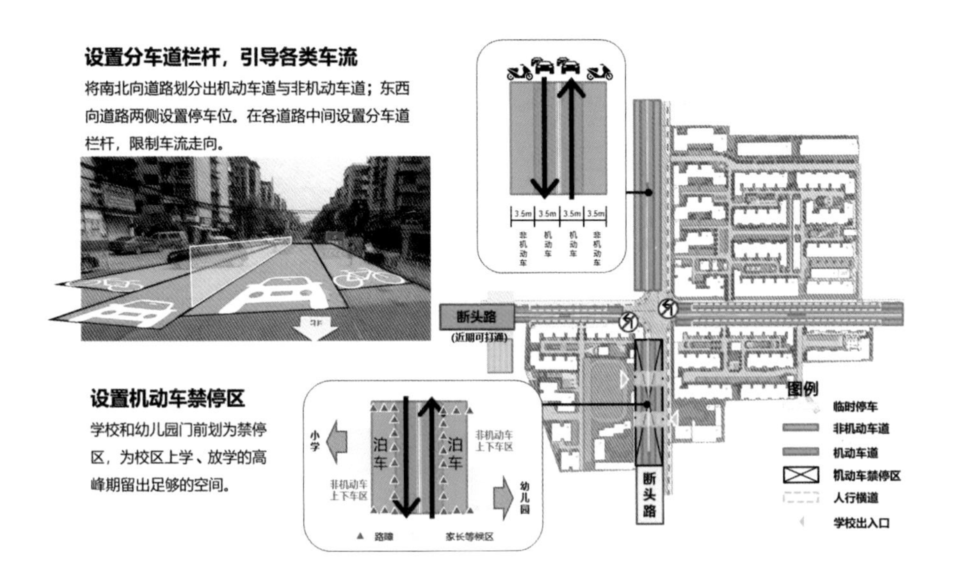

图6-35 地下停车库示意图

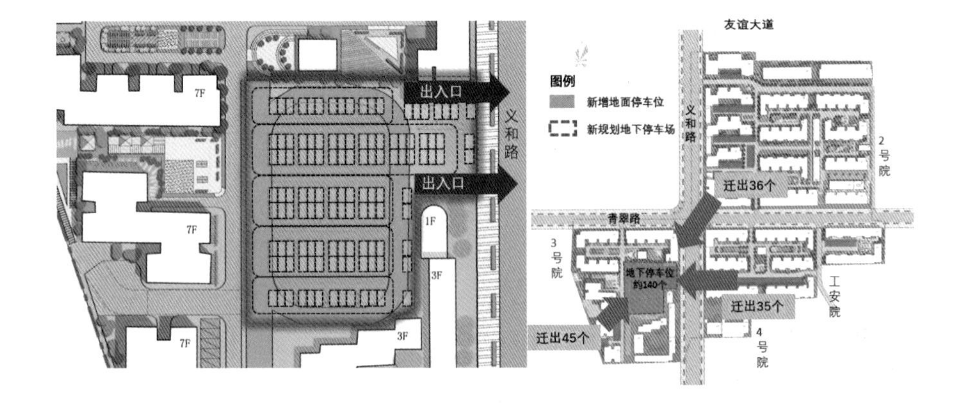

在设施微更新方面，规划提出通过补充文化及养老设施用房，完善社区服务；增补紧缺型社区家具，提升社区品质；补充打造智慧型安防设施，保障社区安全。针对社区老龄居民的实际要求，将闲置用房改造为社区公共厨房，建筑面积46平方米，主要解决社区内选择居家养老的空巢、高龄老人“吃饭难”的问题，按照食堂餐厅0.85平方米/座的标准，社区公共厨房可同时满足25人同时就餐（图6-36）。规划充分挖掘社区潜在可利用空间，采取“集中式、边角式、复合式”的手法选取4处社区内日照条件较为充足的空间综合布置晾晒设施，晾晒面积约400平方米（图6-37）。在空间微改造方面，规划尝试通过社区空间复合化利用的设计手法，实现全龄层人群共享公共空间。结合社区现状空间特征与各类人群对不同空间的需求，规划建议对宅前绿地进行优化设计，具体从“动静分区、老幼共享”两个方面考虑场所的多功能复合。提倡动静结合的理念，规划建议在宅前绿地空间设计中将动静两类活动设施联合布置，满足居民不同需求。按照老幼共享理念，规划在活动场地设计中考虑将儿童游乐场所与成年人活动场地进行结合，满足亲子活动需求。结合社区居民日常活动需求，规划选取多处宅前空间升级打造为宜老、宜幼活动区域，区域内部布置儿童游乐设施，打造儿童趣味空间，并在周围布置健身、花廊、休憩卡座等成人休闲设施，满足亲子互动和家长监护的需求。规划还提出通过公共绿化海绵化，支撑海绵示范区建设。通过“下沉式绿地、雨水花园、透水铺装、生态停车场、雨水桶、透水路面”等手段，从“渗、滞、蓄”三个方面实现海绵化建设。“渗”主要为透水铺装和透水路面的布置，规划建议社区主要路面铺装主要采用透水铺装与石材、露骨料透水混凝土结合，增强铺装的透水性能；社区路面以最小影响为目标，采用透水材料，增强下渗性能。“滞”主要为下沉式绿地和生态停车场的布置，规划建议结合社区道路两侧及活动空间布置下沉式绿地，方便雨水流入滞留设施；对停车场进行生态绿化建设。“蓄”主要为雨水花园和雨水桶的布置，规划建议结合社区中心绿地设置雨水花园，采用源头控制的思路增强海绵储水功能；在社区建筑落雨管旁布置雨水桶，用于建筑雨水收集。在形成上述详细设计方案的基础上，规划师还将其转化为具体改造图则，以便参照实施。

图6-36 社区公共厨房改造示意图

图6-37 社区晾晒设施改造示意图（集中式、边角式、复合式）
图片来源：武汉市规划研究院

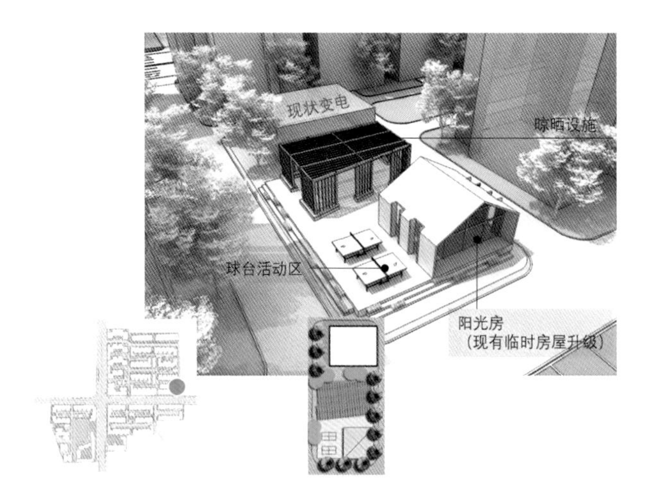

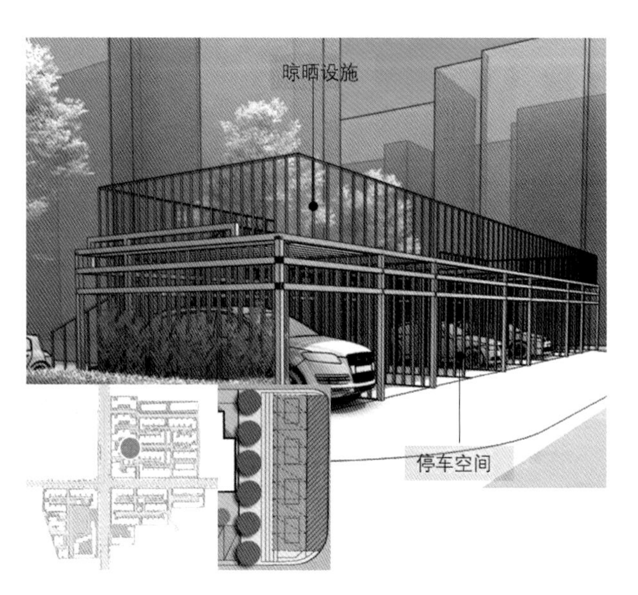

6.6 文化价值赓续——长江国家文化公园青山示范段规划实践

6.6.1 如何解构长江文化凸显青山价值

长江是中国近现代工业发展的生命线，孕育了自强不息、开放包容、勇于创新的工业文化。“十四五”期间，国家文化公园建设工作领导小组加强统筹协调，文化和旅游部牵头制定建设保护规划，把长江文化保护好、传承好、弘扬好，延续历史文脉，坚定文化自信，着力构建布局合理、特色鲜明、功能衔接、开放共享的长江国家文化公园建设格局。

青山区地处长江中游，是武汉沿江生态文明轴的工业文明核心展示，青山江滩是武汉滨水生态空间特色的最优展示，多元的城市功能是展示武汉高质量发展的最佳场所。为贯彻武汉市保护传承弘扬长江文化总体部署，青山区依托丰富的工业遗产资源，组织推进《长江国家文化公园武汉段青山示范段概念规划》编制工作，探索武钢一号高炉、青山热电厂、“红房子”等工业遗产保护利用实施路径，推进实施武钢博物馆改造升级及青山5、6街坊和8、9街坊“红房子”等工业遗产保护项目，打造“红色记忆”“钢铁之旅”等工业遗址旅游精品线路，推进青山湿地、青山工业港改造等重点项目，启动严西湖生态旅游区建设。推动武钢文化旅游区创建国家4A级旅游景区。

6.6.2 多元文化价值系统集成

长江文化悠久而绵长，解读长江文化价值对于打造国家文化公园，呈现长江中华文化的独特创造、价值理念和鲜明特色具有重要意义。

一是长江人文精神价值：创业奋斗、责任担当。大小矶头山，见证了长江滨江城镇的历史变迁。为改变中国钢铁“偏重东北”的不合理布局，武钢选址武汉青山长江边，设计工业港，抢建水运码头，抽江引渠、吐故纳新。青山区以武钢为核心，发展重工业产业矩阵，成为首个新中国长江流域重工业城市样板。按照有利生产、方便生活的原则，政府和企业各自建设相应的设施，其中武钢设施最为完善，拥有自己的电视台、广播站、医院、学校、体育馆、剧院等。青山努力发展了文化复兴和工业遗存活化再利用，拥有“红房子”、青少年宫、工人剧院、恩施街、武钢博物馆等各类文化场所，举办了武汉军运会沙排赛事、“青山绿水红钢城・奔跑吧”马拉松赛、文化惠民工程、长江喜文化乐园婚庆等各类文艺活动。

二是绿色生态治理价值：尊崇自然、天人合一。青山区持续践行生态绿色发展，以“绿水青山就是金山银山”的理念作指导，生态园林资源全市最高，滨江绿化凸显。青山江滩公园是“会呼吸”的缓坡堤江滩，获得2017年国际C40城市奖“城市的未来”奖项，成为唯一获奖的中国城市项目；荣获2018～2019年度中国建设工程鲁班奖（国家优质工程）。戴家湖公园是生态回归和城市历史的样本，由炼钢煤灰渣的填埋场进行生态化改造而成，作为公园园林绿化与生态修复项目，获得住房和城乡建设部2017年中国人居环境范例奖。全区拥有获评武汉市“全市最美林荫道”的和平大道，因四季景观分明获评武汉市军运会极致标准示范段的

“极致大道”——红纲城大街。

三是创新转型示范价值：创新进取、生生不息。伴随武钢一号高炉建设，铸就不畏艰难创业的创新精神，是工业人文创新精神坐标。武钢、石化、一冶、461厂等大企业以创新促转型，在高端产品的智能化生产、清洁生产、工业信息化、军民融合发展等方面不断探索，小微企业创谷、创青谷形成“双创载体”科创小微企业园为支撑，建设众创空间、孵化器等“双创载体”，节能环保服务产业和新能源产业培育氢能生产与应用，联合中钢武汉安全环保研究院、武汉华德环保工程技术有限公司等机构发展新能源新材料，工业研发设计产业带以中国宝武宝钢股份中央研究院武汉分院、中冶集团武汉勘察研究院有限公司、中国冶金地质总局中南地质调查院为核心形成的沿冶金大道工程与工业设计产业带，“产学研金”协同发展的金融服务区结合沿港路城市更新，建设红钢城金融服务街，发展创新金融。

因此，青山区红色创业文化、绿色生态文化和蓝色创新文化叠加融合，形成了以产造城、以产兴城、产城融合的城区典范（图6-38）。作为长江流域工业化城市的代表，青山区通过实践“人文—生态—产业”的和谐共生，彰显可持续发展智慧，为长江经济带城市发展提供先行示范作用。

图6-38 青山文化资源示意图

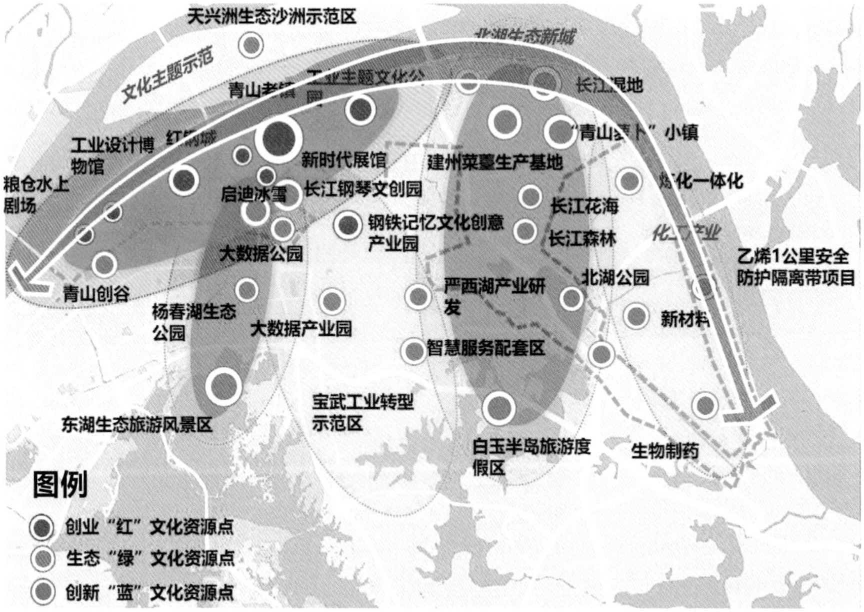

6.6.3 江城联动编织城市蓝绿网格

区域功能创新发展。青山区向南对接环湖创新产业集群，依托四环线和欢乐大道、钢铁产业空间与化工生产区、光谷科技区和环东湖科教区形成面向湖区的创新产业组团；向北跨江联动长江新城商务区，依托三环线，构建城市门户杨春湖城市副中心与青山滨江文化传承区、长江新城国际商务区的联动发展，功能互补；东西沿江发展滨江现代服务业与文化展示带，依托武钢战略留白区和青山老街打造传统文化与工业文化特色鲜明的文化传承区。

区域生态空间链接结构。向东延展构建长江生态长廊，形成全域长江生态长廊。依托青山江滩，完善青山矶、青山港、青山滨江湿地，形成全域长江生态长廊。落实北湖生态绿楔空间，加强蓝绿基地保护。根据全市生态结构，保障北湖生态绿楔空间。依托青山两河垂江生态绿轴，构成通江达湖体系。依托两河流域串联东湖风景区、城市门户杨春湖武汉火车站、青山客厅和青山矶直达滨江。

长江文化特色塑造。一是构筑长江工业文化展示段。根据《长江国家文化公园武汉段规划》六个特色文化展示段的结构，武钢—左岭新城区段为“十里钢城、工业文创”主题文化展示段。二是形成滨江文化核心传承区。历史文化、工业文化两手抓，共同形成青山长江国家文化公园文化展示核心区。依托青山矶、青山老街形成历史文化传承区；依托青山港、武钢物流等滨江区域打造工业文化传承区。三是展现以“创业红”为核心，“生态绿”“创新蓝”为时代新特点的青山文化，打造长江国家文化公园武汉段青山工业文化展示，形成长江大保护及生态创新建设典范+国家双创转型文旅示范区。基于文化资源分析，形成“一廊两带江城联动发展，一核多片激活青山文化”的空间结构。其中，“一廊”为百里长江生态长廊（青山段），展现长江文化公园滨江魅力，辐射带动腹地发展；“两带”为垂江的两河生态文化景观带和北湖生态绿带；“一核”为文化传承创新示范核：“钢铁脐带青山之根”文化传承及“森林中的钢厂”工业文化创新示范核；“多片”为体现青山长江文明特色的多个文化故事片区（图6-39）。

图6-39 国家文化公园青山段空间结构图

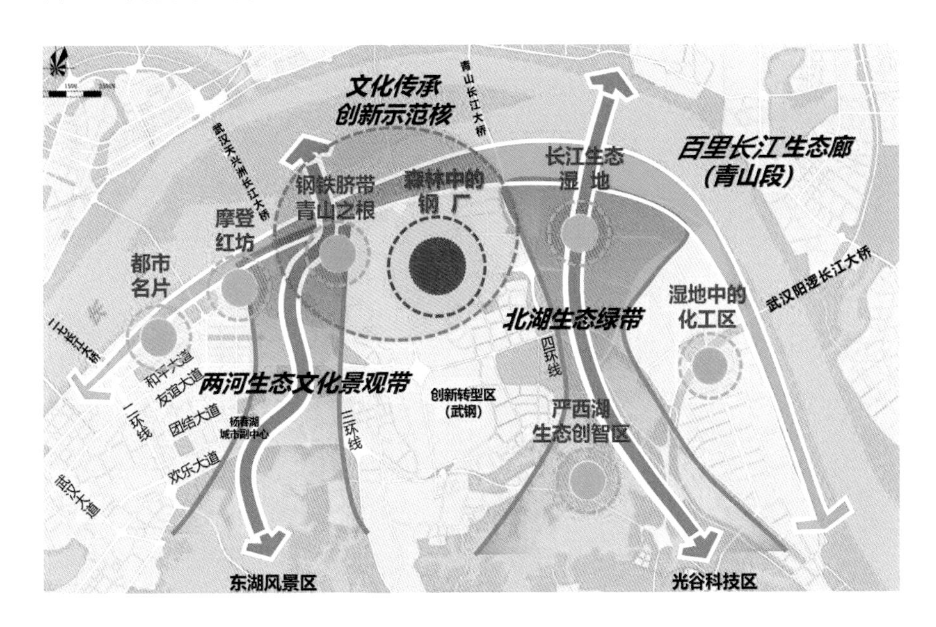

6.6.4 “四区、五工程”构建文旅融合图景

（1）规划坚持以文化价值为引领，构建功能导向的空间分区管控体系，形成保护传承利用相协调的“四区”

管控保护区以“保护”为主，明确保护区界线及保护要求，强调文化遗产本体的严格保护。管控保护区以保护为核心，强调遗产本身承载的丰富历史文化信息以及独特的、较高的文化价值和科学价值。青山的管控保护区既有文物保护单位、不可移动文物、优秀历史建筑、第一批工业遗产，同时增补了一批研究认定的高价值遗产点，为其划定保护紫线和建设控制线，保护措施为严格保护，未来用途为参观展示场所。重点管控国家级工业遗产——武钢一号高炉、遗址公园、青山热电厂、青山“红房子”、一冶机关大院等保护对象。

主题展示区以“传承”为主，注重优化展示线路，完善服务设施，营造遗产周边环境的高品质展示体验。主题展示区以文化诠释为重点，是国家文化公园的展示亮点区域，围绕遗址本体及其环境的保护进行展示、教育等，达到向世人展示全面、真实的历史与现状有机和谐的长江文化。青山以国家级文化遗产保护范围为核，适当扩大范围，划定了以武钢一号高炉遗址公园、武钢轧钢厂、红坊创意中心为代表的多处主题展示区。对遗产周边的自然环境及公共空间、厂房、港口、码头、道路等城市环境的相关文化遗产进行整体串联与营造，打造可观、可学、可体验的活态展示文化遗产。依托江滩右岸大道，和平大道—工人村路、化工大道—绿色大道两条沿江主廊道，串联沿江文化资源点，将百里长江生态长廊——江滩区生态治理工程与文化展示带相结合，展现青山滨江文化主题特征。依托工业二路、建设十路—杨春湖路两条垂江主干路，串联两河区域文化资源点，通过特色文化资源，打造高品质特色文化生态空间，为城市转型升级提供物质条件。

文旅融合区以“利用”为主，整合周边优质资源，依托遗产辐射效应打造外围产业发展示范区。文旅融合区以融合开发为主题，选择与旅游、文创等相关绿色产业相结合的发展模式，因地制宜，大胆创新，以“文”促“旅”，以“旅”彰“文”，实现文化和旅游资源共享。青山将部分主题展示区融合扩大，形成以森林中的钢厂、摩登红坊等区域为代表的七处文旅融合区（故事片区）。通过对遗产外围数十平方公里范围辐射区进行综合开发，利用创新文化主题的外溢与辐射效应，打造文化品牌，发展集文旅、娱乐、康体、教育、休闲度假等功能于一体的城市文旅服务转型示范区。依据长江流线与文化产业基础，形成青山之根和森林中的钢厂两个板块，设计武丰闸—一、二号明渠—热电厂蓄水池—热电厂—武钢一号高炉—污水处理站—工业港文化公园的游览路径。

传统利用区主要为原住居民生产、生活区域，重点激活遗产所在城市组团整体发展。传统利用区以协同发展为要点，强调城市总体发展战略的统筹与协同，凸显文化公园在城市大发展中的重要地位。通过国家文化公园的规划、建设、管理和经营，切实提高城市发展的宜居性，推动城市发展的内涵式提升，全面促进城市的整体发展。青山以行政边界为范围，以城市居住生活区域与生态绿地公共空间为重点，通过对青山滨水公园、青山公园、戴家山公园以及楠姆公园的整体生态提升，结合城市更新与品质提升，打造城市结构优化、民生改善、生态环境提升的大美青山。

（2）规划以行动为导向，以项目为抓手，围绕长江大保护及生态创新建设典范开展五大工程建设

保护传承工程，强调博物馆建设与非遗文化保护展示。加强工业遗产资源保护，以博物馆为主开展工业文化保护传承彰显工作，在主题展示区内布局武钢博物馆、武钢工业遗址金色炉台展馆、热电厂展馆、武九铁路文化展馆等九处工业遗产博物馆和纪念展示中心，全时段、全方位展现长江国家文化公园工业遗产的历史和文化，呈现青山工业文化的博大精深、提高文化传承活力。同时开展实施重大修缮保护项目，加强文物预防性主动性保护，完善集中连片工业遗产保护措施，严防不恰当开发和过度商业化，加强已开放参观游览区及非参观游览区的管理。通过编辑出版非遗传承、文创研发，创作展演优秀剧目、文艺创作等形式对青山工业文化进行展示与彰显。

研究发掘工程，持续开展文化遗产专项挖掘，梳理重大事件、重要人物、重要故事。深化对武钢工业文化价值、遗产价值、景观价值的整理和挖掘，进一步加强青山工业文化系统研究，有序推进青山区工业遗产梳理研究工作，编制完成长江国家文化公园武汉青山保护建设规划、长江国家文化公园武汉青山文化遗产保护传承专项规划等系列规划研究，重点深化对青山艰苦奋斗、自强不息文化精神的理解和认识。同时整理发掘武钢在发展过程中发生的重大事件、重要故事。

环境配套工程，强调生态、景观、交通全体系品质提升。严控污染，严保生态用地，贯通滨水岸线、打通内陆公园，提升整体开放空间活力。落实《中华人民共和国长江保护法》，保障区域永续发展。生态基地分区打造：西部彰特色、塑品牌，东部增覆盖、构体系。构建完善的防洪安全体系，优化雨污分流体系，保障系统安全运行；强调水体治理与湿地建设，推进河渠治理，改善河湖水环境，保护长江水体生态环境。根据规划重点功能区、重点景观功能节点位置，结合轨道站点、现状及规划道路布局，打通七条顺江、垂江轴向连接，串联重点功能区与景观节点，形成景观风貌序列；通过多元功能混合、道路精致化设计、在轴线交点处设置醒目的景观标志点，提升特色轴向空间的功能及景观；加快滨江重要综合功能节点建设，以点带面系统地形成丰富的滨江景观吸引点；通过空间品质提升、注入文化要素和营造人文场所，推动老旧社区文化主题升级。

文旅融合工程，提出以文促旅、设施保障的规划策略。补充服务设施，打造一系列青山长江文化设施地标，提升文旅高品质配套服务体验。挖掘潜力空间，强化补充滨江文化公共设施服务集群。在激活管理思路的基础上，全面拓宽文化设施的利用模式，面对公共文化设施利用不足、闲置等问题，转变僵化利用模式，打破行政化的文化活动，积极拓展文化活动内容和形式，积极对接市场变化和人民群众文化生活需求，采取多元方式如展览、演艺、宣传、交流、宣教等方式拓展设施受众群体。改建重要历史文化设施（工人剧院、青山区图书馆、青山区文化宫、大冶文化宫、白玉山文化宫），提升现有文化设施公共文化服务能力，改善文化设施硬件水平，利用改扩建方式传承文脉、积极创新。

数字再现工程，形成以数字化展示为核心的三项规划措施。一是加强数字基础设施建设，逐步实现主题展示区无线网络和第五代移动通信网络全覆盖；二是搭建官方网站和数字云平台，对青山区的长江工业文物和文化资源进行数字化展示，打造不间断网上展示空间；三是维护提升工业文化资源数字化管理平台，对接国家数据共享交换平台体系，推动长江文明工业文化遗产信息资源数据共享、合理利用。

6.7 小结

以上项目实践从单一改造转向单元改造、从政府管理转向多元治理的转型特征，强调特色化、价值型、品质型空间魅力的创新实践。通过自江向湖、自景向城、自厂向园、自钢向非钢、自传统向现代等以技术和模式创新为触媒的介入式基层转型治理，为破解老工业区产业空间转型提供了可借鉴的探索。

从规划视角看，强化整体统筹、规划引领的特色：以生态本底资源敏感性分析为基础开展关注根脉、凸显历史、活化利用、文旅图鉴的古镇正街更新实践；以立体链接、生态涵养、功能引领开展滨湖蓝城五星半岛规划实践；以武钢一号高炉工业遗存保护利用为依托、以文旅为触媒促进厂区变园区的一号高炉改造；以空间重构、生活场景、文化传承为依托开展危房改造实践；以解决设施短缺、停车困难、品质不佳等问题开展的交通四理、设施三补、空间三化的微更新老旧社区改造创新实践。围绕老工业区转型发展，在生态场域关注资源特征显化、织补景城关系，在生产场域关注历史遗存重塑、资源效能提升，在生活场域秉持人本关怀，在地化、精细化提升社区空间品质。

从行动视角看，契合基层行政面广、群众需求多样且复杂变化的实践特色：通过工作专班、党建网格、联合社团、社区工作坊等搭建跨部门、跨专业的合作和协作模式，促进转型发展战略、规划工具理性与多元群众需求直接的多轮交流与融合，以让群众尽快住上好房子为驱动开展21街坊合作化危房改造，以联合设计工作坊为平台的老旧小区完整社区营造，较好实践将专业力量引入基层，以面对面的服务长期扎根地方，实现了老工业区基层治理与更新融合特色化推进。